"十二五"普通高等教育本科国家级规划教材

大学计算机基础

（第 3 版）

INTRODUCTION TO COLLEGE COMPUTER SCIENCE

(3rd edition)

甘勇 尚展垒 曲宏山 张建伟 等 ◆ 编著

人民邮电出版社
北京

图书在版编目（CIP）数据

大学计算机基础 / 甘勇等编著. -- 3版. -- 北京：
人民邮电出版社，2015.6（2020.9重印）
ISBN 978-7-115-39416-3

Ⅰ. ①大… Ⅱ. ①甘… Ⅲ. ①电子计算机－高等学校
－教材 Ⅳ. ①TP3

中国版本图书馆CIP数据核字(2015)第156935号

内 容 提 要

　　本书是根据大学计算机课程教学指导委员会提出的《关于进一步加强高校计算机基础教学的意见》要求，同时根据多所普通高校的实际情况编写的。全书共分13章，主要内容包括：计算机与信息技术基础、操作系统基础（Windows 7）、常用办公软件 Word 2013、电子表格 Excel 2013、演示文稿 PowerPoint 2013、多媒体技术及应用、数据库基础、计算机网络与 Internet 应用基础、信息安全与职业道德、程序设计基础、网页制作、常用工具软件、计算机新技术简介。

　　本书密切结合"计算机基础"课程的基本教学要求，兼顾计算机软件和硬件的最新发展；结构严谨，层次分明，叙述准确。

　　本书可作为高校各专业"计算机基础教育"课程的教材，也可作为计算机技术培训用书和计算机爱好者自学用书。

　◆ 编　　著　甘　勇　尚展垒　曲宏山　张建伟 等
　　　责任编辑　张孟玮
　　　执行编辑　税梦玲
　　　责任印制　沈　蓉　彭志环
　◆ 人民邮电出版社出版发行　　北京市丰台区成寿寺路 11 号
　　　邮编　100164　电子邮件　315@ptpress.com.cn
　　　网址　http://www.ptpress.com.cn
　　　三河市君旺印务有限公司印刷
　◆ 开本：787×1092　1/16
　　　印张：19.25　　　　　　　2015 年 6 月第 3 版
　　　字数：502 千字　　　　　2020 年 9 月河北第 8 次印刷

定价：45.00 元
读者服务热线：(010)81055256　印装质量热线：(010)81055316
反盗版热线：(010)81055315

前　言

计算机及相关技术的发展与应用在当今社会生活中有着极其重要的地位，计算机与人类的生活息息相关，是必不可缺的工作和生活的工具，因此计算机教育应面向社会，面向潮流，与社会接轨，与时代同行。

大学计算机基础是高等院校非计算机专业的重要基础课程。目前，国内虽然有很多类似的教材，但由于各个省份计算机普及的程度有很大的差异，特别是在高中阶段，这就导致这门课程的学生水平参差不齐。为此我们根据"大学计算机课程教学指导委员会"提出的《关于进一步加强高校计算机基础教学的意见》中有关"大学计算机基础"课程教学的要求，联合河南省几所规模较大的院校，结合河南省的实际情况以及各高校学生情况，编写了本书。本书兼顾理论知识和实践能力的提高，在介绍 Windows7 操作系统和 Microsoft Office 2013 的同时还介绍了与计算机相关的新技术（云计算、大数据、物联网等），内容丰富，知识覆盖面广。

编写本书的主要目的是为了满足当前高校对计算机教学改革的要求，在强调学生动手能力的同时，还要加强对理论知识的掌握，最终使学生对计算机的理论和使用有全面、系统的认识。讲授本书大约需 64 学时（包括上机 26 学时）。由于本书的内容覆盖面广，各高校可根据教学学时、学生的实际情况对教学内容进行适当的选取。

本书由甘勇、尚展垒、曲宏山、张建伟等编著，其中郑州轻工业学院的甘勇任主编，郑州轻工业学院的尚展垒、河南工程学院的曲宏山、郑州轻工业学院的张建伟、郑州师范学院的贾遂民任副主编。参加本书编写工作的还有郑州大学的翟萍、华北水利水电大学的李秀芹、郑州轻工业学院的刘海燕。其中，第 1 章由甘勇和曲宏山编写，第 2、10、12 章由尚展垒编写，第 3、9、13 章由刘海燕编写，第 4 章由张建伟编写，第 5、8 章由贾遂民编写，第 6、7 章由翟萍编写，第 11 章由李秀芹编写。本书的统稿和组织工作由刘海燕负责。在本书的编写过程中得到了郑州轻工业学院、郑州大学、河南财经政法大学、华北水利水电大学、河南工程学院、郑州师范学院、河南省高校计算机教育研究会的大力支持和帮助，在此由衷地向他们表示感谢！

由于编者水平有限，书中难免存在不足和疏漏之处，敬请读者批评指正。

编　者
2015 年 4 月

目　录

第 1 章　计算机与信息技术基础 1

1.1　计算机的发展和应用领域概述 1
  1.1.1　计算机的发展 1
  1.1.2　计算机的应用领域 4
1.2　计算机系统的基本构成 4
  1.2.1　冯·诺依曼计算机简介 4
  1.2.2　现代计算机系统的构成 5
1.3　计算机的部件 6
  1.3.1　微处理器产品简介 6
  1.3.2　存储器的组织结构和产品分类 7
  1.3.3　常用总线标准和主板产品 8
  1.3.4　常用的输入/输出设备 9
1.4　数制及不同进制的数之间的转换 10
  1.4.1　进位计数制 10
  1.4.2　不同进制之间的数相互转换 11
  1.4.3　二进制数的算术运算 13
1.5　基于计算机的信息处理 13
  1.5.1　数值信息的表示 14
  1.5.2　非数值数据的编码 16
习题 1 17

第 2 章　操作系统基础 19

2.1　操作系统概述 19
  2.1.1　操作系统的含义 19
  2.1.2　操作系统的基本功能 19
  2.1.3　操作系统的分类 21
2.2　微机操作系统的演化过程 22
  2.2.1　DOS 22
  2.2.2　Windows 操作系统 23
2.3　网络操作系统 24
2.4　中文 Windows 7 使用基础 25
  2.4.1　Windows 7 的安装 25
  2.4.2　Windows 7 的启动和关闭 25
  2.4.3　Windows 7 的桌面 25

  2.4.4　Windows 7 窗口 29
2.5　中文 Windows 7 的基本资源与操作 31
  2.5.1　浏览计算机中的资源 31
  2.5.2　执行应用程序 34
  2.5.3　文件和文件夹的操作 34
  2.5.4　库 37
  2.5.5　回收站的使用和设置 38
  2.5.6　中文输入法 38
2.6　Windows 7 提供的若干附件 40
  2.6.1　Windows 桌面小工具 40
  2.6.2　画图 40
  2.6.3　写字板 41
  2.6.4　记事本 42
  2.6.5　计算器 42
  2.6.6　命令提示符 42
  2.6.7　便笺 42
  2.6.8　截图工具 43
2.7　磁盘管理 44
  2.7.1　分区管理 44
  2.7.2　格式化驱动器 45
  2.7.3　磁盘操作 45
2.8　Windows 7 控制面板 47
  2.8.1　外观和个性化 48
  2.8.2　时钟、语言和区域设置 50
  2.8.3　程序 50
  2.8.4　硬件和声音 51
  2.8.5　用户账户和家庭安全 52
  2.8.6　系统和安全 53
2.9　Windows 7 系统管理 54
  2.9.1　任务计划 54
  2.9.2　系统属性 54
  2.9.3　硬件管理 56
2.10　Windows 7 的网络功能 56
  2.10.1　网络软硬件的安装 56
  2.10.2　Windows 7 选择网络位置 56

2.10.3　资源共享 ……………………… 57

2.10.4　在网络中查找计算机 ………… 57

2.11　新的操作系统简介 ……………… 57

2.11.1　Windows 8 简介 ……………… 57

2.11.2　Windows 10 简介 …………… 58

习题 2 ……………………………………… 59

第 3 章　常用办公软件 Word 2013 …… 61

3.1　Word 2013 概述 …………………… 61

3.1.1　Word 2013 简介 ……………… 61

3.1.2　Word 2013 的启动与退出 …… 62

3.1.3　Word 2013 窗口简介 ………… 62

3.1.4　Word 2013 文档基本操作 …… 64

3.2　文档编辑 …………………………… 66

3.2.1　输入文本 ……………………… 66

3.2.2　选择文本 ……………………… 67

3.2.3　插入与删除文本 ……………… 67

3.2.4　复制与移动文本 ……………… 67

3.2.5　查找与替换文本 ……………… 67

3.2.6　撤销和重复 …………………… 68

3.3　文档排版 …………………………… 68

3.3.1　字符格式设置 ………………… 68

3.3.2　段落格式设置 ………………… 70

3.3.3　边框与底纹设置 ……………… 71

3.3.4　项目符号和编号 ……………… 72

3.3.5　分栏设置 ……………………… 72

3.3.6　格式刷 ………………………… 72

3.3.7　样式与模板 …………………… 72

3.3.8　创建目录 ……………………… 74

3.3.9　特殊格式设置 ………………… 75

3.4　表格制作 …………………………… 76

3.4.1　创建表格 ……………………… 76

3.4.2　表格内容输入 ………………… 77

3.4.3　编辑表格 ……………………… 77

3.4.4　美化表格 ……………………… 79

3.4.5　表格转换为文本 ……………… 80

3.4.6　表格排序与数字计算 ………… 80

3.5　图文混排 …………………………… 81

3.5.1　插入图片 ……………………… 81

3.5.2　插入艺术字 …………………… 83

3.5.3　绘制图形 ……………………… 83

3.5.4　插入 SmartArt 图形 ………… 84

3.5.5　插入文本框 …………………… 84

3.6　文档页面设置与打印 ……………… 85

3.6.1　设置页眉与页脚 ……………… 85

3.6.2　设置纸张大小与方向 ………… 85

3.6.3　设置页边距 …………………… 86

3.6.4　设置文档封面 ………………… 86

3.6.5　稿纸设置 ……………………… 86

3.6.6　打印预览与打印 ……………… 86

习题 3 ……………………………………… 87

第 4 章　电子表格 Excel 2013 ………… 88

4.1　Excel 2013 基础 …………………… 88

4.1.1　Excel 2013 的新功能 ………… 88

4.1.2　Excel 2013 的启动与退出 …… 89

4.1.3　Excel 2013 的窗口组成 ……… 90

4.1.4　工作簿的操作 ………………… 91

4.1.5　工作表的操作 ………………… 92

4.2　Excel 2013 的数据输入 …………… 93

4.2.1　单元格中数据的输入 ………… 93

4.2.2　自动填充数据 ………………… 95

4.3　Excel 2013 工作表的格式化 ……… 97

4.3.1　设置工作表的行高和列宽 …… 97

4.3.2　单元格的操作 ………………… 97

4.3.3　设置单元格格式 ……………… 99

4.3.4　使用条件格式 ……………… 102

4.3.5　套用表格格式 ……………… 102

4.3.6　使用单元格样式 …………… 103

4.4　公式和函数 ……………………… 103

4.4.1　公式的使用 ………………… 103

4.4.2　单元格的引用 ……………… 104

4.4.3　函数的使用 ………………… 105

4.4.4　快速计算与自动求和 ……… 107

4.5　数据管理 ………………………… 108

4.5.1　排序 ………………………… 108

4.5.2　筛选 ………………………… 109

4.5.3　分类汇总 …………………… 110

4.5.4 合并计算 111
4.6 图表 112
4.6.1 创建图表 112
4.6.2 图表的编辑 113
4.7 打印 114
4.7.1 页面布局设置 114
4.7.2 打印预览 114
4.7.3 打印设置 115
习题 4 115

第 5 章 演示文稿 Power Point 2013 117

5.1 PowerPoint 2013 的新增功能 117
5.1.1 更多入门选项 117
5.1.2 新增和改进的演示者工具 118
5.1.3 友好的宽屏 118
5.1.4 在 PowerPoint 2013 中启动
联机会议 119
5.1.5 更好的设计工具 119
5.1.6 触控设备上的 PowerPoint 2013 120
5.1.7 共享和保存 120
5.2 创建 PowerPoint 2013 演示文稿 120
5.2.1 窗口组成 121
5.2.2 视图方式的切换 122
5.2.3 创建新的演示文稿 123
5.2.4 演示文稿的保存 125
5.3 PowerPoint 2013 演示文稿的设置 125
5.3.1 编辑幻灯片 125
5.3.2 编辑图片、图形 126
5.3.3 应用幻灯片主题 129
5.3.4 应用幻灯片版式 129
5.3.5 使用母版 130
5.3.6 设置幻灯片背景 131
5.3.7 使用幻灯片动画效果 132
5.3.8 使用幻灯片多媒体效果 132
5.4 PowerPoint 2013 演示文稿的放映 134
5.4.1 放映设置 134
5.4.2 使用幻灯片的切换效果 135
5.4.3 设置链接 135
5.4.4 实例——圣诞节快乐 137

5.5 演示文稿的打印设置 138
习题 5 139

第 6 章 多媒体技术及应用 141

6.1 多媒体技术的基本概念 141
6.1.1 多媒体概述 141
6.1.2 多媒体技术概述 142
6.1.3 多媒体的相关技术 143
6.1.4 多媒体技术的发展 144
6.1.5 多媒体技术的应用 144
6.2 多媒体计算机系统的组成 146
6.2.1 多媒体系统的硬件结构 146
6.2.2 多媒体软件系统 148
6.3 多媒体信息在计算机中的
表示与处理 149
6.3.1 声音媒体的数字化 149
6.3.2 视觉媒体的数字化 151
6.3.3 多媒体数据压缩技术 152
6.4 多媒体编辑软件 Authorware 154
6.4.1 Authorware 7.0 功能概述 154
6.4.2 Authorware 7.0 示例 156
习题 6 157

第 7 章 数据库基础 158

7.1 数据库系统概述 158
7.1.1 数据库的基本概念 158
7.1.2 数据库的发展 159
7.1.3 数据模型 160
7.1.4 常见的数据库管理系统 161
7.2 Access 2013 入门与实例 164
7.2.1 Access 2013 的基本功能 165
7.2.2 Access 2013 的基本对象 165
7.2.3 Access 2013 的操作界面 167
7.2.4 创建数据库 169
7.2.5 创建数据表 173
7.2.6 使用数据表 179
7.2.7 使用查询 183
7.2.8 使用窗体 184
7.2.9 使用报表 185

习题 7 186

第 8 章　计算机网络与 Internet 应用基础 188

8.1　计算机网络概述 188
 8.1.1　计算机网络的定义 188
 8.1.2　计算机网络的发展 189
 8.1.3　计算机网络的组成 189
 8.1.4　计算机网络的功能与分类 190
 8.1.5　计算机网络体系结构
  和 TCP/IP 参考模型 191
8.2　计算机网络硬件 192
 8.2.1　网络传输介质 192
 8.2.2　网卡 195
 8.2.3　交换机 195
 8.2.4　路由器 196
8.3　计算机局域网 197
 8.3.1　局域网概述 197
 8.3.2　载波侦听多路访问/
  冲突检测协议 198
 8.3.3　以太网 199
8.4　Internet 的基本技术与应用 200
 8.4.1　Internet 概述 200
 8.4.2　Internet 的接入 203
 8.4.3　IP 地址与 MAC 地址 204
 8.4.4　WWW 服务 208
 8.4.5　域名系统 211
 8.4.6　电子邮件 214
 8.4.7　文件传输 214
8.5　搜索引擎 215
 8.5.1　搜索引擎的概念和功能 215
 8.5.2　搜索引擎的类型 216
 8.5.3　常用搜索引擎 217
习题 8 218

第 9 章　信息安全与职业道德 219

9.1　信息安全概述及技术 219
 9.1.1　信息安全 219
 9.1.2　OSI 信息安全体系结构 220

 9.1.3　信息安全技术 220
9.2　计算机中的信息安全 224
 9.2.1　计算机病毒及其防范 224
 9.2.2　网络黑客及其防范 225
9.3　标准化与知识产权 228
 9.3.1　标准化 228
 9.3.2　知识产权 229
9.4　职业道德与相关法规 230
 9.4.1　使用计算机应遵守的若干戒律 ... 230
 9.4.2　我国信息安全的相关法律法规 ... 231
习题 9 232

第 10 章　程序设计基础 233

10.1　程序设计的概念 233
 10.1.1　什么是程序 233
 10.1.2　指令和指令系统 234
 10.1.3　程序设计 234
10.2　结构化程序设计的基本原则 235
 10.2.1　模块化程序设计概念 235
 10.2.2　结构化程序设计的原则 235
 10.2.3　面向对象的程序设计 236
10.3　算法 236
 10.3.1　算法的概念 236
 10.3.2　算法的特征 237
 10.3.3　算法的描述 237
10.4　程序设计的基本控制结构 239
 10.4.1　顺序结构 239
 10.4.2　选择（分支）结构 239
 10.4.3　循环结构 240
10.5　常用程序设计语言 241
 10.5.1　机器语言 241
 10.5.2　汇编语言 241
 10.5.3　高级语言 241
10.6　Visual Basic 6.0 初步 242
 10.6.1　Visual Basic 6.0 的界面 ... 242
 10.6.2　Visual Basic 语言基础 243
 10.6.3　Visual Basic 的几个简单语句 ... 244
 10.6.4　程序实例 245
习题 10 246

第 11 章　网页制作.........................248

11.1　网页与网站 248

11.1.1　网页包括的主要元素............249

11.1.2　网页的上传......................249

11.1.3　网站 251

11.2　Dreamweaver 8 简介 252

11.3　创建网页基本元素 253

11.3.1　建立 Dreamweaver 8 站点......253

11.3.2　建立站点文件夹...............254

11.3.3　创建网页基本元素............255

11.4　网页中表格的应用 257

11.4.1　创建表格.........................257

11.4.2　表格基本操作和属性............257

11.4.3　使用格式表格...................259

11.5　网页中框架的应用 259

11.5.1　框架 259

11.5.2　创建框架.........................260

11.5.3　保存框架集文件...............260

11.6　使用层和行为 262

11.6.1　插入新层.........................262

11.6.2　设置层的属性...................262

11.6.3　调整层的大小...................263

11.6.4　移动层.............................263

11.6.5　对齐层.............................263

11.6.6　层转换为表格...................264

11.6.7　行为 264

11.7　表单的使用 267

11.8　网站发布 270

11.8.1　网站的测试......................270

11.8.2　网站的发布......................270

习题 11 271

第 12 章　常用工具软件 272

12.1　计算机工具软件概述 272

12.2　系统备份工具—键 GHOST ...272

12.3　FinalData 数据恢复工具.................275

12.4　文件压缩备份工具 WinRAR 277

12.5　视频编辑工具视频编辑专家 ...279

12.6　照片美化工具光影魔术手 282

习题 12 285

第 13 章　计算机新技术简介 286

13.1　云计算与云时代 286

13.1.1　云计算.............................286

13.1.2　云时代.............................287

13.2　大数据 288

13.2.1　大数据的定义...................289

13.2.2　大数据的特点...................289

13.2.3　大数据的作用...................289

13.3　物联网 290

13.3.1　物联网概述......................290

13.3.2　物联网的特征...................291

13.3.3　物联网的用途...................291

13.3.4　物联网的发展...................292

13.4　移动互联网 292

13.4.1　移动互联网简介...............292

13.4.2　移动互联网的发展............294

13.4.3　移动互联网的主要特征............295

13.4.4　移动互联网的前景............295

习题 13 296

参考文献 297

第1章
计算机与信息技术基础

本章从计算机的发展和应用领域开始，由浅入深地介绍计算机系统的组成、功能以及常用的外部设备，然后详细讲述不同进制之间的数值转换以及二进制数的运算，最后讲述不同类型信息在计算机中的表示。通过学习本章，读者可以从整体上了解计算机的基本功能和基本工作原理。

【知识要点】
- 计算机的发展；
- 计算机的应用领域；
- 计算机的组成及各部分的功能；
- 二进制数及与其他进制的数之间的转换；
- 信息的表示及处理。

1.1　计算机的发展和应用领域概述

1.1.1　计算机的发展

电子数字计算机（Electronic Computer）是一种能自动地、高速地、精确地进行信息处理的电子设备，是 20 世纪最重大的发明之一。在计算机家族中包括了机械计算机、电动计算机、电子计算机等。电子计算机又可分为电子模拟计算机和电子数字计算机，通常我们所说的计算机就是指电子数字计算机，它是现代科学技术发展的结晶，特别是微电子、光电、通信等技术以及计算数学、控制理论的迅速发展带动计算机不断更新。自 1946 年第一台电子数字计算机诞生以来，计算机发展十分迅速，已经从开始的高科技军事应用渗透到了人类社会的各个领域，对人类社会的发展产生了极其深刻的影响。

1.　电子计算机的产生

1943 年，美国为了解决新武器研制中的弹道计算问题而组织科技人员开始了电子数字计算机的研究。1946 年 2 月，电子数字积分器计算器（Electronic Numerical Integrator And Calculator, ENIAC）在美国宾夕法尼亚大学研制成功，它是世界上第一台电子数字计算机，如图 1.1 所示。这台计算机共使用了 18 000 多只电子管，1 500 个继电器，耗电 150kW，占地面积约为 167m^2，重 30t，每秒钟能完成 5 000 次加法或

图 1.1　ENIAC 计算机

400 次乘法运算。

与此同时，美籍匈牙利科学家冯·诺依曼（Von·Neumann）也在为美国军方研制电子离散变量自动计算机（Electronic Discrete Variable Automatic Computer，EDVAC）。在 EDVAC 中，冯·诺依曼采用了二进制数，并创立了"存储程序"的设计思想，EDVAC 也被认为是现代计算机的原型。

2. 电子计算机的发展

自 1946 年以来，计算机已经经历了几次重大的技术革命，按所采用的电子器件可将计算机的发展划分为如下几代。

第一代计算机（1946 年—1959 年），其主要特点是：逻辑元件采用电子管，功耗大，易损坏；主存储器采用汞延迟线或静电储存管，容量很小；外存储器使用了磁鼓；输入/输出装置主要采用穿孔卡；采用机器语言编程，即用"0"和"1"来表示指令和数据；运算速度每秒仅为数千至数万次。

第二代计算机（1960 年—1964 年），其主要特点是：逻辑元件采用晶体管，与电子管相比，其体积小、耗电省、速度快、价格低、寿命长，主存储器采用磁芯，外存储器采用磁盘、磁带，存储器容量有较大提高；软件方面产生了监控程序（Monitor），提出了操作系统的概念，编程语言有了很大的发展，先用汇编语言（Assemble Language）代替了机器语言，接着又出现了高级编程语言，如 FORTRAN、COBOL、ALGOL 等；计算机应用开始进入实时过程控制和数据处理领域，运算速度达到每秒数百万次。

第三代计算机（1965 年—1969 年），其主要特点是：逻辑元件采用集成电路（Integrated Circuit, IC），IC 的体积更小，耗电更省，寿命更长；主存储器以磁芯为主，开始使用半导体存储器，存储容量大幅度提高；系统软件与应用软件迅速发展，出现了分时操作系统和会话式语言；在程序设计中采用了结构化、模块化的设计方法，运算速度达到每秒千万次以上。

第四代计算机（1970 年至今），其主要特点是：采用了超大规模集成电路（Very Large Scale Integration，VLSI），主存储器采用半导体存储器，容量已达第三代计算机的辅存水平，作为外存的软盘和硬盘的容量成百倍增加，并开始使用光盘，输入设备出现了光字符阅读器、触摸输入设备和语音输入设备等，使操作更加简洁灵活，输出设备已逐步转到了以激光打印机为主，使得字符和图形输出更加逼真、高效。

新一代计算机（Future Generation Computer System，FGCS），即未来计算机，其目标是使其具有智能特性，具有知识表达和推理能力，能模拟人的分析、决策、计划和其他智能活动，具有人机自然通信能力，并称其为知识信息处理系统。现在已经开始了对神经网络计算机、生物计算机等的研究，并取得了可喜的进展。特别是生物计算机的研究表明，采用蛋白分子为主要原材料的生物芯片的处理速度比现今最快的计算机的速度还要快 100 万倍，而能量消耗仅为现代计算机的 10 亿分之一。

3. 微型计算机的发展

微型计算机指的是个人计算机（Personal Computer，PC），简称微机。其主要特点是采用微处理器（Micro Processing Unit，MPU）作为计算机的核心部件，并由大规模、超大规模集成电路构成。

微型计算机的升级换代主要有两个标志，微处理器的更新和系统组成的变革。微处理器从诞生的那一天起发展方向就是：更高的频率，更好的制造工艺，更大的高速缓存。随着微处理器的不断发展，微型计算机的发展大致可分为以下几代。

第一代（1971 年—1973 年）是 4 位和低档 8 位微处理器时代。典型微处理器产品有 Intel4004、8008。集成度为 2 000 晶体管/片，时钟频率为 1MHz。

第二代（1974 年—1977 年）是 8 位微处理器时代。典型微处理器产品有 Intel 公司的 Intel8080、Motorola 公司的 MC6800、Zilog 公司的 Z80 等。集成度为 5 000 晶体管/片，时钟频率为 2MHz。同时指令系统得到完善，形成典型的体系结构，具备中断、DMA 等控制功能。

第三代（1978 年—1984 年）是 16 位微处理器时代。典型微处理器产品是 Intel 公司的 Intel 8086/8088/80286、Motorola 公司的 MC68 000、Zilog 公司的 Z8 000 等。集成度为 25 000 晶体管/片，时钟频率为 5MHz。微机的各种能性指标达到或超过中、低档小型机的水平。

第四代（1985 年—1992 年）是 32 位微处理器时代。集成度已达到 100 万晶体管/片，时钟频率达到 60MHz 以上。典型 32 位 CPU 产品有 Intel 公司的 Intel80386/80486、Motorola 公司的 MC68020/68040、IBM 公司和 Apple 公司的 Power PC 等。

第五代（1993 年至今）是 64 位奔腾（Pentium）系列微处理器的时代，典型产品是 Intel 公司的奔腾系列芯片及与之兼容的 AMD 的 K6 系列微处理器芯片。它们内部采用了超标量指令流水线结构，并具有相互独立的指令和数据高速缓存。随着 MMX（Multi Media eXtension）微处理器的出现，微机的发展在网络化、多媒体化和智能化等方面跨上了更高的台阶。目前已向双核和多核处理器发展。

4．发展趋势

目前计算机的发展趋势主要有如下几个方面。

（1）多极化

如今包括电子词典、掌上电脑、笔记本电脑等在内的微型计算机在我们的生活中已经是处处可见，同时大型、巨型计算机也得到了快速的发展。特别是在 VLSI 技术基础上的多处理机技术使计算机的整体运算速度与处理能力得到了极大的提高。图 1.2 所示为我国自行研制的面向网格的曙光 5000A 高性能计算机，每秒运算速度最高可达 230 万亿次，标志着我国的高性能计算技术已经开始迈入世界前列。

图 1.2 曙光 5000A 高性能计算机

除了向微型化和巨型化发展之外，中小型计算机也各有自己的应用领域和发展空间。特别在注意运算速度提高的同时，提倡功耗小、对环境污染小的绿色计算机和提倡综合应用的多媒体计算机已经被广泛应用，多极化的计算机家族还在迅速发展中。

（2）网络化

网络化就是通过通信线路将一定地域内不同地点的计算机连接起来形成一个更大的计算机网络系统。计算机网络的出现只有 40 多年的历史，但已成为影响到人们日常生活的应用热潮，是计算机发展的一个主要趋势。

（3）多媒体化

媒体可以理解为存储和传输信息的载体，文本、声音、图像等都是常见的信息载体。过去的计算机只能处理数值信息和字符信息，即单一的文本媒体。后来发展起来的多媒体计算机则集多种媒体信息的处理功能于一身，实现了图、文、声、像等各种信息的收集、存储、传输和编辑处理。多媒体被认为是信息处理领域在 20 世纪 90 年代出现的又一次革命。

（4）智能化

智能化虽然是未来新一代计算机的重要特征之一，但现在已经能看到它的许多踪影，比如能自动接收和识别指纹的门控装置，能听从主人语音指示的车辆驾驶系统等。使计算机具有人的某些智能将是计算机发展过程中的下一个重要目标。

1.1.2　计算机的应用领域

计算机的诞生和发展，对人类社会产生了深刻的影响，它的应用范围包括科学技术、国民经济、社会生活的各个领域，概括起来可分为如下几个方面。

（1）科学计算。科学计算，即数值计算，是计算机应用的一个重要领域。计算机的发明和发展首先是为了高速完成科学研究和工程设计中大量复杂的数学计算。

（2）信息处理。信息是各类数据的总称。信息处理一般泛指非数值方面的计算，如各类资料的管理、查询、统计等。

（3）实时过程控制。实时控制在国防建设和工业生产中都有着广泛的应用。例如，由雷达和导弹发射器组成的防空控制系统、地铁指挥控制系统、自动化生产线等，都需要在计算机控制下运行。

（4）计算机辅助工程。计算机辅助工程是近几年来迅速发展的应用领域，它包括计算机辅助设计（Computer Aided Design，CAD）、计算机辅助制造（Computer Aided Manufacture，CAM）、计算机辅助教学（Computer Assisted Instruction，CAI）等多个方面。

（5）办公自动化。办公自动化（Office Automation，OA）指用计算机帮助办公室人员处理日常工作。例如，用计算机进行文字处理，文档管理，资料、图像、声音处理和网络通信等。

（6）数据通信。从20世纪50年代初开始，随着计算机的远程信息处理应用的发展，通信技术和计算机技术相结合产生了一种新的通信方式，即数据通信。信息要在两地间进行传输，必须要有传输信道。根据传输媒体的不同，可将通信方式分为有线数据通信与无线数据通信，但它们都通过传输信道将数据终端与计算机联结起来，而使不同地点的数据终端实现软硬件和信息资源的共享。

（7）智能应用。智能应用即人工智能，它既不同于单纯的科学计算，又不同于一般的数据处理，它不但要求具备高的运算速度，还要求具备对已有的数据（经验、原则等）进行逻辑推理和总结的功能（即对知识的学习和积累功能），并能利用已有的经验和逻辑规则对当前事件进行逻辑推理和判断。

1.2　计算机系统的基本构成

1.2.1　冯·诺依曼计算机简介

1. 冯·诺依曼计算机的基本特征

尽管计算机经历了多次的更新换代，但到目前为止，其整体结构上仍属于冯·诺依曼计算机的发展，还保持着冯·诺依曼计算机的基本特征：

① 采用二进制数表示程序和数据；

② 能存储程序和数据，并能由程序控制计算机的执行；

③ 具备运算器、控制器、存储器、输入设备和输出设备 5 个基本部分，基本结构如图 1.3 所示。

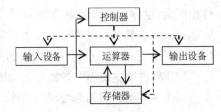

原始的冯·诺依曼计算机结构以运算器为核心，在运算器周围连接着其他各个部件，经由连接导线在各部件之间传送各种信息。这些信息可分为两大类：数据信息和控制信息（在图 1.3 中分别用实线和虚线表示）。数据信息包

图 1.3　计算机硬件的基本组成示意图

括数据、地址和指令等，数据信息可存放在存储器中；控制信息由控制器根据指令译码结果即时产生，并按一定的时间次序发送给各个部件，用以控制各部件的操作或接收各部件的反馈信号。

为了节约设备成本和提高运算可靠性，计算机中的各种信息均采用了二进制数的表示形式。在二进制数中，每位只有"0"和"1"两个状态，计数规则是"逢二进一"。例如，用此计数规则计算式子"1+1+1+1+1"可得到 3 位二进制数"101"，即十进制数的 5。在计算机科学研究中把 8 位（bit）二进制数称为一字节（Byte），简记为"B"，1024B 称为 1KB，1024KB 称为 1MB，1024MB 称为 1GB，1024GB 称为 1TB 等。若不加说明时，本书所写的"位"就是指二进制位。

2. 冯·诺依曼计算机的基本部件和工作过程

在计算机的 5 大基本部件中，运算器（Arithmeticlogic Unit，ALU）的主要功能是进行算术及逻辑运算，是计算机的核心部件，运算器每次能处理的最大的二进制数长度称为该计算机的字长（一般为 8 的整倍数）；控制器（Controller）是计算机的"神经中枢"，用于分析指令，根据指令要求产生各种协调各部件工作的控制信号；存储器（Memory）用来存放控制计算机工作过程的指令序列（程序）和数据（包括计算过程中的中间结果和最终结果）；输入设备（Input Equipment）用来输入程序和数据；输出设备（Output Equipment）用来输出计算结果，即将其显示或打印出来。

根据计算机工作过程中的关联程度和相对的物理安装位置，通常将运算器和控制器合称为中央处理器（Central Processing Unit，CPU）。表示 CPU 能力的主要技术指标有字长和主频等。字长代表了每次操作能完成的任务量，主频则代表了在单位时间内能完成操作的次数。一般情况下，CPU 的工作速度要远高于其他部件的工作速度，为了尽可能地发挥 CPU 的工作潜力，解决好运算速度和成本之间的矛盾，将存储器分为主存和辅存两部分。主存成本高，速度快，容量小，能直接和 CPU 交换信息，并安装于机器内部，也称其为内存；辅存成本低，速度慢，容量大，要通过接口电路经由主存才能和 CPU 交换信息，是特殊的外部设备，也称为外存。

计算机工作时，操作人员首先通过输入设备将程序和数据送入到存储器中。启动运行后，计算机从存储器顺序取出指令，送往控制器进行分析并根据指令的功能向各有关部件发出各种操作控制信号，最终的运算结果要送到输出设备输出。

1.2.2　现代计算机系统的构成

一个完整的现代计算机系统包括硬件系统和软件系统两大部分，微机系统也是如此。硬件包括了计算机的基本部件和各种具有实体的计算机相关设备；软件则包括了用各种计算机语言编写的计算机程序、数据和应用说明文档等。本小节仅以微机系统为例说明现代计算机系统的构成。

1. 软件系统

在计算机系统中硬件是软件运行的物质基础，软件是硬件功能的扩充与完善，没有软件的支持，硬件的功能不可能得到充分的发挥，因此软件是使用者与计算机之间的桥梁。软件可分为系统软件和应用软件两大部分。

系统软件是为使用者能方便地使用、维护、管理计算机而编制的程序的集合，它与计算机硬

件相配套，也称之为软设备。系统软件主要包括对计算机系统资源进行管理的操作系统（Operating System，OS）软件、对各种汇编语言和高级语言程序进行编译的语言处理（Language Processor，LP）软件和对计算机进行日常维护的系统服务程序（System Support Program）或工具软件等。

应用软件则主要面向各种专业应用和某一特定问题的解决，一般指操作者在各自的专业领域中为解决各类实际问题而编制的程序，如文字处理软件、仓库管理软件、工资核算软件等。

2. 硬件系统

在计算机科学中将连接各部件的信息通道称为系统总线（BUS，简称总线），并把通过总线连接各部件的形式称为计算机系统的总线结构，分为单总线结构和多总线结构两大类。为使成本低廉，设备扩充方便，微机系统基本上采用了图 1.4 所示的单总线结构。根据所传送信号的性质，总线由地址总线（Address BUS，AB）、数据总线（Data BUS，DB）和控制总线（Control BUS，CB）3 部分组成。根据部件的作用，总线一般由总线控制器、总线信号发送/接收器和导线等所构成。

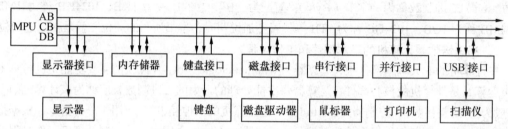

图 1.4　微型计算机的硬件系统结构示意图

在微机系统中，主板（见图 1.5）由微处理器、存储器、输入/输出（I/O）接口、总线电路和基板组成，主板上安装了基本硬件系统，形成了主机部分。其中的微处理器是采用超大规模集成电路工艺将运算器和控制器制作于同一芯片之中的 CPU，其他的外部设备均通过相应的接口电路与主机总线相连，即不同的设备只要配接合适的接口电路（一般称为适配卡或接口卡）就能以相同的方式挂接在总线上。一般在微机的主板上设有数个标准的插座槽，将一块接口板插入到任一个插槽里，再用信号线将其和外部设备连接起来就完成了一台设备的硬件扩充，非常方便。

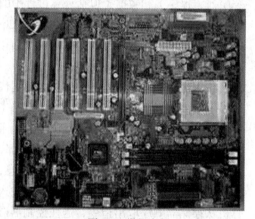

图 1.5　微机主板

把主机和接口电路装配在一块电路板上，就构成单板计算机（Single Board Computer），简称单板机；若把主机和接口电路制造在一个芯片上，就构成单片计算机（Single Chip Computer），简称单片机。单板机和单片机在工农业生产、汽车、通信、家用电器等领域都得到了广泛的应用。

1.3　计算机的部件

1.3.1　微处理器产品简介

当前可选用的微处理器产品较多，主要有 Intel 公司的 Pentium 系列、DEC 公司的 Alpha 系列、

IBM 和 Apple 公司的 PowerPC 系列等。在中国，Intel 公司的产品占有较大的优势，主要的应用已经从 80486，Pentium，Pentium PRO、Pentium 4，Intel Pentium D（即奔腾系列），Intel Core 2 Duo 处理器，到目前的 Intel Core i7，i5，i3 等处理器。CPU 也从单核、双核，到目前常见的 4 核，6 核的 CPU 也即将面世。图 1.6 所示为 Intel 微处理器。由于 Intel 公司的技术优势，其他一些公司采用了和 Intel 公司的产品相兼容的策略，如 AMD 公司、Cyrix 公司和 TI 公司等，他们都有和相应 Pentium 系列产品性能接近甚至超出的廉价产品。

图 1.6　Intel 微处理器

微处理器中除了包括运算器和控制器外，还集成有寄存器组和高速缓冲存储器，其基本结构简介如下。

① 一个 CPU 可有几个乃至几十个内部寄存器，包括用来暂存操作数或运算结果以提高运算速度的数据寄存器；支持控制器工作的地址寄存器、状态标志寄存器等。

② 执行算术逻辑运算的运算器。它以加法器为核心，能按照二进制法则进行补码的加法运算，可进行数据的直接传送、移位和比较操作。其中的累加器是一个专用寄存器，在运算器操作时用于存放供加法器使用的一个操作数，在运算器操作完成时存放本次操作运算的结果，并不具有运算功能。

③ 控制器，由程序计数器、指令寄存器、指令译码器和定时控制逻辑电路组成，用于分析和执行指令、统一指挥微机各部分按时序协调操作。

④ 在新型的微处理器中普遍集成了超高速缓冲存储器，其工作速度和运算器的工作速度相一致，是提高 MPU 处理能力的重要技术措施之一，其容量达到 8MB 以上。

1.3.2　存储器的组织结构和产品分类

1. 存储器的组织结构

存储器是存放程序和数据的装置，存储器的容量越大越好，工作速度越快越好，但二者和价格是互相矛盾的。为了协调这种矛盾，目前的微机系统均采用了分层次的存储器结构，一般将存储器分为 3 层：主存储器（Memory）、辅助存储器（Storage）和高速缓冲存储器（Cache）。现在一些微机系统又将高速缓冲存储器设计为 MPU 芯片内部的高速缓冲存储器和 MPU 芯片外部的高速缓冲存储器两级，以满足高速和容量的需要。

2. 主存储器

主存储器又称内存，CPU 可以直接访问它，其容量一般为 2GB ~ 4GB，新产品的存取速度可达 6ns（1ns 为 10 亿分之一秒），主要存放将要运行的程序和数据。

微机的主存采用半导体存储器（见图 1.7），其体积小，功耗低，工作可靠，扩充灵活。半导体存储器按功能可分为随机存取存储器（Random Access Memory，RAM）和只读存储器（Read Only Memory，ROM）。RAM 是一种既能读出也能写入的存储器，适合于存放经常变化的用户程序和数据。RAM 只能在电源电压正常时工作，一旦电源断电，里面的信息将全部丢失。ROM 是一种只能读出而不能写入的存储器，用来存放固定不变的程序和常数，如监控程序，操作系统中的 BIOS（基本输入/输出系统）等。ROM 必须在电源电压正常时才能工作，但断电后信息不会丢失。

图1.7 微机内存条

3. 辅助存储器

辅助存储器属外部设备，又称为外存，常用的有磁盘、光盘、磁带等。磁盘分为软磁盘和硬磁盘两种（简称软盘和硬盘）。软盘容量较小，一般为 1.2 MB ~ 1.44MB。硬盘的容量目前已达 4TB，常用的也在 500GB 以上。为了在磁盘上快速地存取信息，在磁盘使用前要先进行初级格式化操作（目前基本上由生产厂家完成），即在磁盘上用磁信号划分出如图 1.8 所示的若干个有编号的磁道和扇区，以便计算机通过磁道号和扇区号直接寻找到要写数据的位置或要读取的数据。为了提高磁盘存取操作的效率，计算机每次要读完或写完一个扇区的内容。

只有磁盘片是无法进行读写操作的，还需要将其放入磁盘驱动器中。磁盘驱动器由驱动电机、可移动寻道的读写磁头部件、壳体和读写信息处理电路所构成，如图 1.9 所示。在进行磁盘读写操作时，通过磁头的移动寻找磁道，在磁头移动到指定磁道位置后，就等待指定的扇区转动到磁头之下（通过读取扇区标识信息判别），称为寻区，然后读写一个扇区的内容。光盘的读写过程和磁盘的读写过程相似，不同之处在于它是利用激光束在盘面上烧出斑点进行数据的写入，通过辨识反射激光束的角度来读取数据。光盘和光盘驱动器都有只读和可读写之分。

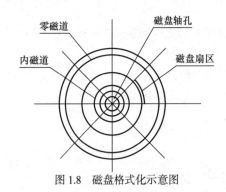

图1.8 磁盘格式化示意图

图1.9 硬盘示意图

1.3.3 常用总线标准和主板产品

要考察一台主机板的性能，除了要看 MPU 的性能和存储器的容量和速度外，采用的总线标准和高速缓存的配置情况也是重要的因素。

由于存储器是由一个个的存储单元组成的，为了快速地从指定的存储单元中读取或写入数据，就必须为每个存储单元分配一个编号，并称为该存储单元的地址。利用地址标号查找指定存储单元的过程称为寻址，所以地址总线的位数就确定了计算机管理内存的范围。比如 20 根地址线（20位的二进制数），共有 1M 个编号，即可以直接寻址 1MB 的内存空间；若有 32 根地址线，则寻址范围扩大 4096 倍，达 4GB。

数据总线的位数决定了计算机一次能传送的数据量。在相同的时钟频率下，64 位数据总线的数据传送能力将是 8 位数据总线的 8 倍以上。

控制总线的位数和所采用的 MPU 与总线标准有关。其传送的信息一般为 MPU 向内存和外设发出的控制信息、外设向 MPU 发送的应答和请求服务信号两种。

（1）ISA 总线。ISA（Industrial Standard Architecture）总线最早安排了 8 位数据总线，共 62 个引脚，主要满足 8088CPU 的要求。后来又增加了 36 个引脚，数据总线扩充到 16 位，总线传输率达到 8MB/s，适应了 80286CPU 的需求，成为 AT 系列微机的标准总线。

（2）EISA 总线。EISA（Extend ISA）总线的数据线和地址线均为 32 位，总线数据传输率达到 33MB/s，满足了 80386 和 80486CPU 的要求，并采用双层插座和相应的电路技术保持了和 ISA 总线的兼容。

（3）VESA 总线。VESA（也称 VL-BUS）总线的数据线为 32 位，留有扩充到 64 位的物理空间。采用局部总线技术使总线数据传输率达到 133MB/s，支持高速视频控制器和其他高速设备接口，满足了 80386 和 80486 CPU 的要求，并采用双层插座和相应的电路技术保持了和 ISA 总线的兼容。VEST 总线支持 Intel、AMD、Cyrix 等公司的 CPU 产品。

（4）PCI 总线。PCI（Peripheral Controller Interface）总线采用局部总线技术，在 33MHz 下工作时数据传输率为 132MB/s，不受制于处理器且保持了和 ISA、EISA 总线的兼容。同时 PCI 还留有向 64 位扩充的余地，最高数据传输率为 264MB/s，支持 Intel80486、Pentium 以及更新的微处理器产品。

1.3.4　常用的输入/输出设备

输入/输出（I/O）设备又称外部设备或外围设备，简称外设。外设种类繁多，常用的外部设备有键盘、显示器、打印机、鼠标、绘图机、打描仪、光学字符识别装置、传真机、智能书写终端设备等。其中键盘、显示器、打印机是目前用得最多的常规设备。

1. 键盘

目前，键盘是最主要的输入设备。依据键盘的结构形式，键盘分为有触点和无触点两类。有触点键盘采用机械触点按键，价廉，但易损坏。无触点键盘采用霍尔磁敏电子开关或电容感应开关，操作无噪声，手感好，寿命长，但价格较贵。

2. 显示器

CRT 显示器（见图 1.10）是当前应用最普遍的基本输出设备。它由监视器（Monitor）和装在主机内的显示控制适配器（Adapter）两部分组成。

监视器显像管所能显示的光点的最小直径（也称为点距）决定了它的物理显示分辨率，常见的有 0.33mm、0.28mm 和 0.20mm 等。显示控制适配器（见图 1.11）是监视器和主机的接口电路，也称显示卡。监视器在显示卡和显示卡驱动软件的支持下可实现多种显示模式，如分辨率为 640×480、800×600、1024×768 等，乘积越大分辨率越高，但不会超过监视器的最高物理分辨率。

图 1.10　CRT 显示器

图 1.11　显示控制适配器

液晶显示器（LCD）以前只在笔记本计算机中使用，目前在台式机系统中已逐渐开始替代 CRT 显示器。

3. 鼠标

鼠标目前已经成为最常用的输入设备之一。它通过串行接口或 USB 接口和计算机相连，其上有两个或 3 个按键，称为两键鼠标或三键鼠标。鼠标上的按键分别称为左键、右键和中键。鼠标的基本操作为移动、单击、双击和拖动。

4. 打印机

打印机也经历了数次更新，目前已进入了激光打印机（Laser Printer）的时代，但针式点阵击打式打印机（Dot Matrix Impact Printer）仍在广泛的应用着。点阵打印机工作噪声较大，速度较慢；激光打印机工作噪声小，普及型的输出速度也在 6 页/分钟，分辨率高达 600dpi 以上。另一种打印机是喷墨打印机，各项指标都处于前两种打印机之间。

5. 标准并行和串行接口

为了方便外接设备，微机系统都提供了一个用于连接打印机的 8 位并行接口和两个标准 RS232 串行接口。并行接口也可用来直接连接外置硬盘、软件加密狗和数据采集 A/D 转换器等并行设备。串行接口可用来连接鼠标、绘图仪、调制解调器（Modem）等低速（小于 115KB/s，即每秒小于 115KB）串行设备。

6. 通用串行接口

目前微机系统还备有通用串行接口（Universal　Serial　BUS，USB），通过它可连接多达 256 个外部设备，通信速度高达 12MB/s，它是一种新的接口标准。目前带 USB 接口的设备有扫描仪、键盘、鼠标、声卡、调制解调器、摄像头等。

1.4　数制及不同进制的数之间的转换

1.4.1　进位计数制

按进位的方法进行计数，称为进位计数制。为了电路设计的方便，计算机内部使用的是二进制计数制，即"逢二进一"的计数制，简称二进制（Binary）。但人们最熟悉的是十进制，所以计算机的输入/输出也要使用十进制数据。此外，为了编制程序的方便，还常常使用到八进制和十六进制。下面介绍这几种进位计数制和它们相互之间的转换。

1. 十进制

十进制（Decimal）有两个特点：其一是采用 0～9 共 10 个阿拉伯数字符号；其二是相邻两位之间为"逢十进一"或"借一当十"的关系，即同一数码在不同的数位上代表不同的数值。我们把某种进位计数制所使用数码的个数称为该进位计数制的"基数"，把计算每个"数码"在所在位上代表的数值时所乘的常数称为"位权"。位权是一个指数，以"基数"为"底"，其幂是数位的"序号"。数位的序号为以小数点为界，其左边的数位序号为 0，向左每移一位序号加一，向右每移一位序号减一。由此任一个十进制数都可以表示为一个按位权展开的多项式之和，如十进制数 5678.4 可表示为：

$$5678.4 = 5 \times 10^3 + 6 \times 10^2 + 7 \times 10^1 + 8 \times 10^0 + 4 \times 10^{-1}$$

其中，10^3、10^2、10^1、10^0、10^{-1} 分别是千位、百位、十位、个位和十分位的位权。

2. 二进制

二进制（Binary）也有两个特点：数码仅采用"0"和"1"，所以基数是 2；相邻两位之间为"逢二进一"或"借一当二"的关系。它的"位权"可表示成"2^i"，2 为其基数，i 为数位序号，取值法和十进制相同。所以任何一个二进制数都可以表示为按位权展开的多项式之和，如二进制数 1100.1 可表示为：

$$1100.1 = 1 \times 2^3 + 1 \times 2^2 + 0 \times 2^1 + 0 \times 2^0 + 1 \times 2^{-1}$$

3. 八进制

和十进制与二进制的讨论类似，八进制（Octal）用的数码共有 8 个，0 ~ 7，则基数是 8；相邻两位之间为"逢八进一"和"借一当八"的关系，它的"位权"可表示成"8^i"。任何一个八进制数都可以表示为按位权展开的多项式之和，如八进制数 1537.6 可表示为：

$$1537.6 = 1 \times 8^3 + 5 \times 8^2 + 3 \times 8^1 + 7 \times 8^0 + 6 \times 8^{-1}$$

4. 十六进制

和十进制与二进制的讨论类似，十六进制（Hexadecimal）用的数码共有 16 个，除了 0 ~ 9 外又增加了 6 个字母符号 A、B、C、D、E、F，分别对应了 10、11、12、13、14、15；其基数是 16，相邻两位之间为"逢十六进一"和"借一当十六"的关系，它的"位权"可表示成"16^i"。任何一个十六进制数都可以表示为按位权展开的多项式之和，如十六进制数 3AC7.D 可表示为：

$$3AC7.D = 3 \times 16^3 + 10 \times 16^2 + 12 \times 16^1 + 7 \times 16^0 + 13 \times 16^{-1}$$

5. 任意的 K 进制

K 进制用的数码共有 K 个，其基数是 K，相邻两位之间为"逢 K 进一"和"借一当 K"的关系，它的"位权"可表示成"K^i"，i 为数位序号。任何一个 K 进制数都可以表示为按位权展开的多项式之和，该表达式就是数的一般展开表达式：

$$D = \sum_{k=1}^{n} A_k N^k$$

其中，N 为基数，A_k 为第 K 位上的数码，N^k 为第 K 位上的位权。

1.4.2　不同进制之间的数相互转换

1. 二进制数、八进制数、十六进制数转换成十进制数

转换的方法就是按照位权展开表达式，例如：

① $(111.101)_2 = 1 \times 2^2 + 1 \times 2^1 + 1 \times 2^0 + 1 \times 2^{-1} + 1 \times 2^{-3}$

$\qquad\qquad = 4 + 2 + 1 + 0.5 + 0 + 0.125 = (7.625)_{10}$

其中利用括号加脚码来表示转换前后的不同进制，以下例中不再加以说明。

② $(774)_8 = 7 \times 8^2 + 7 \times 8^1 + 4 \times 8^0 = (508)_{10}$

③ $(AF2.8C)_{16} = A \times 16^2 + F \times 16^1 + 2 \times 16^0 + 8 \times 16^{-1} + C \times 16^{-2}$

$\qquad\qquad = 10 \times 16^2 + 15 \times 16^1 \times 2 \times 16^0 + 8 \times 16^{-1} + 12 \times 16^{-2}$

$\qquad\qquad = 2560 + 240 + 2 + 0.5 + 0.046875 = (2802.546875)_{10}$

2. 十进制数转换成二进制数

将十进制数转换成等值的二进制数，需要对整数和小数部分分别进行转换。整数部分转换法是连续除 2，直到商数为零，然后逆向取各个余数得到一串数位即为转换结果，如：

$$11 \div 2 = 5 \text{----------} \ \text{余数} \quad 1$$

$$5 \div 2 = 2 \text{----------} \text{余数} \quad 1$$
$$2 \div 2 = 1 \text{----------} \text{余数} \quad 0$$
$$1 \div 2 = 0 \text{----------} \text{余数} \quad 1$$

逆向取余数（后得的余数为结果的高位）得：$(11)_{10}=(1011)_2$

小数部分转换法是连续乘 2，直到小数部分为零或已得到足够多个整数位，正向取积的整数（后得的整数位为结果的低位）位组成一串数位即为转换结果，如：

$$0.7 \times 2 = 1.4 \text{------------} \text{整数部分为} \ 1$$
$$0.4 \times 2 = 0.8 \text{------------} \text{整数部分为} \ 0$$
$$0.8 \times 2 = 1.6 \text{------------} \text{整数部分为} \ 1$$
$$0.6 \times 2 = 1.2 \text{------------} \text{整数部分为} \ 1$$
$$0.2 \times 2 = 0.4 \text{------------} \text{整数部分为} \ 0 \text{（进入循环过程）}$$

若要求 4 位小数，则算到第 5 位，以便舍入。结果得：$(0.7)_{10}=(0.1011)_2$

可见有限位的十进制小数所对应的二进制小数可能是无限位的循环或不循环小数，这就必然导致转换误差。仅将上述转换方法简单证明如下。

若有一个十进制整数 A，必然对应一个 n 位的二进制整数 B，将 B 展开表示就得下式：

$$(A)_{10} = b_{n-1} \times 2^{n-1} + b_{n-2} \times 2^{n-2} + \cdots + b_2 \times 2^2 + b_1 \times 2^1 + b_0 \times 2^0$$

当式子两端同除以 2，则两端的结果和余数都应当相等，分析式子右端，除了最末项外各项都含有因子 2，所以其余数就是 b_0。同时 b_1 项的因子 2 没有了。当再次除以 2，b_1 就是余数。依此类推，就逐次得到了 b_2、b_3、$b_4 \cdots$ 直到式子左端的商为 0。

小数部分转换方法的证明同样是利用转换结果的展开表达式，写出下式：

$$(A)_{10} = b_{-1} \times 2^{-1} + b_{-2} \times 2^{-2} + \cdots + b_{-(m-1)} \times 2^{-m+1} + b_{-m} \times 2^{-m}$$

显然当式子两端乘以 2，其右端的整数位就等于左端的 b_{-1}。当式子两端再次乘以 2，其右端的整数位就等于左端的 b_{-2}。依此类推，直到右端的小数部分为 0，或得到了满足要求的二进制小数位数。

最后将小数部分和整数部分的转换结果合并，并用小数点隔开就得到最终转换结果。

3. 十进制数转换为八进制数和十六进制数

对整数部分"连除基数取余"，对小数部分"连乘基数取整"的转换方法可以推广到十进制数到任意进制数的转换，这时的基数要用十进制数表示。例如，用"除 8 逆向取余"和"乘 8 正向取整"的方法可以实现由十进制数向八进制数的转换；用"除 16 逆向取余"和"乘 16 正向取整"可实现由十进制数向十六进制数的转换。将十进制数 269 转换为八进制数和十六进制数的计算如下：

$$269 \div 8 = 33 \text{ ---余数 } 5 \qquad\qquad 269 \div 8 = 33 \text{ ---余数 } 13$$
$$33 \div 8 = 4 \text{ ----余数 } 1 \qquad\qquad 16 \div 16 = 1 \text{ ----余数 } 0$$
$$4 \div 8 = 0 \text{ ----余数 } 4 \qquad\qquad 1 \div 16 = 0 \text{ ----余数 } 1$$
$$\text{得：} (269)_{10}=(415)_8 \qquad\qquad \text{得：} (269)_{10}=(10D)_{16}$$

4. 八进制数、十六进制数与二进制数之间的转换

由于 3 位二进制数所能表示的也是 8 个状态，因此一位八进制数与 3 位二进制数之间就有着一一对应的关系，转换就十分简单，即将八进制数转换成二进制数时，只需要将每一位八进制数码用 3 位二进制数码代替即可，例如：

$$(367.12)_8 = (011\ 110\ 111.001\ 010)_2$$

为了便于阅读，这里在数字之间特意添加了空格。若要将二进制数转换成八进制数，只需从小数点开始，分别向左和向右每 3 位分成一组，用一位八进制数码代替即可，例如：

$(10100101.00111101)_2 = (10\ 100\ 101.001\ 111\ 010)_2 = (245.172)_8$

这里要注意的是：小数部分最后一组如果不够 3 位，应在尾部用零补足 3 位再进行转换。

与八进制数类似，一位十六进制数与 4 位二进制数之间也有着一一对应的关系。将十六进制数转换成二进制数时，只需将每一位十六进制数码用 4 位二进制数码代替即可，例如：

$(CF.5)_{16} = (1100\ 1111.0101)_2$

将二进制数转换成十六进制数时，只需从小数点开始，分别向左和向右每 4 位一组用一位十六进制数码代替即可。小数部分的最后一组不足 4 位时要在尾部用 0 补足 4 位，例如：

$(10110111.10011)_2 = (1011\ 0111.1001\ 1000)_2 = (B7.98)_{16}$

1.4.3　二进制数的算术运算

二进制数只有 0 和 1 两个数码，它的算术运算规则比十进制数的运算规则简单得多。

1. 二进制数的加法运算

二进制加法规则共 4 条：0＋0=0；0＋1=1；1＋0=1；1＋1=0（向高位进位 1）。

如将两个二进制数 1001 与 1011 相加，加法过程的竖式表示如下：

```
      1 0 0 1    被加数
  +   1 0 1 1    加数
    1 0 1 0 0    和
```

2. 二进制数的减法运算

二进制减法规则也是 4 条：0-0=0；1-0=1；1-1=0；0-1=1（向相邻的高位借 1 当 2）。

如：1010 – 0111 = 0011

3. 二进制数的乘法

二进制乘法规则也是 4 条：$0 \times 0=0$；$0 \times 1=0$；$1 \times 0=0$；$1 \times 1=1$

如求二进制数 1001 和 1011 相乘的乘积，竖式计算如下：

```
          1 1 0 1      被加数
      ×   1 0 1 0      乘数
          0 0 0 0
        1 1 0 1
      0 0 0 0          部分乘积
  +   1 1 0 1
  1 0 0 0 0 0 1 0      乘积
```

从该例可知其乘法运算过程和十进制的乘法运算过程非常一致，仅仅是换用了二进制的加法和乘法规则，计算更为简洁。

二进制的除法同样是乘法的逆运算，也与十进制除法类似，仅仅是换用了二进制的减法和乘法规则，不再举例说明。

1.5　基于计算机的信息处理

首先要明确什么是"信息"。广义上讲，信息就是消息。信息一般表现为 5 种形态：数据、文本、声音、图形、图像。本节主要讲述数据和文本的计算机表示和处理，声音、图形和图像的计算机表示和处理将在本书第 6 章中加以介绍。

1.5.1 数值信息的表示

1. 数的定点和浮点表示

在计算机中，一个带小数点的数据通常有两种表示方法：定点表示法和浮点表示法。在计算过程中小数点位置固定的数据称为定点数，小数点位置浮动的数据称为浮点数。

计算机中常用的定点数有两种，即定点纯整数和定点纯小数。将小数点固定在数的最低位之后，就是定点纯整数。将小数点固定在符号位之后、最高数值位之前，就是定点纯小数。

我们知道一个十进制数可以表示成一个纯小数与一个以 10 为底的整数次幂的乘积，如 135.45 可表示为 $0.135\,45 \times 10^3$。同理，一个任意二进制数 N 可以表示为下式：

$$N = 2^J \times S$$

其中，S 称为尾数，是二进制纯小数，表示 N 的有效数位；J 称为 N 的阶码，是二进制整数，指明了小数点的实际位置，改变 J 的值也就改变了数 N 的小数点的位置。该式也就是数的浮点表示形式，而其中的尾数和阶码分别是定点纯小数和定点纯整数。例如，二进制数 111 01.11 的浮点数表示形式可为：$0.111\,011\,1 \times 2^5$。

2. 数的编码表示

一般的数都有正负之分，计算机只能记忆 0 和 1，为了将数在计算机中存放和处理就要将数的符号进行编码。基本方法是在数中增加一位符号位（一般将其安排在数的最高位之前），并用"0"表示数的正号，用"1"表示数的负号，如：

数+1110011 在计算机中可存为 01110011；

数–1110011 在计算机中可存为 11110011。

这种数值位部分不变，仅用 0 和 1 表示其符号得到的数的编码，称为原码，并将原来的数称为真值，将其编码形式称为机器数。

按上述原码的定义和编码方法，数 0 就有两种编码形式：0000…0 和 100…0。所以对于带符号的整数来说，n 位二进制原码表示的数值范围是：$-(2^{n-1}-1) \sim +(2^{n-1}-1)$。

例如 8 位原码的表示范围为：$-127 \sim +127$，16 位原码的表示范围为：$-32\,767 \sim +32\,767$。

为了简化运算操作，也为了把加法和减法统一起来以简化运算器的设计，计算机中也用到了其他的编码形式，主要有补码和反码。

为了说明补码的原理，先介绍数学中的"同余"概念。对于 a、b 两个数，若用一个正整数 K 去除，所得的余数相同，则称 a、b 对于模 K 是同余的（或称互补）。就是说，a 和 b 在模 K 的意义下相等，记作 $a = b$（MOD K）。

例如，$a=13$，$b=25$，$K=12$，用 K 去除 a 和 b 余数都是 1，记作 13 = 25（MOD 12）。

实际上，在时针钟表校对时间时若顺时针方向拨 7h 与反时针方向拨 5h 其效果是相同的，即加 7 和减 5 是一样的。就是因为在表盘上只有 12 个计数状态，即其模为 12，则 7 = –5（MOD12）。

对于计算机，其运算器的位数（字长）总是有限的，即它也有"模"的存在，可以利用"补码"实现加减法之间的相互转换。下面仅给出求补码和反码的算法和应用举例。

（1）求反码的算法

对于正数，其反码和原码同形；对于负数，则将其原码的符号位保持不变，而将其他位按位求反（即将 0 换为 1，将 1 换为 0）。

（2）求补码的算法

对于正数，其补码和原码同形；对于负数，先求其反码，再在最低位加"1"（称为末位加 1）。求原码、反码和补码的计算，举例如表 1.1 所示（以 8 位代码为例）。

若对一补码再次求补就又得到了对应的原码。

表 1.1　　　　　　　　　　真值、原码、反码、补码对照举例

十 进 制 数	二 进 制 数	十六进制数	原　码	反　码	补　码	说　明
69	1000101	45	01000101	01000101	01000101	定点正整数
-92	-1011100	-5C	11011100	10100011	10100100	定点负整数
0.82	0.11010010	0.D2	01101001	01101001	01101001	定点正小数
-0.6	-0.10011010	-0.9A	11001101	10110010	10110011	定点负小数

在二进制数的小数取舍中，0 舍 1 入。例如，$(0.82)_{10}=(0.110100011\cdots)_2$，取 8 位小数，就把第 9 位上的 1 入到第 8 位，而第 8 位进位，从而得到十进制 0.82 的二进制数是 0.11010010。在原码中，为了凑 8 位数字，把最后一个 0 舍去。–0.6 的转换类似。

3. 补码运算举例

补码运算的基本规则是$[X]_补 + [Y]_补 = [X+Y]_补$，由此规律进行计算。

（1）18 – 13 = 5

由式 18 – 13 = 18 + (–13)，则 8 位补码计算的竖式如下：

$$
\begin{array}{r}
00010010 \\
+\ 11110011 \\
\hline
100000101
\end{array}
$$

最高位进位自动丢失后，结果的符号位为 0，即为正数，补码原码同形。转换为十进制数即为+5，运算结果正确。

（2）25 – 36 = –11

由式 25 – 36 = 25 + (– 36)，则 8 位补码计算的竖式如下：

$$
\begin{array}{r}
00011001 \\
+\ 11011100 \\
\hline
11110101 \quad 和
\end{array}
$$

结果的符号位为 1，即为负数。由于负数的补码原码不同形，所以先将其再求补得到其原码：10001011

再转换为十进制数即为–11，运算结果正确。

4. 计算机中数的浮点表示

前面已经了解了数的浮点表示形式，即阶码和尾数的表示形式。原则上讲，阶码和尾数都可以任意选用原码、补码或反码，这里仅简单举例说明采用补码表示的定点纯整数表示阶码、采用补码表示的定点纯小数表示尾数的浮点数表示方法。例如，在 IBM PC 系列微机中，采用 4 个字节存放一个实型数据，其中阶码占 1 个字节，尾数占 3 个字节。阶码的符号（简称阶符）和数值的符号（简称数符）各占一位，且阶码和尾数均为补码形式。当存放十进制数+256.8125 时，其

浮点格式为：

$$\underbrace{0}_{阶符}\ \underbrace{000\ 100\ 1}_{阶码}\ \underbrace{0}_{数符}\ \underbrace{1000000\ 00110100\ 00000000}_{尾数}$$

即$(256.8125)_{10} = (0.1000000001101 \times 2^{1001})_2$。

当存放十进制数据 –0.21875 时，其浮点格式为：

$$\underbrace{1}_{阶符}\ \underbrace{111\ 1110}_{阶码}\ \underbrace{1}_{数符}\ \underbrace{00100000\ 00000000\ 00000000}_{尾数}$$

即$(-0.21875)_{10} = (-0.00111)_2 = (-0.111 \times 2^{-010})_2$。

由上例可以看到，当写一个编码时必须按规定写足位数，必要时可补写 0 或 1。另外，为了充分利用编码表示高的数据精度，计算机中采用了"规格化"的浮点数的概念，即尾数小数点的后一位必须是非"0"。即对正数小数点的后一位必须是"1"；对负数补码，小数点的后一位必须是"0"。否则就左移一次尾数，阶码减一，直到符合规格化要求。

1.5.2　非数值数据的编码

由于计算机只能识别二进制代码，数字、字母、符号等必须以特定的二进制代码来表示，称为它们的二进制编码。

1. 十进制数字的编码

前面的学习中提到当十进制小数转换为二进制数时将会产生误差，为了精确地存储和运算十进制数，可用若干位二进制数码来表示一位十进制数，称为二进制编码的十进制数，简称二—十进制代码（Binary Code Decimal，BCD）。由于十进制数有 10 个数码，起码要用 4 位二进制数才能表示 1 位十进制数，而 4 位二进制数能表示 16 个符号，所以就存在有多种编码方法。其中 8421码是常用的一种，它利用了二进制数的展开表达式形式，即各位的位权由高位到低位分别是 8、4、2、1， 方便了编码和解码的运算操作。若用 BCD 码表示十进制数 2365 就可以直接写出结果：0010　0011　0110　0101。

2. 字母和常用符号的编码

在英语书中用到的字母为 52 个（大、小写字母各 26 个），数码 10 个，数学运算符号和其他标点符号等约 32 个，再加上用于打字机控制的无图形符号等，共计 128 个符号。对 128 个符号编码需要 7 位二进制数，且可以有不同的排列方式，即不同的编码方案。其中 ASCII 代码（American Standard Code for Information Interchange，美国标准信息交换码）是使用最广泛的字符编码方案。在 7 位 ASCII 代码之前再增加一位用作校验位，形成 8 位编码。ASCII 编码表如表 1.2 所示。

表 1.2　　　　　　　　　　　ASCII 编码表（$b_7b_6b_5b_4b_3b_2b_1$）

$b_4b_3b_2b_1$ ＼ $b_7b_6b_5$	000	001	010	011	100	101	110	111
0000	NUL	DLE	SP	0	@	P	`	p
0001	SOH	DC1	!	1	A	Q	a	q
0010	STX	DC2	"	2	B	R	b	r
0011	ETX	DC3	#	3	C	S	c	s
0100	EOT	DV4	$	4	D	T	d	t
0101	ENQ	NAK	%	5	E	U	e	u
0110	ACK	SYN	&	6	F	V	f	v

b₄b₃b₂b₁ ＼ b₇b₆b₅	000	001	010	011	100	101	110	111
0111	BEL	ETB	'	7	G	W	g	w
1000	BS	CAN	(	8	H	X	h	x
1001	HT	EM	)	9	I	Y	i	y
1010	LF	SUB	*	:	J	Z	j	z
1011	VT	ESC	+	;	K	[	k	{
1100	FF	FS	,	<	L	\	l	|
1101	CR	GS	-	=	M	]	m	}
1110	SO	RS	.	>	N	^	n	~
1111	SI	US	/	?	O	_	o	DEL

3. 汉字编码

依据汉字处理阶段的不同，汉字编码可分为输入码、显示字形码、机内码和交换码。

① 在键盘输入汉字用到的汉字输入码归纳起来可分为数字码、拼音码、字形码和音形混合码。数字码以区位码、电报码为代表，一般用 4 位十进制数表示一个汉字，每个汉字编码唯一，记忆困难。拼音码又分全拼和双拼，基本上无需记忆，但重音字太多。为此又提出双拼双音、智能拼音和联想等方案，推进了拼音汉字编码的普及使用。字形码以五笔字形为代表，优点是重码率低，适用于专业打字人员应用，缺点是记忆量大。自然码则将汉字的音、形、义都反映在其编码中，是混合编码的代表。

② 要在屏幕或在打印机上输出汉字，就需要用到汉字的字形信息。目前表示汉字字形常用点阵字形法和矢量法。

点阵字形是将汉字写在一个方格纸上，用一位二进制数表示一个方格的状态，有笔画经过记为"1"，否则记为 "0"，并称其为点阵。把点阵上的状态代码记录下来就得到一个汉字的字形码。将字形信息有组织地存放起来就形成汉字字形库。一般 16 点阵字形用于显示，相应的字形库也称为显示字库。

矢量字形则是通过抽取并存放汉字中每个笔画的特征坐标值，即汉字的字形矢量信息，在输出时依据这些信息经过运算恢复原来的字形。所以矢量字形信息可适应显示和打印各种字号的汉字。

③ 有了字形库，要快速地读到要找的信息，必须知道其存放单元的地址。当输入一个汉字并要把他显示出来，就要将其输入码转换成为能表示其字形码存储地址的机内码。根据字库的选择和字库存放位置的不同，同一汉字在同一计算机内的内码也将是不同的。

④ 汉字的输入码、字形码和机内码都不是唯一的，不便于不同计算机系统之间的汉字信息交换。为此我国制定了《信息交换用汉字编码字符集基本集》，即 GB 2312—80，提供了统一的国家信息交换用汉字编码，称为国标码。该标准集中规定了 682 个西文字符和图形符号、6 763 个常用汉字。

除 GB 2312—80 外，GB 7589—87 和 GB 7590—87 两个辅助集也对非常用汉字作出了规定，三者定义汉字共 21 039 个。

习　题　1

1. 微型计算机系统由哪几部分组成？其中硬件包括哪几部分？软件包括哪几部分？各部分的

功能如何？

2. 微型计算机的存储体系如何？内存和外存各有什么特点？

3. 计算机更新换代的主要技术指标是什么？

4. 表示计算机存储器容量的单位是什么？如何由地址总线的根数来计算存储器的容量？KB、MB、GB 代表什么意思？

5. 已知 X 的补码为 11110110，求其真值。将二进制数+1100101B 转换为十进制数，并用 8421BCD 码表示。

6. 将十进制数 2 746.128 51 转换为二进制数、八进制数和十六进制数。

7. 分别用原码、补码、反码表示有符号十进制数+102 和−103。

8. 用规格化的浮点格式表示十进制数 123.625。

9. 设浮点数形式为阶符阶码尾符尾数，其中阶码（包括 1 位符号位）取 8 位补码，尾数（包括 1 位符号位）取 24 位原码，基为 2。请写出二进制数−110.0101B 的浮点数形式。

10. 汉字在计算机内部存储、传输和检索的代码称为什么码？汉字输入码到该代码是如何转换的？

第2章
操作系统基础

本章首先从操作系统的定义、功能、分类和演化等方面进行简要说明，然后以 Windows 7 为例，详细讲述操作系统的功能和使用方法，最后简要介绍 Windows 8、Windows 10 操作系统的特点。

【知识要点】
- 操作系统的定义、功能和分类；
- 操作系统的演化过程；
- Windows 7 的常用操作；
- 操作系统 Windows 8、Windows 10 简介。

2.1 操作系统概述

2.1.1 操作系统的含义

为了使计算机系统中所有软硬件资源协调一致，有条不紊地工作，就必须有一套软件来进行统一的管理和调度，这种软件就是操作系统。操作系统是管理软硬件资源、控制程序执行、改善人机界面、合理组织计算机工作流程和为用户使用计算机提供良好运行环境的一种系统软件。计算机系统不能缺少操作系统，正如人不能没有大脑一样，而且操作系统的性能在很大程度上直接决定了整个计算机系统的性能。操作系统直接运行在裸机上，是对计算机硬件系统的第一次扩充。在操作系统的支持下，计算机才能运行其他的软件。从用户的角度看，操作系统加上计算机硬件系统形成一台虚拟机（通常广义上的计算机），它为用户构成了一个方便、有效、友好的使用环境。因此可以说，操作系统不但是计算机硬件与其他软件的接口，而且也是用户和计算机的接口。

2.1.2 操作系统的基本功能

操作系统作为计算机系统的管理者，它的主要功能是对系统所有的软硬件资源进行合理而有效的管理和调度，提高计算机系统的整体性能。一般而言，引入操作系统有两个目的：第一，从用户角度来看，操作系统将裸机改造成一台功能更强、服务质量更高、用户使用起来更加灵活方便、更加安全可靠的虚拟机，使用户无须了解更多有关硬件和软件的细节就能使用计算机，从而提高用户的工作效率；第二，为了合理地使用系统包含的各种软硬件资源，提高整个系统的使用效率。具体地说，操作系统具有处理器管理、存储管理、设备管理、文件管理和作业管理等功能。

1. 处理器管理

处理器管理也称进程管理。进程是一个动态的过程，是执行起来的程序，是系统进行资源调度和分配的独立单位。

进程与程序的区别，有以下 4 点。

① 程序是"静止"的，它描述的是静态指令集合及相关的数据结构，所以程序是无生命的；进程是"活动"的，它描述的是程序执行起来的动态行为；所以进程是有生命周期的。

② 程序可以脱离机器长期保存，即使不执行的程序也是存在的；而进程是执行着的程序，当程序执行完毕，进程也就不存在了。进程的生命是暂时的。

③ 程序不具有并发特征，不占用 CPU、存储器及输入/输出设备等系统资源，因此不会受到其他程序的制约和影响；进程具有并发性，在并发执行时，由于需要使用 CPU、存储器及输入/输出设备等系统资源，因此受到其他进程的制约和影响。

④ 进程与程序不是一一对应的。一个程序多次执行，可以产生多个不同的进程。一个进程也可以对应多个程序。

进程在其生存周期内，由于受资源制约，其执行过程是间断的，因此进程状态也是不断变化的。一般来说，进程有 3 种基本状态。

① 就绪状态。进程已经获取了除 CPU 之外所必需的一切资源，一旦分配到 CPU，就可以立即执行。

② 运行状态。进程获得了 CPU 及其他一切所需的资源，正在运行。

③ 等待状态。由于某种资源得不到满足，进程运行受阻，处于暂停状态，等待分配到所需资源后，再投入运行。

操作系统对进程的管理主要体现在调度和管理进程从"创生"到"消亡"整个生存周期过程中的所有活动，包括创建进程、转变进程的状态、执行进程和撤销进程等操作。

2. 存储管理

存储器是计算机系统中存放各种信息的主要场所，因而是系统的关键资源之一，能否合理、有效地使用这种资源，在很大程度上影响到整个计算机系统的性能。操作系统的存储管理主要是对内存的管理。除了为各个作业及进程分配互不发生冲突的内存空间，保护放在内存中的程序和数据不被破坏外，还要组织最大限度的共享内存空间，甚至将内存和外存结合起来，为用户提供一个容量比实际内存大得多的虚拟存储空间。

3. 设备管理

外部设备是计算机系统中完成和人及其他系统间进行信息交流的重要资源，也是系统中最具多样性和变化性的部分。设备管理是负责对接入本计算机系统的所有外部设备进行管理，主要功能有设备分配、设备驱动、缓冲管理、数据传输控制、中断控制、故障处理等。常采用缓冲、中断、通道和虚拟设备等技术尽可能地使外部设备和主机并行工作，解决快速 CPU 与慢速外部设备的矛盾，使用户不必去涉及具体设备的物理特性和具体控制命令就能方便、灵活地使用这些设备。

4. 文件管理

计算机中存放着成千上万的文件，这些文件保存在外存中，但其处理却是在内存中进行的。对文件的组织管理和操作都是由被称之为文件系统的软件来完成的。文件系统由文件、管理文件的软件和相应的数据结构组成。文件管理支持文件的建立、存储、检索、调用和修改等操作，解决文件的共享、保密和保护等问题，并提供方便的用户使用界面，使用户能实现对文件的按名存取，而不必关心文件在磁盘上的存放细节。

5. 作业管理

作业管理是为处理器管理做准备的，包括对作业的组织、调度和运行控制。我们将一次算题过程中或一个事务处理过程中要求计算机系统所完成的工作的集合，包括要执行的全部程序模块和需要处理的全部数据，称为一个作业（Job）。

作业有3个状态：当作业被输入到系统的后备存储器中，并建立了作业控制模块（Job Control Block，JCB）时，即称其处于后备态；作业被作业调度程序选中并为它分配了必要的资源，建立了一组相应的进程时，则称其处于运行态；作业正常完成或因程序出错等而被终止运行时，则称其进入完成态。

CPU 是整个计算机系统中较昂贵的资源，它的速度要比其他硬件快得多，所以操作系统要采用各种方式充分利用它的处理能力，组织多个作业同时运行，主要解决对处理器的调度、冲突处理和资源回收等问题。

2.1.3 操作系统的分类

经过了 50 多年的迅速发展，操作系统多种多样，功能也相差很大，已经发展到能够适应各种不同的应用环境和各种不同的硬件配置。操作系统按不同的分类标准可分为不同类型的操作系统，如图 2.1 所示。

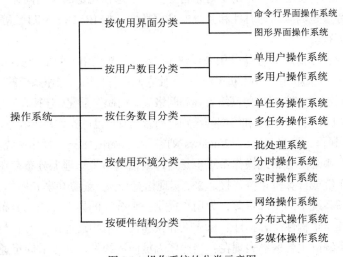

图 2.1　操作系统的分类示意图

1. 按与用户交互的界面分类

（1）命令行界面操作系统。在命令行界面操作系统中，用户只能在命令提示符后（如 C:\>）输入命令才能操作计算机。其界面不友好，用户需要记忆各种命令，否则无法使用系统，如 MS-DOS、Novell 等系统。

（2）图形界面操作系统。图形界面操作系统交互性好，用户不须记忆命令，可根据界面的提示进行操作，简单易学，如 Windows 系统。

2. 按能够支持的用户数目分类

（1）单用户操作系统。单用户操作系统只允许一个用户使用操作系统，该用户独占计算机系统的全部软硬件资源。目前在微型计算机上使用的 MS-DOS、Windows 3.x 和 OS/2 等属于单用户操作系统。单用户操作系统可分为单任务操作系统和多任务操作系统。其区别是一台计算机能否同时执行两项（含两项）以上的任务，比如在数据统计的同时能否播放音乐等。

（2）多用户操作系统。多用户操作系统是在一台主机上连接有若干台终端，能够支持多个用户同时通过这些终端机使用该主机进行工作。根据各用户占用该主机资源的方式，多用户操作系统又分为分时操作系统和实时操作系统。典型的多用户操作系统有 UNIX、Linux 和 VAX-VMS 等。

3. 按是否能够运行多个任务分类

（1）单任务操作系统。单任务操作系统的主要特征是系统每次只能执行一个程序。例如，打印机在打印时，微机就不能再进行其他工作了，如 DOS 操作系统。

（2）多任务操作系统。多任务操作系统允许同时运行两个以上的程序，比如在打印时，可以同时执行另一个程序，如 Windows NT、Windows 2000/XP、Windows Vista/7、UNIX 等系统。

4. 按使用环境分类

（1）批处理操作系统。将若干作业按一定的顺序统一交给计算机系统，由计算机自动地、顺序完成这些作业，这样的系统称为批处理系统。批处理系统的主要特点是用户脱机使用计算机和成批处理，从而大大提高了系统资源的利用率和系统的吞吐量，如 MVX、DOS/VSE、AOS/V 等操作系统。

（2）分时操作系统。分时操作系统是一台主机带有若干台终端，CPU 按照预先分配给各个终端的时间片，轮流为各个终端服务，即各个用户分时共享计算机系统的资源。它是一种多用户系统，其特点是具有交互性、即时性、同时性和独占性，如 UNIX、XENIX 等操作系统。

（3）实时操作系统。实时操作系统是对来自外界的信息在规定的时间内即时响应并进行处理的系统。它的两大特点是响应的即时性和系统的高可靠性，如 IRMX、VRTX 等操作系统。

5. 按硬件结构分类

（1）网络操作系统。网络操作系统是用来管理连接在计算机网络上的多个独立的计算机系统（包括微机、无盘工作站、大型机和中小型机系统等），使它们在各自原来操作系统的基础上实现相互之间的数据交换、资源共享、相互操作等网络管理和网络应用的操作系统。连接在网络上的计算机被称为网络工作站，简称工作站。工作站和终端的区别是前者具有自己的操作系统和数据处理能力，后者要通过主机实现运算操作，如 Netware、Windows NT、OS/2Warp、Sonos 操作系统。

（2）分布式操作系统。分布式操作系统也是通过通信网络将物理上分布存在的、具有独立运算功能的数据处理系统或计算机系统连接起来，实现信息交换、资源共享和协作完成任务的系统。分布式操作系统管理系统中的全部资源，为用户提供一个统一的界面，强调分布式计算和处理，更强调系统的坚强性、重构性、容错性、可靠性和快速性。从物理连接上看它与网络系统十分相似，它与一般网络系统的主要区别表现在：当操作人员向系统发出命令后能迅速得到处理结果，但运算处理是在系统中的哪台计算机上完成的操作人员并不知道，如 Amoeba 操作系统。

（3）多媒体操作系统。多媒体计算机是近几年发展起来的集文字、图形、声音、活动图像于一身的计算机。多媒体操作系统对上述各种信息和资源进行管理，包括数据压缩、声像同步、文件格式管理、设备管理和提供用户接口等。

2.2 微机操作系统的演化过程

2.2.1 DOS

1. 操作系统的功能

DOS（Disk Operating System）即磁盘操作系统，它是配置在 PC 上的单用户命令行界面操作系统。它曾经最广泛地应用在 PC 上，对于计算机的应用普及可以说是功不可没的。其功能主要是进行文件管理和设备管理。

2. DOS 的文件

DOS 的文件是存放在外存中、有名字的一组信息的集合。

每个文件都有一个文件名，DOS 按文件名对文件进行识别和管理，即所谓的"按名存取"。文件名由主文件名和扩展名两部分组成，其间用圆点"."隔开。主文件名用来标识不同的文件，扩展名用来标识文件的类型。主文件名不能省略，扩展名可以省略。主文件名由 1~8 个字符组成，扩展名最多由 3 个字符组成。DOS 对文件名中的大小写字母不加区分，字母或数字都可以作为文件名的第 1 个字符。一些特殊字符（如：$、~、-、&、#、%、@、(、)等）可以用在文件名中，但不允许使用"!"","和空格等。

对文件操作时，在文件名中可以使用具有特殊作用的两个符号"*""?"，称它们为"通配符"。其中"*"代表在其位置上连续且合法的零个到多个字符，"?"代表它所在位置上的任意一个合法字符。利用通配符可以很方便地对一批文件进行操作。

3. DOS 的目录和路径

磁盘上可存放许多文件，通常，各个用户都希望自己的文件与其他用户的文件分开存放，以便查找和使用。即使是同一个用户，也往往把不同用途的文件互相区分，分别存放，以便于管理和使用。

（1）树形目录。为了实现对文件的统一管理，同时又能方便用户对自己的文件进行管理和使用，DOS 系统采用树形结构来实施对所有文件的组织和管理。该结构很像一棵倒立的树，树根在上，树叶在下，中间是树枝，它们都称为节点。树的节点分为 3 类：根节点表示根目录；枝节点表示子目录；叶节点表示文件。在目录下可以存放文件，也可以创建不同名字的子目录，子目录下又可以建立子目录并存放一些文件。上级子目录和下级子目录之间的关系是父子关系，即父目录下可以有子目录，子目录下又可以有自己的子目录，呈现出明显的层次关系，如图 2.2 所示。

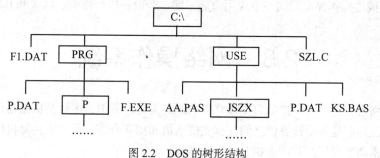

图 2.2　DOS 的树形结构

（2）路径。要指定 1 个文件，DOS 必须知道 3 条信息：文件所在的驱动器（即盘符）、文件所在的目录和文件名。路径即为文件所在的位置，包括盘符和目录名，如 C:\PRG\P。

2.2.2　Windows 操作系统

从 1983 年到 1998 年，美国微软公司陆续推出了 Windows 1.0、Windows 2.0、Windows 3.0、Windows3.1、Windows NT、Windows 95、Windows 98 等系列操作系统。Windows 98 以前版本的操作系统都由于存在某些缺点而很快被淘汰。而 Windows 98 提供了更强大的多媒体和网络通信功能，以及更加安全可靠的系统保护措施和控制机制，从而使 Windows 98 系统的功能趋于完善。

1998 年 8 月，微软公司推出了 Windows 98 中文版，这个版本当时应用非常广泛。

2000 年，微软公司推出了 Windows 2000 的英文版。Windows 2000 也就是改名后的 Windows NT5，Windows 2000 具有许多意义深远的新特性。同年，又发行了 Windows Me 操作系统。

2001 年，微软公司推出了 Windows XP。Windows XP 整合了 Windows 2000 的强大功能特性，并植入了新的网络单元和安全技术，具有界面时尚、使用便捷、集成度高、安全性好等优点。

2005 年，微软公司又在 Windows XP 的基础上推出了 Windows Vista。Windows Vista 仍然保留了 Windows XP 整体优良的特性，通过进一步完善，在安全性、可靠性及互动体验等方面更为突出和完善。

Windows 7 第一次在操作系统中引入 Life Immersion 概念，即在系统中集成许多人性因素，一切以人为本，同时沿用了 Vista 的 Aero（Authentic——真实，Energetic——动感，Reflective——反射性，Open——开阔）界面，提供了高质量的视觉感受，使得桌面更加流畅、稳定。为了满足不同定位用户群体的需要，Windows 7 提供了 5 个不同版本：家庭普通版（Home Basic 版）、家庭高级版（Home Premium 版）、商用版（Business 版）、企业版（Enterprise 版）和旗舰版（Ultimate 版）。2009 年 10 月 22 日微软于美国正式发布 Windows 7 作为微软新的操作系统。

2011 年 9 月 14 日，Windows 8 开发者预览版发布，宣布兼容移动终端。2012 年 2 月，微软发布"视窗 8"消费者预览版。Windows 8 是由微软公司开发的具有革命性变化的操作系统，该系统旨在让人们的日常电脑操作更加简单和快捷，为人们提供高效易行的工作环境。Windows 8 将支持来自 Intel、AMD 和 ARM 的芯片架构。微软公司表示，这一决策意味着 Windows 系统开始向更多平台迈进，包括平板电脑和 PC。

Windows 10 是微软公司新一代操作系统，该系统于 2014 年 9 月 30 日发布技术预览版。Windows 10 正式版将于 2015 年发布，它是 Windows 成熟蜕变的登峰之作，Windows 10 正式版拥有崭新的触控界面为用户呈现最新体验，全新的 Windows 将是现代操作系统的潮流，实现覆盖全平台，可以运行在手机、平板、台式机以及 Xbox 和服务器端等设备中，芯片类型将涵盖 x86 和 ARM，拥有相同的操作界面和同一个应用商店，能够跨设备进行搜索、购买和升级。

2.3　网络操作系统

计算机网络可以定义为互连的自主计算机系统的集合。所谓自主计算机是指计算机具有独立处理能力，而互连则是表示计算机之间能够实现通信和相互合作。可见，计算机网络是在计算机技术和通信技术高度发展的基础上相互结合的产物。

网络操作系统（NOS）是网络的心脏和灵魂，是向网络计算机提供服务的特殊的操作系统。它在计算机操作系统下工作，使计算机操作系统增加了网络操作所需要的能力。

通常可以把网络操作系统定义为：实现网络通信的有关协议以及为网络中各类用户提供网络服务的软件的集合，其主要目标是使用户能通过网络上各个计算机站点去方便而高效地享用和管理网络上的各类资源（数据与信息资源，软件和硬件资源）。

网络操作系统按控制模式可以分为集中模式、客户机/服务器模式、对等模式。集中式网络操作系统是由分时操作系统加上网络功能演变的，系统的基本单元是由一台主机和若干台与主机相连的终端构成，信息的处理和控制是集中的。客户机/服务器模式是最流行的网络工作模式，服务器是网络的控制中心，并向客户提供服务，客户是用于本地处理和访问服务器的站点。对等模式中的站点都是对等的，既可以作为客户访问其他站点，又可以作为服务器向其他站点提供服务，这种模式具有分布处理和分布控制的功能。

目前流行的网络操作系统有 UNIX、Linux、Windows XP/2000/2003/Vista/7/8/10 等。

2.4　中文 Windows 7 使用基础

虽然 Windows 8 已发布 3 年有余，但由于存在安全隐患，不能在政府部门使用。Windows 10 的正式版还没有发布，所以 Windows 7 目前还被广泛使用。本章以 Windows 7 为例，简要阐述 Windows 的使用。

2.4.1　Windows 7 的安装

安装 Windows 7 之前，要了解计算机的配置，如果配置太低，会影响系统的性能或者根本不能成功安装。

1. 对计算机软、硬件的要求

- CPU：时钟频率至少需要 1GHz（单或双核处理器），推荐使用 64 位双核以上或频率更高的处理器。
- 内存：推荐使用 512MB RAM 或更高（安装识别的最低内存为 490MB，可能会影响性能和某些功能）。
- 硬盘：20GB 以上可用空间。
- 显卡：不低于集成显卡 64M 显存的配置。
- 视频适配器：Super VGA（800 像素 × 600 像素）或分辨率更高的视频适配器。
- 输入设备：键盘、鼠标或兼容的设备。
- 其他设备：CD/DVD 驱动器或 U 盘引导盘。

2. Windows 7 系统安装方式

目前，Windows 7 的安装盘有很多版本，不同安装盘的安装方法也不一样。一般是用光盘启动计算机，然后根据屏幕的提示即可进行安装。

2.4.2　Windows 7 的启动和关闭

1. Windows 7 的启动

打开电源，系统自动启动 Windows 7，启动后在屏幕上会出现一个对话框，等待输入用户名和口令。输入正确后，按回车键即可进入 Windows 7 操作系统。

2. Windows 7 的关闭

选择桌面左下角的"开始"按钮，然后选择"关闭"，即开始关机过程。

在关闭过程中，若系统中有需要用户进行保存的程序，Windows 会询问用户是否强制关机或者取消关机。

2.4.3　Windows 7 的桌面

在第一次启动 Windows 7 时，首先看到桌面，即整个屏幕区域（用来显示信息的有效范围）。为了简洁，桌面只保留了"回收站"图标。我们在 Windows XP 中熟悉的"我的电脑""Internet

Explorer""我的文档""网上邻居"等图标被整理到了"开始"菜单中。"开始"菜单带有用户的个人特色，它由两个部分组成，左边是常用程序的快捷列表，右边为系统工具和文件管理工具列表。

Windows 7仍然保留了大部分Windows 9x，Windows NT和Windows 2000/XP等操作系统用户的操作习惯及与其一致的桌面模式，如图2.3所示。

图2.3　Windows 7的桌面

1. 桌面的组成

桌面由桌面背景、图标、任务栏、"开始"菜单、语言栏和通知区域组成。

（1）图标

每个图标由两部分组成：一是图标的图案，二是图标的标题。图案部分是图标的图形标识，为了便于区别，不同的图标一般使用不同的图案。标题是说明图标的文字信息。图标的图案和标题都可以修改。标题的修改方法是：右键单击该图标，在弹出的快捷菜单中选择"重命名"选项，此时输入新的名字即可。图案的更改方法是：右键单击该图标，在弹出的快捷菜单中选择"属性"，在弹出的窗口中选择"快捷方式"标签，再选择其中的"更改图标"按钮来选择一个新的图案即可。

桌面上的图标有一部分是快捷方式图标，其特征是在图案的左下方有一个向右上方的箭头。快捷方式图标用来方便启动与其相对应的应用程序（快捷方式图标只是相应应用程序的一个映像，它的删除并不影响应用程序的存在）。

（2）任务栏

在桌面的底部有一个长条，称为"任务栏"。"任务栏"的左端是"开始"按钮，右边是窗口区域、语言栏、工具栏、通知区域和时钟区等，最右端为显示桌面按钮，中间是应用程序按钮分布区。工具栏默认不显示，它的显示与否可以通过"任务栏和「开始」菜单属性"里的"工具栏"进行设置。

① "开始"按钮 。"开始"按钮是Windows 7进行工作的起点，在这里不仅可以使用Windows 7提供的附件和各种应用程序，而且还可以安装各种应用程序以及对计算机进行各项设置等。

在Windows 7中取消了Windows XP中的快速启动栏，取而代之的是用户可以直接把程序附加在任务栏上快速启动。

②　时钟。显示当前计算机的时间和日期。若要了解当前的日星期，只需要将光标移动到时钟上，信息会自动显示。单击该图标，可以显示当前的日期和时间及设置信息。

③　空白区。每当用户启动一个应用程序时，应用程序就会作为一个按钮出现在任务栏上。当该程序处于活动状态时，任务栏上的相应按钮是处于被按下的状态，否则，处于弹起状态。可利用此区域在多个应用程序之间进行切换（只需要单击相应的应用程序按钮即可）。

任务栏在默认情况下，总是出现在屏幕的底部，而且不被其他窗口所覆盖，其高度只能够容纳一行按钮。在任务栏为非锁定状态时，将鼠标移到任务栏的边缘附近，当鼠标指针变成上下箭头形状时按住鼠标左键上下拖动，就可改变任务栏的高度（最高到屏幕高度的一半）。若用鼠标拖动任务栏，可以将任务栏拖到屏幕的上、下、左、右 4 个边缘位置。

在 Windows 7 中也可根据个人的喜好定制任务栏。右键单击任务栏的空白处，在弹出的快捷菜单中选择"属性"命令，出现"任务栏和「开始」菜单属性"对话框，选择"任务栏"选项卡进行相应的设置即可。

（3）"开始"菜单

单击"开始"按钮会弹出"开始"菜单。开始菜单集成了 Windows 中大部分的应用程序和系统设置工具，如图 2.4 所示（在普通方式下），其显示的具体内容与计算机的设置和安装的软件有关。

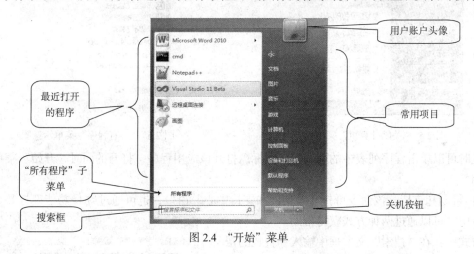

图 2.4　"开始"菜单

在"开始"菜单中，每一项菜单除了有文字之外，还有一些标记：图案、文件夹图标、"▶"或者"◀"以及用括号括起来的字母。其中，文字是该菜单项的标题，图案是为了美观和好看（在应用程序窗口中此图案与工具栏上相应按钮的图案一样）；文件夹图标表示里面有菜单；"▶"或者"◀"显示或隐藏子菜单项；字母表示当该菜单项在显示时，直接按该字母就可打开相应的菜单项。当某个菜单项为灰色时，表示此时不可用。

当"开始"菜单显示之后，可用键盘或鼠标选择某一项来执行相应的操作。

"开始"菜单中主要选项的含义如下。

①　关闭计算机。选择此命令后，计算机会执行快速关机命令，单击该命令右侧的"▶"图标则会出现如图 2.5 所示的子菜单，默认有 5 个选项。

● 切换用户：当存在两个或以上用户的时候可通过此按钮进行多用户的切换操作。

● 注销：用来注销当前用户，以备下一个人使用或防止数据被其他人操作。

● 锁定：锁定当前用户。锁定后需要重新输入密码认证才能正常使用。

● 重新启动：选择"重新启动"选项，系统将结束当前的所有会话，关闭 Windows，然后自动重新启动系统。

● 睡眠：当用户短时间不用计算机又不希望别人以自己的身份使用计算机，应选择此命令。系统将保持当前的状态并进入低耗电状态。

② 搜索框。使用搜索框可以快速找到所需要和程序。搜索框还能取代"运行"对话框，在搜索框中输入程序名，可以启动程序。

③ 所有程序菜单：单击该菜单项，会列出一个按字母顺序排列的程序列表，在程序列表的下方还有一个文件夹列表，如图 2.6 所示。

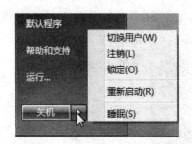

图 2.5 "关闭计算机"菜单

图 2.6 "所有程序"菜单示意图

此时可以单击程序列表中的某个程序图标以打开该应用程序，打开的同时"开始"菜单会自动关闭。

④ 帮助和支持。该命令可打开"帮助和支持中心"窗口，也可通过<F1>功能键打开。在帮助窗口中，可以通过两种方式获得帮助。

方式一：在"搜索"文本框中输入要查找的帮助信息的关键字，单击" 🔍 "按钮，系统会在窗口中列出相关内容的标题。单击某一个标题，系统就会显示具体的帮助信息。

方式二：通过"选项"|"浏览帮助"的设置，可以以目录的形式查看帮助。单击大标题则跳转至分类更为详细的小标题页；通过单击任一个标题，可直接获得特定的某种帮助。

⑤ 常用项目。通过常用项目中的游戏、计算机、控制面板、设备和打印机等菜单可进行快速访问及其他操作。

⑥ 列表栏。列出用户最近使用过的文档或者程序。

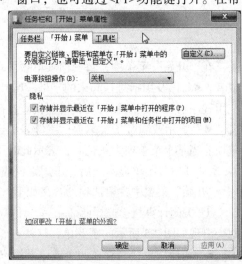

图 2.7 "「开始」菜单"选项卡

⑦ 运行栏。可以使用该命令来启动或打开文档。

2. "开始"菜单的设置

① 右键单击任务栏，选择"属性"选项，在打开的"任务栏和「开始」菜单属性"对话框中选择"「开始」菜单"选项卡，如图 2.7 所示。

② 单击"自定义"按钮，在弹出的对话框中可以对开始菜单进行各项设置。 也可使用"使用默认设置"按钮把各种设置恢复到 Windows 的默认状态。

③ 在"「开始」菜单"选项卡中可以为电源按钮选择默认操作。

④ 隐私。在"隐私"选项框中，可以选择是否存储并显示最近在"开始"菜单中打开的程序和存储并显示最近在"开始"菜单和任务栏中打开的项目。

2.4.4　Windows 7 窗口

窗口在屏幕上呈一个矩形，是用户和计算机进行信息交换的界面。

1. 窗口的分类

窗口一般分为应用程序窗口、文档窗口和对话框窗口。

① 应用程序窗口：表示一个正在运行的应用程序。

② 文档窗口：在应用程序中用来显示文档信息的窗口。文档窗口顶部有自己的名字，但没有自己的菜单栏，它共享应用程序的菜单栏。当文档窗口最大化时，它的标题栏将与应用程序的标题栏合为一行。文档窗口总是位于某一应用程序的窗口内。

③ 对话框窗口：它是在程序运行期间，用来向用户显示信息或者让用户输入信息的窗口。

2. 窗口的组成

每一个窗口都有一些共同的组成元素，但并不是所有的窗口都具有每种元素，如对话框无菜单栏。窗口一般包括 3 种状态：正常、最大化和最小化。正常窗口是 Windows 系统的默认大小；最大化窗口充满整个屏幕；最小化窗口则缩小为一个图标和按钮。当工作窗口处于正常或最大化状态时，都有边界、工作区、标题栏、状态控制按钮等组成部分，如图 2.8 所示。

图 2.8　Windows 窗口示意图

图 2.9　Windows 窗口"布局"示意图

Windows 7 在应用工作区中设置了一个功能区，即位于窗口左边部分的列表框。通过"组织"|"布局"菜单调整是否显示菜单栏以及各种窗格，如图 2.9 所示。

① 系统菜单（控制菜单）。系统菜单位于窗口的左上角，其图标为该应用程序的图标。单击该图标，可弹出系统菜单，其中包括改变窗口的大小、最大化、最小化、恢复和关闭窗口等菜单项。双击系统菜单，则关闭当前窗口。

② 标题栏。标题栏位于窗口的顶部，单独占一行。其中显示的有当前文档的名称和应用程序的名称，两者之间用短横线隔开。拖动标题栏可以移动窗口的位置，双击它可最大化或恢复窗口。当标题栏为深蓝色显示时，表示当前窗口是活动窗口。非活动窗口的标题栏是用灰色显示的。

③ 菜单栏。菜单栏位于标题栏的下面，列出该应用程序可用的菜单。每个菜单都包含若干个菜单命令，通过选择菜单命令可完成相应操作。不同的应用程序，其菜单的内容可能有所不同。

④ 工具栏。工具栏位于菜单栏的下面，它的内容可由用户自己定义。工具栏上有一系列的小图标，单击它可完成相应的操作。它的功能与菜单栏的功能是相同的，只不过使用工具栏更方便、快捷。

⑤ 滚动条。滚动条位于窗口的右边框或下边框。当窗口无法显示出所有的内容时，拖动滚动条中间的滑块或单击滚动条两端的三角按钮或单击滚动条上的空白位置，都可以查看窗口中的其他内容。

⑥ 最小化、最大化恢复按钮。这些按钮位于窗口的右上角，单击这3个按钮中的某一个，可实现窗口状态的切换。

当拖动窗口的标题栏到桌面的顶端时，窗口会显示一个最大化的透明窗口，如果此时松开鼠标，窗口就会最大化。

当拖动窗口的上边框到桌面的顶端时（或当拖动窗口的下边框到桌面的底端时），窗口会显示一个最大高度的透明窗口，如果此时松开鼠标，窗口就上、下充满桌面。

⑦ 关闭按钮。关闭按钮位于窗口的最右上角，单击此按钮，可关闭当前窗口。

⑧ 窗口的边框和角。窗口的边框是指窗口的四边边界。将鼠标移动到窗口边框，当鼠标指针变为垂直或水平双向箭头时，拖动鼠标可改变窗口垂直或水平方向的大小。

窗口的角是指窗口的4个角。将鼠标移动到窗口角，当鼠标指针变为斜向双向箭头时，拖动鼠标可同时改变窗口的高和宽。

⑨ 工作空间。窗口内部的区域称为工作空间，是用来进行工作的地方。

⑩ 功能区。功能区位于窗口的左侧，包含了该窗口使用最频繁的操作。

3. 对话框

对话框是人机进行信息交换的特殊窗口。有的对话框一旦打开，就不能在程序中进行其他操作，必须把对话框处理完毕并关闭后才能进行其他操作。图 2.10 所示为需要用户设置的页面。对话框由选项卡（也叫标签）、下拉列表框、编辑框、单选框、复选框以及按钮等元素组成。

① 选项卡：当对话框的内容比较多时，一个窗口显示不完，那么系统就会以选项卡的形式给出。选择不同的选项卡，显示的内容就不同。

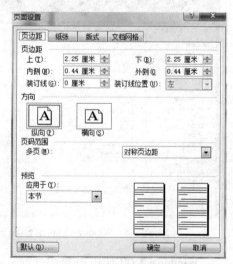

图 2.10 "页面设置"对话框

② 下拉列表框：单击右边向下的箭头，可显示一些选项让用户进行选择，用户也可直接输入内容。

③ 编辑框：只能用来输入内容的框。

④ 单选按钮：表示在几种选择中，用户能且仅能选择其中的某一项。前面显示"○"，当用户选中时，显示为"◉"。

⑤ 复选框：表示用户可以从若干项中选择某些项，用户可以全不选，也可以全选。前面显示"□"，当用户选中时，显示为"☑"。

⑥ 按钮：用来完成一定的操作。

注：在窗口的右上角有一个"?"按钮，其功能是帮助用户了解更多的信息。

4. 窗口的关闭

对于那些不再使用的窗口，可以将其关闭，关闭窗口的方法有以下几种。

① 单击窗口标题栏右端的"关闭"按钮　 ✕ 。

② 如果窗口中显示了"文件"菜单，则选择"文件"|"关闭"选项。

③ 右键单击窗口对应的任务栏按钮，然后在弹出菜单中选择"关闭窗口"。

④ 双击窗口左上角的"控制菜单"。

若关闭未保存的文档时，系统会提示是否保存对文档所做的更改。

5. 窗口位置的调整

用鼠标拖运窗口的标题栏到适当位置即可。

6. 多窗口的操作

（1）窗口之间的切换

在使用计算机的过程中，经常会打开多个窗口，此时，需要经常在窗口之间进行切换。切换的方法如下。

方法一：通过单击窗口的任何可见部分。

方法二：通过单击某个窗口在任务栏上对应的图标。

方法三：使用<Alt>+<Tab>快捷键。

方法四：使用<Win>（徽标键）+<Tab>组合键以 Flip 3D 窗口切换。

（2）窗口的排列

若想对多个窗口的大小和位置进行排列，可右键单击任务栏的空白处，在弹出的快捷菜单中选择"层叠窗口""堆叠显示窗口"和"并排显示窗口"以及相应的取消功能来完成相应的操作。

2.5　中文 Windows 7 的基本资源与操作

Windows 7 的基本资源主要包括磁盘以及存放在磁盘上的文件，下面首先介绍如何对资源进行浏览，然后介绍如何对文件和文件夹进行操作，最后介绍磁盘的操作以及有关系统设置等内容。

在 Windows 中，系统的整个资源呈一个树形层次结构。它的最上层是"桌面"，第二层是"计算机""网络"等。

2.5.1　浏览计算机中的资源

为了很好地使用计算机，用户要对计算机的资源（主要是存放在计算机上的文件或文件夹）

进行了解，一般来说，是对相关的内容进行浏览和操作。在 Windows 7 中，资源管理器发生了很大的变化，从布局到内在都焕然一新。

打开资源管理器窗口的方法很多，最常用的有以下 3 种方法："计算机""资源管理器"和"网络"。

1. 计算机

双击桌面上的"计算机"图标，出现"计算机"窗口，如图 2.11 所示。

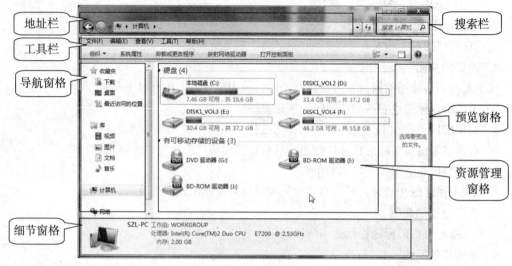

图 2.11　"计算机"窗口

Windows 7 的资源管理器主要由地址栏、搜索栏、导航窗格、资源管理器窗格、细节窗格、预览窗格工具栏和资源管理窗格 7 部分组成。其中的预览窗格默认不显示。用户可以通过"组织"菜单中的"布局"来设置"菜单栏""细节窗格""预览窗格"和"导航窗格"的选择来控制是否显示。

（1）地址栏

地址栏与 IE 浏览器非常相似，有"后退""前进""记录📖""地址栏""上一位置▾""刷新↻"等按钮。"记录"按钮的列表最多可以记录最近的 10 个项目。Windows 7 的地址栏引入了"按钮"的概念，用户能够更快地切换文件夹。如图 2.12 所示，当前显示的是"C:\Program Files\Microsoft Office"，只要在地址栏中单击"本地磁盘(C:)"即可直接跳转到该位置。不仅如此，还可以在不同级别文件夹间实现跳转，如单击"本地磁盘(C:)"右边的下拉按钮▸，显示"本地磁盘(C:)"所包含的内容，直接选择某一个文件夹即可实现跳转。

地址栏同时具有搜索的功能。

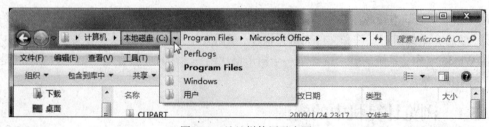

图 2.12　地址栏使用示意图

（2）搜索栏

在搜索栏中输入内容的同时，系统就开始搜索。在搜索时，用户还可以设置搜索条件：种类、修改日期、类型、大小、名称，如图 2.13（a）所示。例如，选择修改日期，会出现如图 2.13（b）所示的搜索条件。

（a）搜索条件示意图　　　　　　　　　　　　（b）日期条件示意图

图 2.13　搜索栏使用示意图

当把鼠标移动到地址栏和搜索栏之间时，鼠标指针会变成水平双向的箭头，此时水平方向拖动鼠标，可以更改地址栏和搜索栏的宽度。

（3）导航窗格

导航窗格能够辅助用户在磁盘、库中切换。导航窗格分为收藏夹、库、家庭组、计算机和网络 5 部分，其中的家庭组仅当加入某个家庭组后才会显示。

用户可以在资源管理窗格中拖动对象到导航窗格中的某个对象，系统会根据情况提示"创建链接""复制""移动"等操作。

（4）细节窗格

细节窗格用于显示一些特定文件、文件夹以及对象的信息，如图 2.11 所示。当在资源管理窗格中没有选中对象时，细节窗格显示的是本机的信息。

（5）预览窗格

预览窗格是 Windows 7 中的一项改进，它在默认情况下不显示，这是因为大多数用户不会经常预览文件内容。可以通过单击工具栏右端的"显示/隐藏预览窗格"按钮来显示或隐藏预览窗格。

Windows 7 资源管理器支持多种文件的预览，包括音乐、视频、图片、文档等。如果文件是比较专业的，则需要安装有相应的软件才能预览。

（6）工具栏

Windows 7 中的资源管理器工具栏相比以前版本的 Windows 显得更加智能。工具栏按钮会根据不同文件夹显示不同的内容，如当选择音乐库时，显示的工具栏如图 2.14 所示，与图 2.11 就不同了。

图 2.14　工具栏示意图

通过单击工具栏的  的左边的"更改视图"来切换资源管理器格中对象的显示方式，也可单击其右边的"更多选项"直接选择某一显示方式。

（7）资源管理窗格

资源管理窗格是用户进行操作的主要地方。在此窗格中，用户可进行选择、打开、复制、移动、创建、删除、重命名等操作。同时，根据显示的内容，在资源管理窗格的上部会显示不同的相关操作。

2. 资源管理器

右键单击"开始"按钮，选择"打开 Windows 资源管理器"，也可打开资源管理器窗口。

3. 网络

双击桌面上的"网络"图标，也可打开资源管理器窗口。

2.5.2　执行应用程序

用户要想使用计算机，必须通过执行各种应用程序来完成。例如，想播放视频，需要执行"暴风影音"等应用程序；想上网，需要执行"Internet Explorer"等应用程序。

执行应用程序的方法有以下几种。

① 对 Windows 自带的应用程序，可通过"开始"|"所有程序"，再选择相应的菜单项来执行。

② 在"计算机"找到要执行的应用程序文件，用鼠标双击（也可以选中之后按回车键；还可右键单击程序文件，然后选择"打开"）。

③ 双击应用程序对应的快捷方式图标。

④ 单击"开始"|"运行"命令，在命令行输入相应的命令后单击"确定"按钮。

2.5.3　文件和文件夹的操作

1. 文件的含义

文件是通过名字（文件名）来标识的存放在外存中的一组信息。在 Windows 7 中，文件是存储信息的基本单位。

2. 文件的类型

在计算机中储存的文件类型有多种，如图片文件、音乐文件、视频文件、可执行文件等。不同类型的文件在存储时的扩展名是不同的，如音乐文件有.MP3、.WMA 等，视频文件有.AVI、.RMVB、.RM 等，图片文件有.JPG、.BMP 等。不同类型的文件在显示时的图标也不同，如图 2.15 所示。Windows 7 默认会将已知的文件扩展名隐藏。

图 2.15　不同的文件类型示意图

3. 文件夹

文件夹是用来存放文件的，在文件夹中还可以再存储文件夹。相对于当前文件夹来说，它里面的文件夹称为子文件夹。文件夹在显示时，也用图标显示，包含内容不同的文件夹，在显示时的图标是不太一样的，如图 2.16 所示。

图 2.16　不同文件夹的图标示意图

4. 文件的选择操作

在 Windows 中，对文件或文件夹操作之前，必须先选中它。根据选择的对象，选中分为单个的、连续的多个、不连续的多个 3 种情况。

① 选中单个文件：用鼠标单击即可。

② 选中连续的多个文件：先选第 1 个（方法同 1），然后按住<Shift>键的同时单击最后 1 个，则它们之间的文件就被选中了。

③ 选中不连续的多个文件：先选中第 1 个，然后按住<Ctrl>键的同时再单击其余的每个文件。

如果想把当前窗口中的对象全部选中，则选择"编辑"|"全部选中"命令，也可按<Ctrl>+<A>组合键。

如果多选了，则可取消选中。单击空白区域，则可把选中的文件全部取消；如果想取消单个文件或部分文件，则可在按住<Ctrl>键的同时，再单击需要取消的文件即可。

只有先选中文件，才可以进行各种操作。

5. 复制文件

方法一：先选择"编辑"|"复制"命令（也可用<Ctrl>+<C>组合键），然后转换到目标位置，选择"编辑"|"粘贴"命令（也可用<Ctrl>+<V>组合键）。

方法二：用鼠标直接把文件拖动到目标位置松开即可（如果是在同一个磁盘内进行复制，则在拖动的同时按住<Ctrl>键）。

方法三：如果是把文件从硬盘复制到软盘、U 盘或移动硬盘则可右键单击文件，在弹出的快捷菜单中选择"发送到"命令，然后选择一个盘符即可。

6. 移动文件

方法一：先选择"编辑"|"剪切"命令（也可用<Ctrl>+<X>组合键），然后转换到目标位置，选择"编辑"|"粘贴"命令（也可用<Ctrl>+<V>组合键）。

方法二：用鼠标直接把文件拖动到目标位置松开即可（如果是在不同盘之间进行移动，则在拖动的同时按住<Shift>键）。

7. 文件的删除

对于不需要的文件，及时从磁盘上清除，以便释放它所占用的空间。

方法一：直接按<Delete>键。

方法二：右键单击图标，从快捷菜单中选择"删除"命令。

方法三：选择"文件"|"删除"命令。

执行以上方法中的任何一种时，系统会出现一个对话框，让用户进一步确认，此时把删除的文件放入回收站（在空间允许的情况下），用户在需要时可以从回收站还原。

若在删除文件的同时按住<Shift>键，文件则被直接彻底删除，而不放入回收站。

8. 文件重新命名

文件的复制、移动、删除操作一次可以操作多个对象。而文件的重命名只能一次操作一个文件。

方法一：右键单击图标，从快捷菜单中选择"重命名"命令，然后输入新的文件名即可。

方法二：选择"文件"|"重命名"命令，然后输入新的文件名即可。

方法三：单击图标标题，然后输入新的文件名即可。

方法四：按<F2>键，输入新的文件名即可。

9. 修改文件的属性

在 Windows 7 中，为了简化用户的操作和提高系统的安全性，只有"只读"和"隐藏"属性可供用户操作。

修改属性的方法如下。

方法一：右键单击文件图标，从快捷菜单中选择"属性"命令。

方法二：选择"文件"|"属性"命令。

以上两种方法都会出现"属性"对话框，分别在属性前面的复选框中加以选择，然后单击"确定"按钮。

在文件属性对话框中，还可以更改文件的打开方式，查看文件的安全性以及详细信息等。

10. 文件夹的操作

在 Windows 中，文件夹是一个存储区域，用来存储文件和文件夹等信息。

文件夹的选中、移动、删除、复制和重命名与文件的操作完全一样，在此不再重复。在这里，主要讲一下与文件不同的操作。要特别注意：文件夹的移动、复制和删除操作，不仅是文件夹本身，而且还包括它所包含的所有内容。

（1）创建文件夹

先确定文件夹所在的位置，再选择"文件"|"新建"命令，或者在窗口中的空白处单击鼠标右键，在弹出的快捷菜单中选择"新建"|"文件夹"命令，系统将生成相应的文件夹，用户只要在图标下面的文本框中输入文件夹的名字即可。系统默认的文件夹名是"新建文件夹"。

（2）修改文件夹选项

"文件夹选项"命令用于定义资源管理器中文件与文件夹的显示风格，选择"工具"|"文件夹选项"命令，打开"文件夹选项"对话框，它包括"常规""查看""搜索"3 个选项卡。

① "常规"选项卡。常规选项卡中包括 3 个选项："浏览文件夹""打开项目的方式"和导航窗格。分别可以对文件夹显示的方式、窗口打开的方式以及文件和导航窗格的显示方式进行设置。

② "查看"选项卡。单击"文件夹选项"对话框中的"查看"选项卡，将打开如图 2.17 所示的对话框。

"查看"选项卡中包括了两部分的内容："文件夹视图"和"高级设置"。

"文件夹视图"提供了简单的文件夹设置方式。单击"应用到文件夹"按钮，会使所有的文件夹的属性

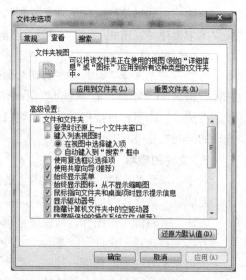

图 2.17 "查看"选项卡

同当前打开的文件夹相同；单击"重置文件夹"按钮，将恢复文件夹的默认状态，用户可以重新设置所有的文件夹属性。

在"高级设置"中可以对多种文件的操作属性进行设定和修改。

③"搜索"选项卡。"搜索"选项卡可以设置搜索内容、搜索方式等。

2.5.4　库

库在前面已经提到，有视频库、图片库、文档库、音乐库等。"库（Libraries）"是 Windows 7 中新一代文件管理系统，也是 Windows 7 系统最大的亮点之一，它彻底改变了我们的文件管理方式，从死板的文件夹方式变得更为灵活和方便。

库可以集中管理视频、文档、音乐、图片和其他文件。在某些方面，库类似传统的文件夹，如在库中查看文件的方式与文件夹完全一致。但与文件夹不同的是，库可以收集存储在任意位置的文件，这是一个细微但重要的差异。库实际上并没有真实存储数据，它只是采用索引文件的管理方式，监视其包含项目的文件夹，并允许用户以不同的方式访问和排列这些项目。并且库中的文件都会随着原始文件的变化而自动更新，并且可以以同名的形式存在于文件库中。

不同类型的库，库中项目的排列方式也不尽相同，如图片库有月、日、分级、标记几个选项，文档库中有作者、修改日期、标记、类型、名称几大选项。

以视频库为例，可以通过单击"视频库"下面"包括"的位置打开"视频库位置"对话框，如图 2.18 所示，在此对话框中，可以查看到库所包含的文件夹信息，也可通过右边的"添加""删除"按钮向库中添加文件夹和从库中删除文件夹。

图 2.18　库操作示意图

库仅是文件（夹）的一种映射，库中的文件并不位于库中。用户需要向库中添加文件夹位置（或者是向库包含的文件夹中添加文件），才能在库中组织文件和文件夹。

若想在库中不显示某些文件，不能直接在库中将其删除，因为这样会删除计算机中的原文件。正确的做法是：调整库所包含的文件夹的内容，调整后库显示的信息会自动更新。

2.5.5　回收站的使用和设置

回收站是一个比较特殊的文件夹，它的主要功能是临时存放用户删除的文件和文件夹（这些文件和文件夹从原来的位置移动到"回收站"这个文件夹中），此时它们仍然存在于硬盘中。用户既可以在回收站中把它们恢复到原来的位置，也可以在回收站中彻底删除它们以释放硬盘空间。

1. 回收站的打开

在桌面上双击"回收站"图标，即可打开"回收站"窗口。

2. 基本操作

（1）还原回收站中的文件和文件夹

要还原一个或多个文件夹，可以在选定对象后在菜单中选择"文件"|"还原"命令。

要还原所有文件和文件夹，单击工具栏中的"还原所有项目"。

（2）彻底删除文件和文件夹

彻底删除一个或多个文件和文件夹，可以在选定对象后在菜单中选择"文件"|"删除"命令。

要彻底删除所有文件和文件夹，即清空回收站，可以执行下列操作之一。

方法一：右键单击桌面上的"回收站"图标，在弹出的快捷菜单中选择"清空回收站"命令。

方法二：在"回收站"窗口中，单击工具栏中的"清空回收站"。

方法三：选择"文件"|"清空回收站"命令。

注意：当"回收站"中的文件所占用的空间达到了回收站的最大容量时，"回收站"就会按照文件被删除的时间先后从回收站中彻底删除。

3. 回收站的设置

在桌面上右键单击"回收站"图标，单击"属性"命令，即可打开"回收站属性"对话框，如图 2.19 所示。

如果选中"自定义大小"单选按钮，则可以在每个驱动器中分别进行设置。

如果选定"不将文件移到回收站中。移除文件后立即将其删除"则在删除文件和文件夹时不使用回收站功能，直接执行彻底删除。

设置回收站的存储容量：选中本地磁盘盘符后，在自定义大小最大值里输入数值。

如果选定"显示删除确认对话框"，则在删除文件和文件夹前系统将弹出确认对话框，否则将直接删除。

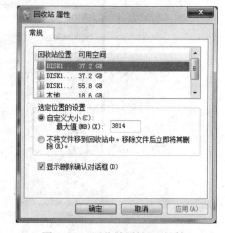

图 2.19　"回收站属性"对话框

2.5.6　中文输入法

在中文 Windows 7 中，中文输入法采用了非常方便、友好而又有个性化的用户界面，新增加了许多中文输入功能，使得用户输入中文更加灵活。

1. 添加和删除汉字输入法

在安装 Windows 7 时，系统已默认安装了微软拼音、ABC 等多种输入方法，但在语言栏中只显示了一部分，此时，可以进行添加和删除操作。

① 单击"开始"|"控制面板"|"时钟、语言和区域"|"更改键盘或其他输入法"命令，打开"区域和语言"对话框。

② 选择"键盘和语言"选项卡，单击"更改键盘"，打开如图 2.20 所示的界面。

③ 根据需要，选中（或取消选中）某种输入法前的复选框，单击"确定"按钮或"删除"按钮即可。

对于计算机上没有安装的输入法，可使用相应的输入法安装软件直接安装即可。

2. 输入法之间的切换

输入法之间的切换是指在各种不同的输入方法之间进行选择。对于键盘操作，可以用 <Ctrl>+<Space> 组合键来启动或关闭中文输入

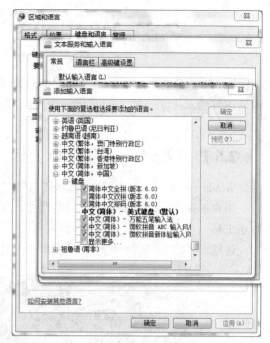

图 2.20　输入法对话框

法，使用 <Ctrl>+<Shift> 组合键在英文及各种中文输入法之间进行轮流切换。在切换的同时，任务栏右边的"语言指示器"在不断地变化，以指示当前正在使用的输入法。输入法之间的切换还可以用鼠标进行，具体方法是：单击任务栏上的"语言指示器"，再选择一种输入方法即可。

3. 全/半角及其他切换

在半角方式下，一个字符（字母、标点符号等）占半个汉字的位置，而在全角方式下，占一个汉字的位置。所以可通过全/半角状态来控制字符占用的位置。

同样，也要区分中英文的标点符号，如英文中的句号是"."，而中文中的句号是"。"。其切换键是 <Ctrl> + <.> 组合键。<Shift> + <Space> 组合键用于全/半角的切换。<Shift> 键用于切换中英文字符的输入。

在如图 2.21 所示的输入法指示器中，从左向右的顺序分别表示中文/英文、全拼、半角/全角、英文/中文标点以及软键盘状态，用户可通过上面讲述的组合键切换，也可通过单击相应的图标进行切换。

4. 输入法热键的定制

为了方便使用，可为某种输入法设置热键（组合键），按此热键，可直接切换到所需的输入法。定制的方法是：在图中选择"高级键设置"，在打开窗口的"输入语言的热键操作"中选择一种输入方法，再单击"更改按键顺序"，弹出如图 2.22 所示的对话框，进行相应的按键设置。

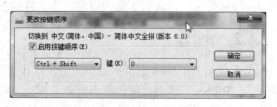

图 2.21　中英文输入法指示器　　　　　　　图 2.22　"更改按键顺序"对话框

2.6 Windows 7 提供的若干附件

Windows 7 的改变不仅体现在一些重要功能上，如安全性、系统运行速度等，而且系统自带的附件也发生了非常大的变化，相比以前版本的附件，功能更强大、界面更友好，操作也更简单。

2.6.1 Windows 桌面小工具

Windows 桌面小工具是 Windows7 中非常不错的桌面组件，通过它可以改善用户的桌面体验。用户不仅可以改变桌面小工具的尺寸，还可以改变位置，并且可以通过网络更新、下载各种小工具。

选择"开始"|"所有程序"|"桌面小工具库"命令，打开桌面小工具，如图 2.23 所示。

图 2.23 Windows 桌面小工具

整个面板看起来非常简单。左上角的页数按钮可以切换小工具的页码；右上角的搜索框可以用来快速查找小工具；中间显示的是每个小工具，当左下角的"显示详细信息"展开时，每选中一个小工具，窗口下部会显示该工具的相关信息；右下角的"联机获取更多小工具"表示连接互联网可下载更多的小工具。

由于 Windows Live 小工具库网站是开放性的平台，用户和软件开发人员可以自行发布所开发的小工具，并不是所有的小工具都经过 Windows Live 以及微软验证，所以用户在选择小工具时应当尽量选择比较热门的进行下载，以保证小工具的安全性和实用性。

2.6.2 画图

画图工具是 Windows 中基本的作图工具。在 Windows 7 中，画图工具发生了非常大的变化，它采用了"Ribbon"界面，使得界面更加美观，同时内置的功能也更加丰富、细致。

在"开始"菜单中选择"所有程序"|"附件"|"画图"命令，打开如图 2.24 所示的画图程序。

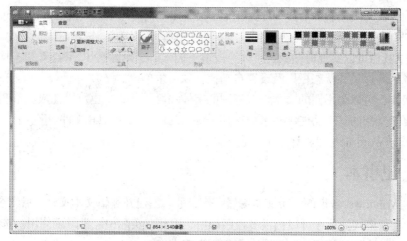

图 2.24　"画图"应用程序窗口

在窗口的顶端是标题栏，它包含两部分内容："自定义快速访问工具栏"和"标题"。在标题栏的左边可以看到一些按钮，这些按钮称为自定义快速访问工具栏，通过此工具栏，可以进行一些常用的操作，如存储、撤销、重做等。

标题栏下方是菜单和画图工具的功能区，这也是画图工具的主体，它用来控制画图工具的功能以及工具等。菜单栏包含"画图"按钮和两个菜单项：主页和查看。

单击"画图"按钮，出现的菜单项可以进行文件的新建、保存、打开、打印等操作。

当选择"主页"菜单项时，会出现相应的功能区，包含剪贴板、图像、工具、形状、粗细和颜色功能模块，提供给用户对图片进行编辑和绘制的功能。

2.6.3　写字板

写字板是 Windows 自带的另一个编辑、排版工具，可以完成简单的 Microsoft Office Word 的功能，其界面也是基于"Ribbon"的。

在桌面选择"开始"|"所有程序"|"附件"|"写字板"命令，打开如图 2.25 所示的界面。

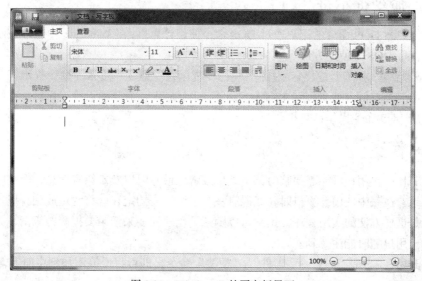

图 2.25　Windows 7 的写字板界面

写字板的界面与画图软件的界面非常相似。菜单左端的"写字板"按钮可以实现"新建""打开""保存""打印""页面设置"等操作。

"主页"工具栏可以实现剪贴板、字体、段落、插入、编辑等操作。"查看"工具栏可以实现缩放、显示或隐藏标尺和状态栏以及设置自动换行和度量单位。

在写字板中，可以为不同的文本设置不同的字体和段落样式，也可以插入图形和其他对象，具备了编辑复杂文档的基本功能。写字板保存文件的默认格式为 RTF 文件。

具体操作与 Word 很相似，详见第 3 章。

2.6.4　记事本

记事本是 Windows 自带的一个文本编辑程序，可以创建并编辑文本文件（后缀名为.txt）。由于.txt 格式的文件格式简单，可以被很多程序调用，因此在实际中经常得到使用。选择"开始"|"所有程序"|"附件"|"记事本"命令，会打开记事本窗口。

如果希望对记事本显示的所有文本的格式进行设置，可以选择"格式"|"字体"命令，会出现"字体"对话框，可以在对话框中设置字体、字形和大小。单击"确定"按钮后，记事本窗口中显示的所有文字都会显示为所设置的格式。

注意：只能对所有文本进行设置，而不能对一部分文本进行设置。

记事本的编辑、排版功能是很弱的。

若在记事本文档的第一行输入".LOG"，那么以后每次打开此文档，系统会自动地在文档的最后一行插入当前的日期和时间，以方便用户用做时间戳。

2.6.5　计算器

Windows 7 中的计算器已焕然一新，它拥有多种模式，并且拥有非常专业的换算、日期计算、工作表计算等功能，还具有编程计算、统计计算等高级功能，完全能够与专业的计算器相媲美。

选择"开始"|"所有程序"|"附件"|"计算器"命令，即可打开"计算器"窗口。

2.6.6　命令提示符

为了方便熟悉 DOS 命令的用户通过 DOS 命令使用计算机，在 Windows 中通过"命令提示符"功能模块保留了 DOS 的使用方法。

选择"开始"|"所有程序"|"附件"|"命令提示符"命令，进入"命令提示符"窗口。也可以在"开始"菜单的"搜索框"中输入"cmd"命令进入"命令提示符"窗口。在此窗口中，用户只能使用 DOS 命令操作计算机。

2.6.7　便笺

在日常工作中，用户可能需要临时记下地址或者电话号码以及邮箱等信息，但这时手头没有笔时如何记录？在家中使用计算机时，如果有一个事情事先约定，应将约定放到哪里才不会忘记呢？便笺就是这样方便的实用程序，用户可以随意地创建便笺来记录要提醒的事情，并把它放在桌面上，以让用户随时能注意到。

选择"开始"|"所有程序"|"附件"|"便笺"命令，即可将便笺添加到桌面上，如图 2.26 所示。

对便笺的操作如下。

① 单击便笺，可以编辑便笺，添加文字、时间等。单击便笺外的地方，便笺即为"只读"状态。单击便笺左上角的"+"号，可以在桌面上增加一个新的便笺；单击右上角的"×"号，可以删除当前的便笺。

② 拖动便笺的标题栏，可以移动便笺的位置。

③ 右击便笺，可以通过弹出菜单实现对便笺的剪切、复制、粘贴等操作，也可以实现对便笺颜色的设置，如图 2.27 所示。

④ 拖动便笺的边框，可以改变便笺的大小。

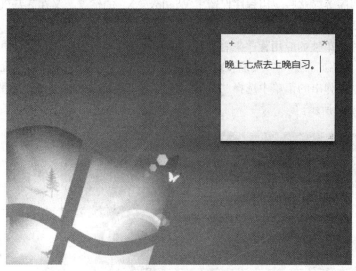

图 2.26　桌面上的便笺示意图

图 2.27　便笺操作示意图

2.6.8　截图工具

在 Windows 7 以前的版本中，截图工具只有非常简单的功能，如<Print Screen>键是截取整个屏幕的，<Alt>+<Print Screen>组合键是截取当前窗口的。但在 Windows 7 中，截图工具的功能变得非常强大，可以与专业的屏幕截取软件相媲美。

选择"开始"|"所有程序"|"附件"|"截图工具"命令，打开如图 2.28 所示的"截图工具"窗口。单击"新建"按钮右边的下拉按钮，选择一种截图方法（默认是窗口截图），如图 2.29 所示，即可移动（或拖动）鼠标进行相应的截图，截图之后，截图工具窗口会自动显示所截取的图片，然后可以通过工具栏对所截取的图片进行处理，如进行复制、粘贴等操作，也可以把它保存为一个文件（默认是.PNG 文件）。

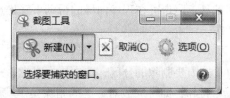

图 2.28　"截图工具"窗口

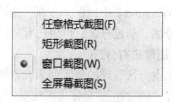

图 2.29　"新建"选项

2.7 磁 盘 管 理

磁盘是计算机用于存储数据的硬件设备。随着硬件技术的发展，磁盘容量越来越大，存储的数据也越来越多，因此，对磁盘管理越发显得重要了。Windows 7 提供了管理大规模数据的工具。各种高级存储的使用，使 Windows 7 的系统功能得以有效发挥。

Windows 7 的磁盘管理任务是以一组磁盘管理实用程序的形式提供给用户的，包括查错程序、磁盘碎片整理程序、磁盘整理程序等。这些应用程序保留了 Windows XP 的优点，又在其基础上做了相应的改进，使用更加方便、高效。

在 Windows 7 中没有提供一个单独的应用程序来管理磁盘，而是将磁盘管理集成到"计算机管理"程序中。执行"开始"|"控制面板"|"系统和安全"|"管理工具"|"计算机管理"命令（也可右击桌面上的"计算机"，在弹出的菜单中选择"管理"），选择"存储"中的"磁盘管理"，打开"磁盘管理"功能，如图 2.30 所示。

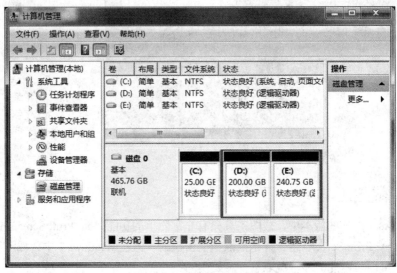

图 2.30 "计算机管理"窗口

在 Windows 7 中，几乎所有的磁盘管理操作都能够通过计算机管理中的磁盘管理功能来完成，而且这些磁盘管理大多是基于图形界面的。

2.7.1 分区管理

在 Windows 7 中提供了方便快捷的分区管理工具，用户可在程序向导的帮助下轻松地完成删除已有分区、新建分区、扩展已有分区大小的操作。

1. 删除已有分区

在磁盘分区管理的分区列表或者图形显示中，选中要删除的分区，单击鼠标右键，从快捷菜单中选择"删除卷"，会弹出系统警告，单击"是"按钮，即可完成对分区的删除操作。删除选中分区后，会在磁盘的图形显示中显示相应分区大小的未分配分区。

2. 新建分区

① 在图 2.30 所示的"计算机管理"窗口中选中未分配的分区，单击鼠标右键，从快捷菜单中选择"新建简单卷"命令，弹出"新建简单卷向导"，单击"下一步"按钮。

② 弹出"指定卷大小"，为简单卷设置大小，完成后单击"下一步"按钮。

③ 弹出"分配驱动器号和路径"，开始为分区分配驱动器号和路径，这里有 3 个单选项："分配以下驱动器号"，"装入以下空白 NTFS 文件夹中"，"不分配驱动器号或驱动器路径"。根据需要选择相应类型后，单击"下一步"按钮。

④ 弹出"格式化分区"，单击"下一步"按钮，在弹出的窗口中单击"完成"按钮，即可完成新建分区操作。

3. 扩展分区大小

这是 Windows 7 新增加的功能，可以在不用格式化已有分区的情况下，对其进行分区容量的扩展。扩展分区后，新的分区仍保留原有分区数据。在扩展分区大小时，磁盘需有一个未分配空间才能为其他的分区扩展大小。其操作步骤如下。

① 在图 2.30 所示的"计算机管理"窗口中右键单击要扩展的分区，在弹出的快捷菜单中选择"扩展卷"，弹出"扩展卷向导"，单击"下一步"按钮。

② 进行可用磁盘选择，并设置要扩展容量的大小，单击"下一步"按钮。

③ 完成扩展卷向导，单击"完成"按钮即可扩展该分区的大小。

2.7.2　格式化驱动器

格式化过程是把文件系统放置在分区上，并在磁盘上划出区域。通常可以用 FAT、FAT32 或 NTFS 类型来格式化分区，Windows 7 系统中的格式化工具可以转化或重新格式化现有分区。

在 Windows 7 中，使用格式化工具转换一个磁盘分区的文件系统类型的步骤如下。

① 在图 2.30 所示的"计算机管理"窗口中选中需要进行格式化的驱动器的盘符，用鼠标右键打开快捷菜单，选择"格式化"命令，打开"格式化"对话框，如图 2.31 所示。

也可在"计算机"窗口中选择驱动器盘符，用鼠标右键打开快捷菜单，选择"格式化"命令。

② 在"格式化"对话框中，先对格式化的参数进行设置，然后单击"开始"按钮，便可进行格式化了。

注意：格式化操作会把当前盘上的所有信息全部抹掉，请谨慎操作。

2.7.3　磁盘操作

系统能否正常运转，能否有效利用内部和外部资源，并使系统达到高效稳定，在很大程度上取决于系统的维护管理。Windows 7 提供的磁盘管理工具使系统运行更可靠、管理更方便。

1. 磁盘备份

为了防止磁盘驱动器损坏、病毒感染、供电中断等各种意外故障造成的数据丢失和损坏，需要进行磁盘数据备份，在需要时可以还原，以避免出现数据错误或数据丢失造成的损失。在 Windows 7 中，利用磁盘备份向导可以快捷地完成备份工作。

在"计算机"窗口中右键单击某个磁盘，选择"属性"，在打开的窗口中选择"工具"选项卡，会出现如图 2.32 所示的操作界面。单击"开始备份"按钮，系统会提示是备份或还原操作，用户可根据需要选择一种，然后再根据提示进行操作。在备份操作时，可选择整个磁盘进行备份，也可选择其中的文件夹进行备份。在进行还原时，必须要有事先做好的备份文件，否则，无法进行还原操作。

图 2.31 "格式化"对话框

图 2.32 磁盘操作的"工具"界面图

2. 磁盘清理

用户在使用计算机的过程中进行大量的读写及安装操作，使得磁盘上存留许多临时文件和已经没用的文件，其不但会占用磁盘空间，而且会降低系统处理速度，降低系统的整体性能。因此计算机要定期进行磁盘清理，以便释放磁盘空间。

选择"附件"|"系统工具"|"磁盘清理"命令，打开"磁盘清理"对话框，选择 1 个驱动器，再单击"确定"按钮（或者右键单击"计算机"窗口中的某个磁盘，在弹出的菜单中选择"属性"，再单击常规选项卡中的"磁盘清理"按钮）。在完成计算和扫描等工作后，系统列出了指定磁盘上所有可删除的无用文件，如图 2.33 所示。然后选择要删除的文件，单击"确定"按钮即可。

在"其他选项"选项卡中，用户可进行进一步的操作来清理更多的文件以提高系统的性能。

3. 磁盘碎片整理

在计算机使用过程中，由于频繁建立和删除数据，将会造成磁盘上文件和文件夹增多，而这些文件和文件夹可能被分割放在 1 个卷上的不同位置，Windows 系统需额外时间来读取数据。由于磁盘空间分散，存储时把数据存在不同的部分，也会花费额外时间，所以要定期对磁盘碎片进行整理。其原理为：系统将把碎片文件和文件夹的不同部分移动到卷上的相邻位置，使其拥有 1 个独立的连续空间。操作步骤如下。

① 选择"开始"|"所有程序"|"附件"|"系统工具"|"磁盘碎片整理程序"命令，打开如图 2.34 所示的窗口。在此窗口中选择逻辑驱动器，单击"分析磁盘"按钮，进行磁盘分析。对驱动器的碎片分析后，系统自动激活查看报告，单击该按钮，打开"分析报告"对话框，系统给出了驱动器碎片分布情况及该卷的信息。

② 单击"磁盘碎片整理"按钮，系统自动进行整理工作，同时显示进度条。

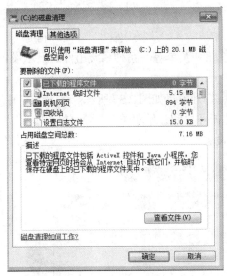

图 2.33 "磁盘清理"对话框　　　　　　图 2.34 "磁盘碎片整理"对话框

2.8　Windows 7 控制面板

　　在 Windows 7 系统中，几乎所有的硬件和软件资源都可设置和调整，用户可以根据自身的需要对其进行设定。Windows 7 中的相关软硬件设置以及功能的启用等管理工作都可以在控制面板中进行，控制面板是普通计算机用户使用较多的系统设置工具。在 Windows 7 中有多种启动控制面板的方法，方便用户在不同操作状态下使用。在"控制面板"窗口中，包括两种视图效果：类别视图和图标视图。在类别视图方式中，控制面板有 8 个大项目，如图 2.35 所示。

　　单击窗口中查看方式的下拉箭头，选择"大图标"或"小图标"，可将控制面板窗口切换为 Windows 传统方式的效果，如图 2.36 所示。在经典"控制面板"窗口中集成了若干个小项目的设置工具，这些工具的功能几乎涵盖了 Windows 系统的所有方面。

　　控制面板包含的内容非常丰富，由于篇幅限制，在此只讲解部分的功能。其余功能读者可以查阅相关书籍进行学习。

图 2.35 类别"控制面板"对话框　　　　　　图 2.36 经典"控制面板"窗口

2.8.1　外观和个性化

Windows 系统的外观和个性化包括对桌面、窗口、按钮和菜单等一系列系统组件的显示设置，系统外观是计算机用户接触最多的部分。

在类别"控制面板"中单击"外观和个性化"图标，打开窗口如图 2.37 所示。从图 2.37 中可以看出，该界面包含"个性化""显示""桌面小工具""任务栏和开始菜单""轻松访问中心""文件夹选项"和"字体"7 个选项。以下介绍几种常用的设置。

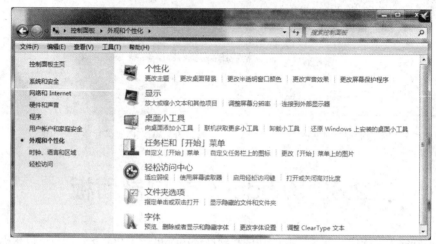

图 2.37　"外观和个性化"窗口

1. 个性化

在"个性化"中，可以实现更改主题、更改桌面背景、更改半透明窗口颜色和更改屏幕保护程序。

① 在图 2.37 中，单击"个性化"，会出现"个性化"设置窗口，如图 2.38 所示。在此窗口中，可以实现对主题、桌面背景、透明窗口颜色、声音效果和屏幕保护程序进行更改。

Windows 桌面主题简称桌面主题(或主题)，微软官方的定义是背景加一组声音、图标以及只需要单击即可帮您个性化设置您的计算机元素。通俗地说，桌面主题就是不同风格的桌面背景、操作窗口、系统按钮，以及活动窗口和自定义颜色、字体等的组合体。

② 选择"更改桌面背景"，如图 2.39 所示。在"图片位置(L)"的下拉列表中，包含系统提供图片的位置，在下面的图片选项框中，可以快速配置桌面背景。也可以在"浏览"对话框中选择指定的图像文件取代预设桌面背景。在"图片位置(P)"下拉列表中可以选择图片的显示方式。如果选择"居中"，则桌面上的墙纸以原文件尺寸显示在屏幕中间；如果选择"平铺"，则墙纸以原文件尺寸铺满屏幕；如果选择"拉伸"，则墙纸拉伸至充满整个屏幕。

③ 选择"更改配色方案"，弹出"窗口颜色和外观"窗口，可以选择使用系统自带的配色方案进行快速配置，也可以单击"高级"按钮手动进行配置。

④ 选择"更改屏幕保护程序"，弹出"屏幕保护程序设置"窗口，可以设置屏幕保护方案。除此之外，还可以进行电源管理，如设置关闭显示器时间，设置电源按钮的功能，唤醒时需要密码等。

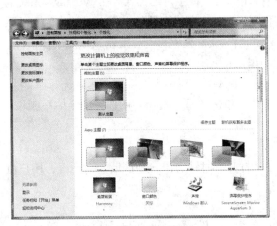

图 2.38　"个性化"窗口

图 2.39　桌面背景设置

2．显示

单击左下角的"显示"链接，打开"显示"窗口，可以设置屏幕上的文本大小以及其他选项，其左侧的"调整分辨率"可以调整显示器和分辨率的参数。单击"调整屏幕分辨率"，可以调整显示器的分辨率以及屏幕显示的方向，如图 2.40 所示。

注意：显示的分辨率越高，屏幕上的对象显示得越小。

3．任务栏和开始菜单

单击"任务栏和开始菜单"链接，弹出"任务栏和「开始」菜单属性"对话框，可以设置任务栏外观和通知区域，如图 2.41 所示。在"「开始」菜单"选项卡中，可以设置开始菜单的外观和行为，电源按钮的操作等。在工具栏选项卡中可以为工具栏添加地址和连接。

图 2.40　"屏幕分辨率"窗口

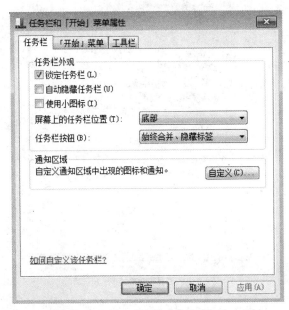

图 2.41　任务栏和「开始」菜单属性窗口

4. 字体

字体是屏幕上看到的、文档中使用的、发送给打印机的各种字符的样式。在 Windows 系统的"fonts"文件夹中安装了多种字体，用户可以添加和删除字体。字体文件的操作方式和其他文件系统的对象执行方式相同，用户可以在"C:\Windows\fonts"文件夹中移动、复制或删除字体文件。系统中使用最多的字体主要有宋体、楷体、黑体、仿宋体等。

在"字体"窗口中删除字体的方法很简单，在窗口中选中希望删除的字体，然后选择"文件"|"删除"命令，弹出警告对话框，询问是否删除字体，单击"是"按钮，所选择的字体被删除。

2.8.2 时钟、语言和区域设置

在控制面板中运行"时钟、语言和区域"程序，打开"时钟、语言和区域"对话框，用户可以设置计算机的时间和日期、位置、格式、键盘和语言等。

1. 日期和时间

Windows 7 系统默认的时间和日期格式是按照美国习惯设置的，世界各地的用户可根据自己的习惯来设置。打开"日期和时间"对话框，如图 2.42 所示。

在该对话框中包括：日期和时间、附加时区、Internet 时间 3 个选项卡，其界面保持了 Windows 中时间和日期设置界面的连续性，包括日历和时钟。可以更改系统日期和时区。通过"Internet 时间"选项卡，用户可以使计算机与 Internet 时间服务器同步。

2. 区域和语言

打开"区域和语言"对话框，如图 2.43 所示。在"格式"选项卡中，可以设置日期和时间格式、数字格式、货币格式以及排序的方式等。在"位置"选项卡中，可以设置当前位置。在"键盘和语言"选项卡中，可以设置输入法以及安装/卸载语言。在"管理"选项卡中可以进行复制设置、更改系统区域设置。

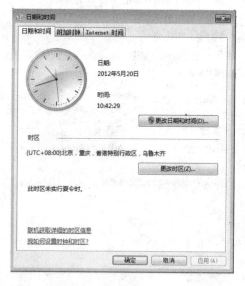

图 2.42　"日期和时间"对话框

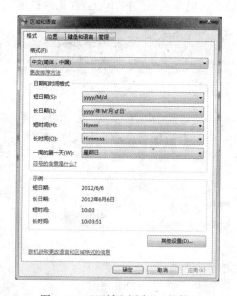

图 2.43　"区域和语言"对话框

2.8.3 程序

应用程序的运行是建立在 Windows 系统的基础上，目前，大部分应用程序都需要安装到操作

系统中才能够使用。在 Windows 系统中安装程序很方便，既可以直接运行程序的安装文件，也可以通过系统的"程序和功能"工具更改和删除操作。通过"打开或关闭 Windows 功能"可以安装和删除 Windows 组件，此功能大大扩充了 Windows 系统的功能。

在"控制面板"中打开"程序"对话框，包括 3 个属性：程序和功能、默认程序和桌面小工具。"程序和功能"所对应的窗口如图 2.44 所示，在选中列表框中的项目以后，如果在列表框的顶端显示单独的"更改"和"卸载"按钮，那么用户可以利用"更改"按钮来重新启动安装程序，然后对安装配置进行更改；也可以利用"卸载"按钮来卸载程序；若只显示"卸载"按钮，则用户对此程序只能执行卸载操作。

图 2.44　"程序和功能"窗口

在"程序和功能"窗口中单击"打开或关闭 Windows 功能"按钮，出现"Windows 功能"对话框，在对话框的"Windows 功能"列表框中显示了可用的 Windows 功能。当将鼠标移动到某一功能时，会显示所选功能的描述内容。勾选某一功能后，单击"确定"按钮即进行添加；如果取消组件的复选框，单击"确定"操作，会将此组件从操作系统中删除。

2.8.4　硬件和声音

在"控制面板"中选择"硬件和声音"，打开如图 2.45 所示的窗口。在此窗口中，可以实现对设备和打印机、自动播放、声音、电源选项和显示的操作。

图 2.45　"硬件和声音"窗口

1. 鼠标的设置

在图中单击"鼠标"，可打开如图 2.46 所示的"鼠标属性"对话框。

在"鼠标键"选项卡中，选中"切换主要和次要的按钮"可以使鼠标从右手习惯转为左手习惯，该选项选中后立即生效。"双击速度"用来设置两次单击鼠标按键的时间间隔，拖动滑块的位置可以改变速度，用户可以双击右边的测试区来检验自己的设置是否合适。

在"指针"选项卡中，可以选择各种不同的指针方案。

在"指针选项"选项卡中，可以对指针的移动速度进行调整，还可以设置指针运动时的显示轨迹。

在"滑轮"选项卡中，可以对具有滚动滑轮的鼠标的滑轮进行设置。设置滑轮每滚动一个齿格屏幕滚动多少。

2. 键盘的设置

单击"控制面板"（在图标查看方式显示下）中的"键盘"，可打开如图 2.47 所示的"键盘属性"对话框。"字符重复"栏用来调整键盘按键反应的快慢，其中"重复延迟"和"重复速度"分别表示按住某键后，计算机第一次重复这个按键之前的等待时间及之后重复该键的速度。拖动滑块可以改变这两项的设置。"光标闪烁速度"可以改变文本窗口中出现的光标闪烁速度。

图 2.46 "鼠标属性"对话框

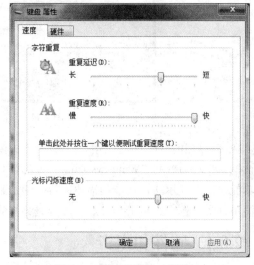

图 2.47 "键盘属性"对话框

2.8.5 用户账户和家庭安全

Windows 7 支持多用户管理，可以为每一个用户创建一个用户账户并为每个用户配置独立的用户文件，从而使得每个用户登录计算机时，都可以进行个性化的环境设置。

除此之外，Windows 7 内置的家长控制旨在让家长轻松放心地管理孩子能够在计算机上进行的操作。这些控制帮助家长确定他们的孩子能玩哪些游戏，能使用哪些程序，能够访问哪些网站以及何时执行这些操作。"家长控制"是"用户账户和家庭安全控制"小程序的一部分，它将 Windows 7 家长控制的所有关键设置集中到一处。只需要在这一个位置进行操作，就可以配置对应计算机和应用程序的家长控制，对孩子玩游戏情况、网页浏览情况和整体计算机使用情况设置相应的限制。

在"控制面板"中，单击"用户账户和家庭安全"，打开相应的窗口，可以实现用户账户、家长控制等管理功能。

在"用户账户"中，可以更改前当用户的密码和图片，也可以添加或删除用户账户。

2.8.6　系统和安全

Windows 系统的"系统和安全"主要实现对计算机状态的查看、计算机备份以及查找和解决问题的功能，包括防火墙设置，系统信息查询，系统更新，磁盘备份整理等一系列系统安全的配置。

在"控制面板"中选择"系统和安全"，打开如图 2.48 所示的"系统和安全"窗口，在此窗口中可进行的主要操作如下。

图 2.48　"系统和安全"窗口

1．Windows 防火墙

Windows 7 防火墙能够检测来自 Internet 或网络的信息，然后根据防火墙设置来阻止或允许这些信息通过计算机。这样可以防止黑客攻击系统或者防止恶意软件、病毒、木马程序通过网络访问计算机，而且有助于提高计算机的性能。

2．Windows Update

Windows Update 是为系统的安全而设置的。一个新的操作系统诞生之初，往往是不完善的，这就需要不断地打上系统补丁来提高系统的稳定性和安全性，这时就要用到 Windows Update。使用 Windows Update 后，用户不必手动联机搜索更新，Windows 会自动检测适用于计算机的最新更新，并根据用户所进行的设置自动安装更新，或者只通知用户有新的更新可用。大多数病毒、木马都是由于用户没有及时打上微软公司提供的安全补丁、更新。用户只要及时安装 Windows Update 更新，就可以防止绝大部分的网络安全隐患。

3．备份和还原

通过备份和还原功能，可以帮助用户在计算机出现意外之后，及时恢复硬盘中的数据。数据恢复的多少将根据备份的程序以及备份的时间决定。用户要养成良好的备份习惯，只有先备份，然后才可能还原。备份文件可以存放在内部硬盘、外部硬盘、CD/DVD 光盘、U 盘以及网络位置。

2.9 Windows 7 系统管理

系统管理主要是指对一些重要的系统服务、系统设备、系统选项等涉及计算机整体性的参数进行配置和调整。在 Windows 7 中用户可设置的参数很多，为定制有个人特色的操作系统提供了很大的空间，使用户方便、快速地完成系统的配置。

2.9.1 任务计划

任务计划是在安装 Windows 7 过程中自动添加到系统中的一个组件。定义任务计划主要是针对那些每天或定期都要执行某些应用程序的用户，通过自定义任务计划用户可省去每次都要手动打开应用程序的操作，系统将按照用户预先的设定，自动在规定时间执行选定的应用程序。执行"控制面板"|"系统和安全"命令，然后选择管理工具中的"计划任务"，如图 2.49 所示。

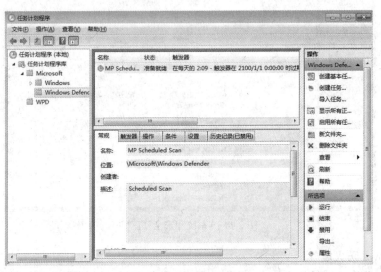

图 2.49 任务计划程序

任务计划程序 MMC 管理单元可帮助用户计划在特定时间或在特定事件发生时执行操作的自动任务。该管理单元可以维护所有计划任务的库，从而提供了任务的组织视图以及用于管理这些任务的方便访问点。从该库中，可以运行、禁用、修改和删除任务。任务计划程序用户界面 (UI)是一个 MMC 管理单元，它取代了 Windows XP、Windows Server 2003 和 Windows 2000 中的计划任务浏览器扩展功能。

2.9.2 系统属性

在"控制面板"中选择"系统和安全"|"系统"命令，再选择左侧的"高级系统设置"链接，打开如图 2.50 所示的对话框。在"系统属性"对话框中共有 5 个选项卡：计算机名、硬件、高级、系统保护和远程，在每个选项卡中分别提供了不同的系统工具。

1. 计算机名

在"计算机名"选项卡中提供了查看和修改计算机网络标识的功能，在"计算机描述"文本框中用户可为计算机输入注释文字。通过"网络 ID"和"更改"按钮，修改计算机的域和用户账户。

2. 硬件

在"硬件"选项卡中提供了管理硬件的相关工具：设备管理器和设备安装设置 2 个选项组。设备管理器是 Windows 7 提供的一种管理工具，可以管理和更新计算机上安装的驱动程序，查看硬件是否正常工作。也可以使用设备管理器查看硬件信息、启用和禁用硬件设备、卸载已更新硬件设备等，如图 2.51 所示。设备安装设置可以设置 Windows 关于设备和驱动程序的检测、更新以及安装方式。

图 2.50 "系统属性"对话框　　　　　　图 2.51 "设备管理器"窗口

3. 高级

在"高级"选项卡中包括"性能""用户配置文件""启动和故障恢复" 3 个选项组，它提供了对系统性能进行详细设置、修改环境变量、启动和故障恢复设置的功能。

4. 系统保护

系统保护具有定期创建和保存计算机系统文件和设置的相关信息的功能。系统保护也可保存已修改文件的以前版本。它将这些文件保存在还原点中，在发生重大系统事件（例如安装程序或设备驱动程序）之前创建这些还原点。每 7 天中，如果未创建任何还原点，系统则会自动创建还原点，用户也可以随时手动创建还原点。

安装 Windows 的驱动器将自动打开系统保护，且 Windows 只能为使用 NTFS 文件系统格式化的驱动器打开系统保护。

5. 远程

在"远程"选项卡中，可选择从网络中的其他位置使用本地计算机的方式。它提供了远程协助和远程桌面两种方式，远程协助允许从本地计算机发送远程协助邀请；远程桌面允许用户远程连接到本地计算机上。

2.9.3 硬件管理

从安装和删除的角度分，硬件可分为两类：即插即用硬件和非即插即用硬件。即插即用硬件设备的安装和管理比较简单，而非即插即用设备需要在安装向导中进行繁杂的配置工作。

1. 添加硬件

在设备（非即插即用）连接到计算机上后，系统会检测硬件设备并自动打开添加硬件向导，为设备安装驱动程序。使用此向导不但可安装驱动程序，而且可以解决安装设备过程中遇到的部分问题。

2. 更新驱动程序

设备制造商在不断推出新产品的同时，也在不断完善原有的驱动程序，以提高设备性能。安装设备时使用的驱动程序会随着硬件技术的不断完善而落后，为了增加设备的操作性能就需要不断地更新驱动程序。

2.10　Windows 7 的网络功能

随着计算机的发展，网络技术的应用也越来越广泛。网络是连接个人计算机的一种手段，通过联网，能够彼此共享应用程序、文档和一些外部设备，如磁盘、打印机、通信设备等。利用电子邮件（E-Mail）系统，还能让网上的用户互相交流和通信，使得物理上分散的微机在逻辑上紧密地联系起来。有关网络的基本概念，在第 8 章进行阐述，在此主要介绍 Windows 7 的网络功能。

2.10.1　网络软硬件的安装

任何网络，除了需要安装一定的硬件外（如网卡），还必须安装和配置相应的驱动程序。如果在安装 Windows 7 前已经完成了网络硬件的物理连接，Windows 7 安装程序一般都能帮助用户完成所有必要的网络配置工作。但有些时候，仍然需要进行网络的手工配置。

1. 网卡的安装与配置

网卡的安装很简单，打开机箱，只要将它插入到计算机主板上相应的扩展槽内即可。如果安装的是专为 Windows 7 设计的"即插即用"型网卡，Windows 7 在启动时，会自动检测并进行配置。Windows 7 在进行自动配置的过程中，如果没有找到对应的驱动程序，会提示用户插入包含该网卡驱动程序的盘片。

2. IP 地址的配置

执行"控制面板"|"网络和 Internet"|"网络和共享中心"|"查看网络状态和任务"|"本地连接"命令，打开"本地连接状态"对话框，单击"属性"按钮，在弹出的"本地连接属性"对话框中，选中"Internet 协议版本 4（TCP/IPv4）"选项，然后单击"属性"按钮，出现如图 2.52 所示的"Internet 协议版本（TCP/IPv4）属性"对话框，在对话框中输入相应的 IP 地址，同时配置 DNS 服务器。

2.10.2　Windows 7 选择网络位置

初次连接网络时，需要设置网络位置，如图 2.53 所示，系统将为所连接的网络自动设置适当的防火墙和安全选项。在家庭、本地咖啡店或者办公室等不同位置连接网络时，选择一个合适的网络位置，可以确保将计算机设置为适当的安全级别。选择网络位置时，可以根据实际情况选择下列之一：家庭网络、工作网络、公用网络。

域类型的网路位置由网络管理员控制，因此无法选择或更改。

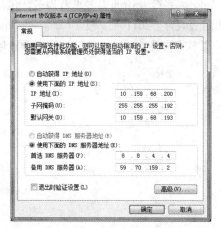

图 2.52　"Internet 协议版本（TCP/IPv4）属性"对话框

图 2.53　设置网络位置

2.10.3　资源共享

计算机中的资源共享可分为以下 3 类。

① 存储资源共享：共享计算机系统中的软盘、硬盘、光盘等存储介质，以提高存储效率，方便数据的提取和分析。

② 硬件资源共享：共享打印机或扫描仪等外部设备，以提高外部设备的使用效率。

③ 程序资源共享：网络上的各种程序资源。

共享资源可以采用以下 3 种类型访问权限进行保护。

① 完全控制：可以对共享资源进行任何操作，就像是使用自己的资源一样。

② 更改：允许对共享资源进行修改操作。

③ 读取：对共享资源只能进行复制、打开或查看等操作，不能对其进行移动、删除、修改、重命名及添加文件等操作。

在 Windows 7 中，用户主要通过配置家庭组、工作组中的高级共享设置实现资源共享，共享存储在计算机、网络以及 Web 上的文件和文件夹。

2.10.4　在网络中查找计算机

由于网络中的计算机很多，查找自己需要访问的计算机非常麻烦，为此 Windows 7 提供了非常方便的方法来查找计算机。打开任意一个窗口，在窗口左侧单击"网络"选项即可完成网络中计算机的搜索。

2.11　新的操作系统简介

2.11.1　Windows 8 简介

Windows 8 是由微软公司开发的，具有革命性变化的操作系统。该系统旨在让人们日常的计算机操作更加简单和快捷，为人们提供高效易行的工作环境。Windows 8 支持来自 Intel、AMD 和 ARM 的芯片架构。微软公司表示，这一决策意味着 Windows 系统开始向更多平台迈进，包括平板电脑和 PC。Windows Phone 8 将采用和 Windows 8 相同的内容。2011 年 9 月 14 日，Windows 8 开发者预览版发布，宣布兼容移动终端。2012 年 2 月，微软公司发布"视窗 8"消费者预览版，可以平板电脑上使用。

Windows 8 的优点主要有：

① 采用 Metro UI 的主界面；

② 兼容 Windows 7 应用程序；

③ 启动更快、硬件配置要求更低；

④ 支持智能手机和平板电脑；

⑤ 支持触控、键盘和鼠标 3 种输入方式；

⑥ Windows 8 支持 ARM 和 x86 架构；

⑦ 内置 Windows 应用商店；

⑧ IE10 浏览器；

⑨ 分屏多任务处理界面，右侧边框中是正在运行的应用；

⑩ 结合云服务和社交网络。

Windows 8 的版本主要有：

① Windows 8 普通版；

② Windows 8 Professional 专业版；

③ Windows 8 RT；

④ Windows 8 Enterprise 企业版。

2.11.2　Windows 10 简介

Windows 10 是微软公司新一代操作系统，该系统于 2014 年 9 月 30 日发布技术预览版。Windows 10 正式版将于 2015 年发布，它是 Windows 成熟蜕变的登峰制作，Windows 10 正式版拥有崭新的触控界面为用户呈现最新体验，将成为现代操作系统的潮流。全新的微软 Windows 10 覆盖全平台，可以运行在手机、平板电脑、台式机、服务器以及 Xbox One 等设备中，芯片类型将涵盖 x86 和 ARM。该系统拥有相同的操作界面和同一个应用商店，能够跨设备进行搜索、购买和升级。

1. Windows 10 正式版最新功能

Windows 10 增加了许多新功能，主要体现在操作界面和云功能方面。具体有以下 6 点。

① 操作界面的拨动、滑动及缩放。Windows 10 系统中拥有完整的触控功能，自然、直接的受控操作方式让用户尽享快意流畅的运作步调。

② 网络世界、无所不在。在 Windows 10 系统中的 Internet explorer 11 能让用户在大大小小的装置荧幕上尽享引人入胜的网络体验。

③ 与云端保持连线。用户专属的 Windows 随处可得，设定一次，随时使用。当用户登入任何执行 Windows 的设备时，用户的个人化设定和应用程序将随时可供使用；人际交流好帮手，与亲友的畅快沟通能力，让用户的应用程序用起来更顺手，用户将可以在邮件、信息中心联络人等应用程序中掌握来自各种联络渠道的资讯，包括 hotmail、messenger、facebook、twitter、flickr 和更多其他服务。用户可能拥有多部电脑和电话，现在可以透过这些装置连线到 skydrive、facebook、 flickr 和其他服务中，随时随地轻松取得相片和档案。

④ 人性化设置。以有趣崭新的布景主题、投影片放映或者便利的小工具重新装饰用户的桌面。

⑤ Directx12 助阵，色彩更炫目。Directx12 是今日许多电脑游戏中炫目的 3D 视觉效果和令人惊叹的音效的幕后软件，它包含多项改进，经过全新设计它已经变得更具效率，利用多核处理器的能力。Directx12 可以提供多种复杂的阴影及材质技术，因此 3D 动画更流畅，图形比以前更生动、更细致。

⑥ Office 2015 加入。在 Windows 10 正式版系统中加入了 Office 2015，它提供灵活且强大的崭新方式，可以在公司、家庭、学校等方面协助用户呈现最完美的成果。

2. Windows 10 正式版系统简介

（1）全平台操作系统

全新的微软 Windows 10 是目前硬件设备兼容性最高的系统，具备全新的使用体验，允许用户边玩边工作，同时还与互联网相连。此外，新系统更加强调企业用户的应用，企业用户可以自主定制应用商店，可以将所有类型设备中的企业和个人信息区分开来。

（2）开始按钮真正归回

在 Windows 8 发布之后，各方面糟糕的体验成为了全球用户的共识。而在其中，"开始"按钮的取消更成为了吐槽的焦点。虽然随后的 Windows 8.1 有再次提出了"开始"按钮的概念，但"名存实亡"的形式一直并未能让广大用户接受。显然，微软公司已经深刻的认识到了这一点，在 Windows 10 中，虽然整体界面依旧延续了此前 Windows 8/8.1 的风格，但是"开始"按钮得到了真正的回归。回归后的"开始"按钮将传统的 Windows 7 风格和磁贴相结合，用户不仅可以像之前一样在屏幕的左下角单击"开始"按钮进行应用程序的选择，而且菜单的右侧还会延展出一个小型的 Metro 磁贴界面，支持图标的自定义、搜索等功能。当然，也可以通过选择回到 Windows 8.1 对"开始"按钮的操作模式。

（3）全新多任务处理方式

在系统界面上，Windows 10 采用了全新的多任务处理方式，任务栏中出现了一个全新的按键：任务查看。当用户单击任务查看功能按钮时即可在屏幕下方启动多个桌面，可以更加轻松地查看当前正在打开的应用程序。这个多桌面功能可以让用户在独立的区域内展示多个应用程序，这对于提高商务用户的工作效率来说还是非常实用的。

习 题 2

一、选择题

1. 计算机操作系统的功能是（　　）。

    A. 把源程序代码转换成目标代码　　　　B. 实现计算机与用户之间的交流

    C. 完成计算机硬件与软件之间的转换　　D. 控制、管理计算机资源和提供人机接口

2. 在资源管理器中，要选定多个不连续的文件用到的键是（　　）。

    A. <Ctrl>　　　　　B. <Shift>　　　　　C. <Alt>　　　　　D. <Ctrl> + <Shift>

3. 控制面板的作用是（　　）。

    A. 控制所有程序的执行　　　　　　　　B. 对系统进行有关的设置

    C. 设置开始菜单　　　　　　　　　　　D. 设置硬件接口

4. 在中文 Windows 中，各种输入法之间切换的快捷键是（　　　　）。

A. <Alt> + <Shift>　　　　　　　　　B. <Ctrl> + <Esc>

C. <Ctrl> + <Shift>　　　　　　　　　D. <Ctrl> + <Alt>

5. 在 Windows 环境下，若要把整个桌面的图像复制到剪贴板，可用（　　　）。

A. <Print Screen>键　　　　　　　　B. <Alt> + <Print Screen>组合键

C. <Ctrl> + <Print Screen>组合键　　　D. <Shift> + <Print Screen>组合键

二、填空题

1. 在 Windows 的"回收站"窗口中，要想恢复选定的文件或文件夹，可以使用"文件"菜单中的____命令。

2. 在 Windows 中，当用鼠标左键在不同驱动器之间拖动对象时，系统默认的操作是___。

3. 在 Windows 中，选定多个不相邻文件的操作是：单击第一个文件，然后按住____键的同时，单击其他待选定的文件。

4. 用 Windows 的"记事本"所创建文件的默认扩展名是_____。

三、思考题

1. 什么是操作系统？它的主要作用是什么？

2. 简述操作系统的发展过程。

3. 中文 Windows 7 的桌面由哪些部分组成？

4. 如何在"资源管理器"中进行文件的复制、移动、改名？共有几种方法？

5. 在资源管理器中删除的文件可以恢复吗？如果能，如何恢复？如果不能，请说明为什么？

6. 在中文 Windows 7 中，如何切换输入法的状态？

7. Windows 7 的控制面板有何作用？

8. 如何添加一个硬件？

9. 如何添加一个新用户？

10. 如何使用网络上其他用户所开放的资源？

第3章
常用办公软件 Word 2013

Microsoft Office 2013，是运用于 Microsoft Windows 视窗系统的一套办公室套装软件，是继 Microsoft Office 2010 后的新一代套装软件。作为 Windows 8 的官方办公室套装软件，Office 2013 除了在风格上保持一定的统一之外，在功能和操作上也向着更好地支持平板电脑以及触摸设备的方向发展。Office 2013 是 Office 系统第一次支援 ARM 平台，并配合 Windows 8 触控使用。Office 2013 能实现云端服务、服务器、流动设备和 PC 客户端、Office 365、Exchange、SharePoint、Lync、Project 以及 Visio 同步更新。本章主要介绍 Microsoft Office 2013 中的综合排版工具软件 Word 2013 的一些操作方法、使用技能和新功能，如文档的基本操作、文档的格式化、图文混排、表格操作以及简单便捷的截图功能等。

【知识要点】
- 新建、打开及保存文档；
- 文本基本操作；
- 字符及段落排版；
- 创建及美化表格；
- 图形与图像处理；
- 页面设置与打印。

3.1　Word 2013 概述

Word 2013 是 Microsoft Office 2013 中应用最为广泛的一个组件，本节主要对它的工作窗口以及创建、保存、打开文档等基本操作进行简单介绍。

3.1.1　Word 2013 简介

Word 2013 不管是从操作界面上还是功能上都在沿用 Word 2010 的基础上做了很大的改进。Office 2013 仍然采用 Ribbon 界面风格，但在设计上尽量减少功能区 Ribbon，为内容编辑区域让出更大的空间，以便用户更加专注于内容。Office 2013 将 Office 2010 文件打开起始时的 3D 带状图像取消了，增加了大片的单一的图像。其中的"文件"选项卡已经是一种的新的面貌，用户操作起来更加高效。例如，当用户想创建一个新的文档，他就能看到许多可用模板的预览图像。

Word 2013 在功能上也获得了很大改进，比如双击放大、平滑滚动、视频嵌入，还可以通过浏览器在线分享文档。除此之外，Word 2013 还具有下面几个新的编辑特点：在 Word 2013 中可以打开 PDF 类型的文件，并且用户能够像编辑熟悉的 Word 文档一样，编辑 PDF 段落、列表和表格等内容；可以以 PDF 文件保存修改之后的结果或者以 Word 支持的任何文件类型进行保存；Word 2013 可以自动创建书签，在编辑篇幅巨大的 Word 文档时，用户可以直接定位到上一次工作或者浏览的页面，无须拖动"滚动条"；Word 2013 使用实时布局和对齐参考线，单击图像，在页面上拖动该图像，文本围绕图片移动，使用户可以实时预览新布局，为图像编辑提供更直观的体验。同时，Word 会自动尝试将图像与所在段落顶部对齐；Word 2013 中新的简单标记、修订视图可提供更干净而简单的文档视图；在 Word 2013 文档内可以添加网络视频并播放；可以从在线照片服务网站中直接添加用户需要的图片，而无须首先将它们保存到用户的计算机。

3.1.2　Word 2013 的启动与退出

1. Word 2013 的启动

安装了 Word 2013 之后，就可以使用其所提供的强大功能了。首先要启动 Word 2013，进入其工作环境。打开 Word 2013 的方法有多种，下面介绍几种常用的方法。

① 选择"开始" | "所有程序" | "Microsoft Office 2013" | "Word 2013"命令。

② 如果在桌面上已经创建了启动 Word 2013 的快捷方式，则双击快捷方式图标。

③ 双击任意一个 Word 文档，Word 2013 就会启动并且打开相应的文件。

2. Word 2013 的退出

完成文档的编辑操作后就要退出 Word 2013 工作环境，下面介绍几种常用的退出方法。

① 单击 Word 应用程序窗口右上角的"关闭"按钮。

② 单击 Word 应用程序窗口左上角的"文件"按钮，在弹出的下拉面板中单击"关闭"命令。

③ 在标题栏上单击鼠标右键，在弹出的快捷菜单中单击"关闭"命令。

如果在退出 Word 2013 时，用户对当前文档做过修改且还没有执行保存操作，系统将弹出一个对话框询问用户是否要将修改操作进行保存，如果要保存文档，单击"保存"按钮，如果不需要保存，单击"不保存"按钮，单击"取消"按钮则取消此次关闭操作。

3.1.3　Word 2013 窗口简介

Word 2013 工作窗口主要包括标题栏、快速访问工具栏、"文件"按钮、功能区、标尺栏、文档编辑区和状态栏，如图 3.1 所示。

图 3.1　Word 2013 窗口

1. 标题栏

标题栏主要显示正在编辑的文档名称及编辑软件名称信息，在其右侧有 5 个窗口控制按钮，最左边的一个按钮可以打开"Word 帮助"窗口，右边的 4 个按钮分别是功能区显示选项、最小化、最大化（还原）和关闭窗口操作按钮。

2. 快速访问工具栏

快速访问工具栏主要显示用户日常工作中频繁使用的命令，安装好 Word 2013 之后，其默认显示"保存""撤销"和"重复"命令按钮。用户也可以单击此工具栏中的"自定义快速访问工具栏"按钮，在弹出的菜单中勾选某些命令项将其添加至工具栏中，以便以后可以快速地使用这些命令。

3. "文件"按钮

单击"文件"按钮将打开"文件"面板，包含"信息""新建""打开""关闭""保存""打印"等常用命令。在"新建"命令面板中，用户可以根据自己的需要选择面板中显示的模板，当然，也可以在面板上方的搜索框中输入相关的关键字"搜索联机模板"。

4. 功能区

功能区横跨应用程序窗口的顶部，由选项卡、组和命令 3 个基本组件组成。选项卡位于功能区的顶部，包括"开始""插入""页面布局""引用""邮件"等。单击某一选项卡，则可在功能区中看到若干个组，相关项显示在一个组中。命令则是指组中的按钮、用于输入信息的框等。在 Word 2013 中还有一些特定的选项卡，它们只在需要时才会出现。例如，在文档中插入图片后，可以在功能区看到图片工具"格式"选项卡。如果用户选择其他对象，如剪贴画、表格或图表等，将显示相应的选项卡。

在某些组的右下角有一个小箭头按钮，该按钮称为对话框启动器。单击该按钮，将会看到与该组相关的更多选项，这些选项通常以 Word 早期版本中的对话框形式出现。通过双击活动选项卡临时隐藏功能区，则组会消失，从而为用户提供更多空间，如果需要再次显示，则可再次双击活动选项卡，组就会重新出现。

5. 标尺栏

Word 2013 具有水平标尺和垂直标尺，用于对齐文档中的文本、图形、表格等，也可用来设置所选段落的缩进方式和距离。可通过"视图"选项卡 "显示"组中的"标尺"复选框来显示或隐藏标尺。

6. 文档编辑区

文档编辑区是用户使用 Word 2013 进行文档编辑排版的主要工作区域，在该区域中有一个垂直闪烁的光标，这个光标就是插入点，输入的字符总是显示在插入点的位置上。在输入的过程中，当文字显示到文档右边界时，光标会自动转到下一行行首，而当一个自然段落输入完成后，则可通过按回车键来结束当前段落的输入。

7. 状态栏

状态栏位于应用程序窗口的底部，用来显示当前文档的信息以及编辑信息等。在状态栏的左侧显示文档共几页、当前是第几页、字数等信息；右侧显示"阅读视图""页面视图""Web 版式视图"3 种视图模式切换按钮，并有显示当前文档显示比例的"缩放级别"按钮以及缩放当前文档的缩放滑块。

用户可以自己定制状态栏上的显示内容，在状态栏空白处单击鼠标右键，在弹出的快捷菜单中，通过单击来选择或取消选择某个菜单项，从而在状态栏中显示或隐藏相应项。

3.1.4 Word 2013 文档基本操作

在使用 Word 2013 进行文档录入与排版之前，必须先创建文档，而当文档编辑排版工作完成之后也必须及时地保存文档以备下次使用，这些都属于文档的基本操作。在这一小节中将介绍如何完成这些基本操作，为后续的编辑和排版工作做准备。

1. 新建文档

在 Word 2013 中，可以创建两种形式的新文档，一种是没有任何内容的空白文档，另一种是根据模板创建的文档，如信函、简历和报表等。

（1）创建空白文档

创建空白文档的方法有多种，在此仅介绍最常用的几种。

① 启动 Word 2013 应用程序之后，程序会自动创建一个默认文件名为"文档1"的空白文档。

② 单击"文件"按钮面板中的"新建"命令，选择右侧可用模板中的"空白文档"模板，即可创建一个空白文档，如图 3.2 所示。

③ 单击"自定义快速访问工具栏"按钮，在弹出的下拉菜单中选择"新建"项，之后可以通过单击快速访问工具栏中新添加的"新建"按钮创建空白文档。

（2）根据模板创建文档

Word 2013 提供了许多已经设置好的文档模板，选择不同的模板可以快速地创建各种类型的文档，如信函和求职信等。模板中已经包含了特定类型文档的格式和内容等，只需根据个人需求稍做修改即可创建一个精美的文档。选择图 3.2 中的合适模板，如选择"应届大学毕业生履历"模板，会弹出如图 3.3 所示的窗口，再单击窗口上的"创建"按钮，即可创建一个基于特定模板的新文档。

图 3.2 "新建"命令面板

图 3.3 模板窗口

2. 保存文档

在文档编辑完成后要保存文档，在文档编辑过程中也要特别注意保存，以免遇到停电或死机等情况，使之前的工作白白浪费。通常，保存文档有以下几种情况。

（1）新文档保存

创建好的新文档首次保存，可以单击"快速访问工具栏"中的"保存"按钮🔲或者选择"文件"按钮面板中的"保存"命令，均会出现"文件"按钮面板中的"另存为"面板，如图 3.4 所示，单击面板上的"浏览"按钮，弹出"另存为"对话框，如图 3.5 所示。在对话框中选择文档要保存的位置，在"文件名"文本框中输入文档的名称，在"保存类型"下拉框中选择"Word 文档"选项，最后单击"保存"按钮，文档即被保存在指定的位置上了。

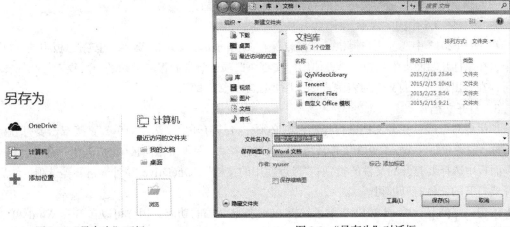

图 3.4 "另存为"面板   图 3.5 "另存为"对话框

（2）旧文档与换名、换类型文档保存

如果当前编辑的文档是旧文档且不需要更名或更改位置保存，直接单击"快速访问工具栏"中的"保存"按钮，或者选择"文件"按钮面板中的"保存"命令即可保存文档。此时不会出现对话框，只是以新内容代替了旧内容保存到原来的旧文档中了。

若要为一篇正在编辑的文档更改名称或保存位置，单击"文件"按钮面板中的"另存为"命令，此时也会弹出如图 3.4 所示的"另存为"面板和图 3.5 所示的"另存为"对话框，根据需要选择新的存储路径或者输入新的文档名称即可。通过"保存类型"下拉框中的选项还可以更改文档的保存类型，选择"Word 97-2003 文档"选项可将文档保存为 Word 的早期版本类型，选择"Word 模板"选项可将该文档保存为模板类型。

（3）文档加密保存

为了防止他人未经允许打开或修改文档，可以对文档进行保护，即在保存时为文档加设密码。步骤如下：

① 单击图 3.5 所示"另存为"对话框中的"工具"按钮，在弹出的下拉框中选择"常规"选项，则弹出"常规选项"对话框；

② 分别在对话框中的"打开文件时的密码"和"修改文件时的密码"文本框中输入密码，单击"确定"按钮后会弹出"确认密码"对话框，再次输入打开及修改文件时的密码后单击"确定"按钮，返回到图 3.5 所示对话框；

③ 单击图 3.5 中的"保存"按钮。

设置完成后，在打开文件时，只有输入正确的打开文件密码和修改文件密码时，才可以修改打开的文件，仅输入正确的打开文件密码，则只能以只读方式打开。

注意：对文件设置打开及修改密码，不能阻止文件被删除。

（4）文档定时保存

在文档的编辑过程中，建议设置定时自动保存功能，以防不可预期的情况发生使文件内容丢失。步骤如下：

① 单击图 3.5 所示"另存为"对话框中的"工具"按钮，在弹出的下拉框中选择"保存"选项，则弹出"Word 选项"对话框；

② 选中对话框中的"保存自动恢复信息时间间隔"复选框，并在"分钟"数值框中输入保存的时间间隔，单击"确定"按钮返回到图 3.5 所示对话框；

③ 单击图 3.5 中的"保存"按钮。

在 Word 2013 中还为用户提供了恢复未保存文档的功能，单击"文件"按钮面板中的"打开"命令，在"打开"面板中选择"最近使用的文档"选项，单击面板右下角的"恢复未保存的文档"按钮，在弹出对话框的文件列表中直接选择要恢复的文件即可。

3. 打开文档

如果要对已经存在的文档进行操作，则必须先将其打开。方法很简单，直接双击要打开的文件图标，或者在打开 Word 2013 工作环境后，通过选择"文件"按钮面板中的"打开"命令，在"打开"面板中选择要打开的文件的类别："最近使用的文档""OneDrive""计算机"等选项，然后再选择要打开的文件打开即可。

值得一提的是，Word 2013 新增了编辑 PDF 类型文档的功能，用户可以在打开 Word 2013 工作环境后，通过上面介绍的步骤选择要打开的 PDF 文档，然后像编辑 Word 文档一样随心所欲地对其进行编辑，最后可以以 PDF 文件保存修改之后的结果或者以 Word 支持的任何文件类型进行保存。

3.2　文档编辑

文档编辑是 Word 2013 的基本功能，主要完成文本的录入、选择以及移动、复制等基本操作，并且也为用户提供了查找和替换功能、撤销和重复功能。

3.2.1　输入文本

打开 Word 2013 后，用户可以直接在文本编辑区进行输入操作，输入的内容显示在光标所在处。如果没有输入到当前行行尾就想在下一行或下几行输入，是否只能通过回车换行才可以呢？不是的。其实由于 Word 支持"即点即输"功能，用户只需在想输入文本的地方双击鼠标，光标即会自动移到该处，之后用户就可以直接输入。

1. 普通文本的输入

普通文本的输入非常简单，用户只需将光标移到指定位置，选择好合适的输入法后即可进行录入操作。常用的输入法切换的快捷键如下。

① 组合键<Ctrl> + <Space>：中英文输入法切换。

② 组合键<Ctrl> + <Shift>：各种输入法之间的切换。

③ 组合键<Shift> + <Space>：全/半角之间的切换。

2. 特殊符号的输入

在输入过程中常会遇到一些特殊的符号使用键盘无法录入，此时可以单击"插入"选项卡，通过"符号"组中的"符号"命令按钮下拉框来录入相应的符号。如果要录入的符号不在"符号"命令按钮下拉框中显示，则可以单击下拉框中的"其他符号"选项，在弹出的"符号"对话框中选择所要录入的符号后单击"插入"按钮即可。

3. 日期和时间的输入

在 Word 2013 中，可以直接插入系统的当前日期和时间，操作步骤如下：

① 将插入点定位到要插入日期或时间的位置；

② 单击"插入"选项卡"文本"组中的"日期和时间"按钮，弹出"日期和时间"对话框；

③ 在对话框中选择语言后在"可用格式"列表中选择需要的格式，如果要使插入的时间能随系统时间自动更新，选中对话框中的"自动更新"复选框，单击"确定"按钮即可。

3.2.2　选择文本

在对文本进行编辑排版之前要先执行选中操作，从要选择文本的起点处按下鼠标左键，一直拖动至终点处松开鼠标即可选择文本，选中的文本将以蓝底黑字的形式出现。如果要选择的是篇幅比较大的连续文本，使用上述方法就不是很方便，此时可以在要选择的文本起点处单击鼠标左键，然后将鼠标移至选取终点处，同时按下<Shift>键与鼠标左键即可。

在 Word 2013 中，还有几种常用的选定文本的方法，首先要将鼠标移到文档左侧的空白处，此处称为选定区，鼠标移到此处将变为右上方向的箭头：

① 单击鼠标，选定当前行文字；

② 双击鼠标，选定当前段文字；

③ 三击鼠标，选中整篇文档。

此外，按下<Alt>键的同时拖动鼠标左键，可以选中矩形区域。

3.2.3　插入与删除文本

在文档编辑过程中，会经常执行修改操作来对输入的内容进行更正。当遗漏某些内容时，可以通过单击鼠标操作将插入点定位到需要补充输入的地方后进行输入。如果要删除某些已经输入的内容，则可以选中该内容后按<Delete>键或<Backspace>键直接删除。在不选择内容的情况下，通过<Backspace>键可以删除光标左侧的字符，<Delete>键删除光标右侧的字符。

3.2.4　复制与移动文本

当需要重复输入文档中已有的内容或者要移动文档中某些文本的位置，可以通过复制与移动操作来快速地完成。复制与移动操作的方法类似，选中文本后，在所选取的文本块上单击鼠标右键则弹出快捷菜单，执行复制操作选择"复制"项，执行移动操作则选择"剪切"项，然后将鼠标移到目的位置；再单击鼠标右键，选择粘贴选项中的合适选项即可。

3.2.5　查找与替换文本

1. 查找

利用查找功能可以方便快速地在文档中找到指定的文本。选择"开始"选项卡，单击"编辑"组中的"查找"按钮，在文本编辑区的左侧会显示如图 3.6 所示的"导航"任务窗格，在显示"搜索文档"文本框内键入查找关键字后按回车键，即可列出整篇文档中所有包含该关键字的匹配结果项，并在文档中高亮显示相匹配的关键词，单击某个搜索结果能快速定位到正文中的相应位置。也可以选择"查找"按钮下拉框中的"高级查找"选项，在弹出的"查找和替换"对话框中的"查找内容"文本框内输入查找关键字，然后单击"查找下一处"按钮即能定位到正文中匹配该关键字的位置，如图 3.7 所示。通过该对话框中的"更多"按钮，能看到更多的查找功能选项，如是否区分大小写、是否全字匹配以及是否使用通配符等，利用这些选项能完成更高功能的查找操作。

2. 替换

替换操作是在查找的基础上进行的，单击图 3.7 中的"替换"选项卡，在对话框的"替换为"文本框中输入要替换的内容，根据情况选择"替换"按钮还是"全部替换"按钮即可。

图 3.6 "导航"窗格

图 3.7 "查找和替换"对话框

3.2.6 撤销和重复

Word 2013 的快速访问工具栏中提供的"撤销"按钮 ↶ˇ 可以帮助用户撤销前一步或前几步错误操作，而"重复"按钮 ↷ 则可以重复执行上一步被撤销的操作。

如果是撤销前一步操作，可以直接单击"撤销"按钮，若要撤销前几步操作，则可以单击"撤销"按钮旁的下拉按钮，在弹出的下拉框中选择要撤销的操作即可。

3.3　文档排版

文档编辑完成之后，就要对整篇文档进行排版以使文档具有美观的视觉效果。本节将介绍 Word 2013 中常用的排版技术，包括字符、段落格式设置、边框与底纹设置以及分栏设置等。

在讲解排版技术之前，先来认识一下在 Word 2013 中的几种视图显示方式。

① 页面视图：能最接近地显示文本、图形及其他元素在最终的打印文档中的真实效果。

② 阅读版式视图：默认以双页形式显示当前文档，隐藏"文件"按钮、功能区等窗口元素，便于用户阅读。

③ Web 版式视图：以网页的形式显示文档，适用于发送电子邮件和创建网页。

④ 大纲视图：可以显示和更改标题的层级结构，并能折叠、展开各种层级的文档内容，适用于长文档的快速浏览和设置。

⑤ 草稿视图：仅显示标题和正文，是最节省计算机系统硬件资源的视图模式。

可以通过状态栏右侧的视图模式按钮或通过"视图"选项卡"视图"组中的按钮切换视图模式。

3.3.1 字符格式设置

这里指的字符包括汉字、字母、数字、符号及各种可见字符，当它们出现在文档中时，就可以通过设置其字体、字号、颜色等对其进行修饰。对字符格式的设置决定了字符在屏幕上显示和打印输出的样式。字符格式设置可以通过功能区、对话框和浮动工具栏 3 种方式来完成。不管使用哪种方式，都需要在设置前先选择字符，即先选中再设置。

1. 通过功能区进行设置

使用此种方法进行设置，要先单击功能区的"开始"选项卡，此时可以看到"字体"组中的相关命令按钮，如图 3.8 所示，利用这些命令项即可完成对字符的格式设置。

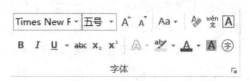

图 3.8　"开始"选项卡中的"字体"组

单击"字体"下拉按钮，当出现下拉式列表框时单击其中的某种字体，如楷体，即可将所选字符以该字体形式显示。当用户将鼠标在下拉列表框的字体选项上移动时，所选字符的显示形式也会随之发生改变，即提供给用户在实施格式修改之前预览显示效果的功能。

单击"字号"下拉按钮，当出现下拉式列表框时单击其中的某种字号，如二号，即可将所选字符以该字号大小形式显示。也可以通过 "增大字号"按钮 A 和"减小字号"按钮 A 来改变所选字符的字号大小。

单击"加粗""倾斜"或"下划线"按钮，可以将选定的字符设置成粗体、斜体或加下划线显示形式。3 个按钮允许联合使用，当"加粗"和"倾斜"按钮同时按下时显示的是粗斜体。单击"下划线"按钮可以为所选字符添加黑色直线下划线，若想添加其他线型的下划线，单击"下划线"按钮旁的向下箭头，在弹出的下拉框中单击所需线型即可；若想添加其他颜色的下划线，在"下划线"下拉框中的"下划线颜色"子菜单中单击所需颜色项即可。

单击"突出显示"按钮 可以为选中的文字添加底色以突出显示，一般用在文中的某些内容需要读者特别注意的时候。如果要更改突出显示文字的底色，单击该按钮旁的向下箭头，在弹出的下拉框中单击所需的颜色即可。

单击图 3.8 中的"文本效果"按钮 A ，可以为文字添加轮廓、阴影、发光等视觉效果，在弹出的下拉框中选择所需的效果设置选项就能将该种效果应用于所选文字。

在图 3.8 中还有其他的一些按钮，如将字符设置为上标或下标等，在此不做详述。

2. 通过对话框进行设置

选中要设置的字符后，单击图 3.8 所示右下角的"对话框启动器"按钮，会弹出如图 3.9 所示的"字体"对话框。

在对话框的"字体"选项卡页面中，可以通过"中文字体"和"西文字体"下拉框中的选项为所选择字符中的中、西文字符设置字体，还可以为所选字符进行字形（常规、倾斜、加粗或加粗倾斜）、字号、颜色等的设置。通过"着重号"下拉框中的"着重号"选项可以为选定字符加着重号；通过"效果"区中的复选框可以进行特殊效果设置，如为所选文字加删除线或将其设为上标、下标等。

在对话框的"高级"选项卡页面中，可以通过"缩

图 3.9　"字体"对话框

放"下拉框中的选项放大或缩小字符，通过"间距"下拉框中的"加宽""紧缩"选项使字符之间的间距加大或缩小，还可通过"位置"下拉框中的"提升""降低"选项使字符向上提升或向下降低显示。

3. 通过浮动工具栏进行设置

当选中字符并将鼠标指向其后，在选中字符的右上角会出现如图3.10所示的浮动工具栏，利用它进行设置的方法与通过功能区的命令按钮进行设置的方法相同，不再详述。

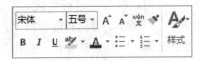

图3.10 浮动工具栏

3.3.2 段落格式设置

在 Word 中，通常把两个回车换行符之间的部分叫作一个段落。段落格式的设置包括对段落对齐方式、段落缩进、段落行间距以及段前和段后间距等的设置。

1. 段落对齐方式

段落的对齐方式分为以下5种。

① 左对齐：段落所有行以页面左侧页边距为基准对齐。

② 右对齐：段落所有行以页面右侧页边距为基准对齐。

③ 居中对齐：段落所有行以页面中心为基准对齐。

④ 两端对齐：段落除最后一行外，其他行均匀分布在页面左右页边距之间。

⑤ 分散对齐：段落所有行均匀分布在页面左右页边距之间。

单击功能区的"开始"选项卡下"段落"组右下角的"对话框启动器"按钮，将打开如图3.11所示的"段落"对话框，选择"对齐方式"下拉框中的选项即可进行段落对齐方式设置，或者单击"段落"组中的5种对齐方式按钮 ▆▆▆▆▆ 进行设置。

2. 段落缩进

缩进决定了段落到左右页边距的距离，段落的缩进方式分为以下4种。

① 左缩进：段落左侧到页面左侧页边距的距离。

② 右缩进：段落右侧到页面右侧页边距的距离。

③ 首行缩进：段落的第一行由左缩进位置起向内缩进的距离。

④ 悬挂缩进：段落除第一行以外的所有行由左缩进位置起向内缩进的距离。

通过图3.11所示的"段落"对话框可以精确地设置所选段落的缩进方式和距离。左缩进和右缩进可以通过调整"缩进"区域中的"左侧""右侧"设置框中的上下微调按钮设置；首行缩进和悬挂缩进可以从"特殊格式"下拉框中进行选择，缩进的大小通过"缩进值"项进行精确设置。此外，还可以通过水平标尺工具栏来设置段落的缩进。将光标移至设置段落中或选中该段落，之后拖动图3.12所示的缩进方式按钮即可调整对应的缩进量，不过此种方式只能模糊设置缩进量。

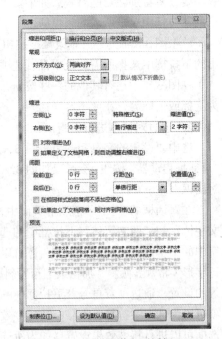

图3.11 "段落"对话框

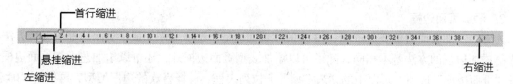

首行缩进

悬挂缩进

左缩进

右缩进

图 3.12　水平标尺

3. 段落间距与行间距

通过图 3.11 所示"间距"区域中的"段前"和"段后"项可以设置所选段落与上一段落之间的距离以及该段与下一段落之间的距离。通过"行距"项可以修改所选段落相邻两行之间的距离，共有 6 个选项供用户选择。

① 单倍行距：将行距设置为该行最大字体的高度加上一小段额外间距，额外间距的大小取决于所用的字体。

② 1.5 倍行距：将行距设置为单倍行距的 1.5 倍。

③ 2 倍行距：将行距设置为单倍行距的 2 倍。

④ 最小值：将行距设置为适应行上最大字体或图形所需的最小行距。

⑤ 固定值：将行距设置为固定值。

⑥ 多倍行距：将行距设置为单倍行距的倍数。

需要注意的是，当选择行距为"固定值"选项并输入一个磅值时，Word 将不管字体或图形的大小，这可能导致行与行相互重叠，很难看懂，所以使用该选项时要小心。

3.3.3　边框与底纹设置

边框与底纹能增加读者对文档内容的兴趣和注意程度，并能对文档起到一定的美化效果。

1. 添加边框

选中要添加边框的文字或段落后，在功能区的"开始"选项卡下，单击"段落"组中"边框"按钮 右侧的下拉按钮，在弹出的下拉框中选择"边框和底纹"选项，弹出如图 3.13 所示的对话框，在此对话框的"边框"选项卡页面下可以进行边框设置。

可以设置边框的类型为"方框""阴影""三维"或"自定义"类型，若要取消边框可选择"无"选项。选择好边框类型后，还可以选择边框的线型、颜色和宽度，只要打开相应的下拉列表框进行选择即可。若是给文字加边框，要在"应用于"下拉列表框中选择"文字"选项，文字的边框四周都必须有。若是给段落加边框，

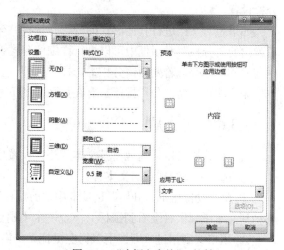

图 3.13　"边框和底纹"对话框

要在"应用于"下拉列表框中选择"段落"选项，对段落加边框时可根据需要有选择地添加上、下、左、右 4 个方向的边框，可以利用"预览"区域中的"上边框""下边框""左边框""右边框" 4 个按钮来为所选段落添加或删除相应方向上的边框，完成后单击"确定"按钮。

2. 添加页面边框

为文档添加页面边框要通过图 3.13 中的"页面边框"选项卡来完成。页面边框的设置方法与为段落添加边框的方法基本相同，除了可以添加线型页面边框外，还可以添加艺术型页面边框。打开"页面边框"选项卡页面中的"艺术型"下拉列表框，选择喜欢的边框类型，再单击"确定"按钮即可。

3. 添加底纹

单击图 3.13 所示中的"底纹"选项卡，在对话框的相应选项中选择填充色、图案样式和颜色以及应用的范围后再单击"确定"按钮即可。和添加边框一样，可以通过图 3.13 中的"应用于"选项的下拉列表框选择是对段落添加底纹还是对文字添加底纹。也可通过"段落"组中的"底纹"按钮 为所选内容设置底纹。

3.3.4 项目符号和编号

使用项目符号或编号对文字进行格式化，可以使内容看起来更加条理清晰。首先选中要添加项目符号或编号的文字，然后选择功能区的"开始"选项卡，要为所选文字添加项目符号，单击"段落"组中的"项目符号"按钮，也可单击该按钮旁的向下箭头，在弹出的下拉框中选择其他的项目符号样式；要为所选文字添加编号，单击"段落"组中的"编号"按钮，也可单击该按钮旁的向下箭头，在弹出的下拉框中选择其他的编号样式。

3.3.5 分栏设置

分栏排版就是将文字分成几栏排列，是常见于报纸、杂志的一种排版形式。先选择需要分栏排版的文字，若不选择，则系统默认对整篇文档进行分栏排版，再单击"页面布局"选项卡，在"页面设置"组中单击"分栏"按钮，在弹出的下拉框中选择某个选项即可将所选内容进行相应的分栏设置。

如果想对文档进行其他形式的分栏，选择"分栏"按钮下拉框中的"更多分栏"选项，在之后弹出的"分栏"对话框中可以进行详细的分栏设置，包括设置更多的栏数、每一栏的宽度以及栏与栏的间距等。若要撤销分栏，选择一栏即可。

需要注意的是，分栏排版只有在页面视图下才能够显示出来。

3.3.6 格式刷

使用格式刷可以快速地将某文本的格式设置应用到其他文本上，步骤如下：

① 选中要复制样式的文本；

② 单击功能区的"开始"选项卡中"剪贴板"组中的"格式刷"按钮 格式刷，之后将鼠标移动到文本编辑区，会看到鼠标旁出现一个小刷子的图标；

③ 用格式刷扫过（即按下鼠标左键拖动）需要应用样式的文本即可。

单击"格式刷"按钮，使用一次后格式刷功能就自动关闭了。如果需要将某文本的格式连续应用多次，则可以双击"格式刷"按钮，之后直接用格式刷扫过不同的文本就可以了。要结束使用格式刷功能，再次单击"格式刷"按钮或按<Esc>键即可。

3.3.7 样式与模板

样式与模板是 Word 中非常重要的内容，熟练使用这两个工具可以简化格式设置的操作，提高排版的质量和速度。

1. 样式

样式是应用于文档中的文本、表格等的一组格式特征，利用其能迅速改变文档的外观。应用样式时，只需执行简单的操作就可以应用一组格式。选择功能区的"开始"选项卡下"样式"组中的样式显示区域右下角的"其他"按钮，出现如图 3.14 所示的下拉框，其中显示出了可供选择的样式。要对文档中的文本应用样式，先选中这段文本，然后单击下拉框中需要使用的样式名称就可以了。要删除某文本中已经应用的样式，可先将其选中，再选择图 3.14 中的"清除格式"选项即可。

如果要快速改变具有某种样式的所有文本的格式，可通过重新定义样式来完成。选择图 3.14 中的"应用样式"选项，在弹出的"应用样式"任务窗格中的"样式名"框中选择要修改的样式名称，如"正文"，单击"修改"按钮，弹出如图 3.15 所示的对话框，此时可以看到"正文"样式的字体格式为"中文宋体，西文 Times New Roman，五号"；段落格式为"两端对齐，单倍行距"。若要将文档中正文的段落格式修改为"两端对齐，1.25 倍行距，首行缩进 2 字符"，则可以选择对话框中"格式"按钮下拉框中的"段落"项，在弹出的"段落"对话框中设置行距为 1.25 倍，首行缩进为 2 字符，单击"确定"按钮使设置生效后，即可看到文档中所有使用"正文"样式的文本段落格式已发生改变。

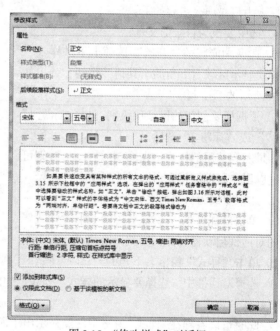

图 3.14 "样式"下拉框　　　　　　图 3.15 "修改样式"对话框

如果要把当前的某种文档格式设置为样式，可通过创建样式完成。选择图 3.14 中的"创建样式"选项，在弹出的"根据格式设置创建新样式"对话框中输入要创建样式的名称，如图 3.16 所示，单击"确定"按钮后，创建的新样式就会出现在图 3.14 所示的"样式"下拉框中，新创建的样式就可以像其他样式一样使用了。

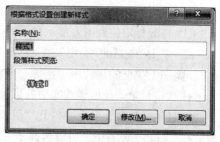

图 3.16 "创建样式"对话框

2. 模板

模板就是一种预先设定好的特殊文档，已经包含了文档的基本结构和文档设置，如页面设置、字体格式、段落格式等，方便以后重复使用。Word 2013 提供了内容涵盖广泛的模板，有博客文章、书法字帖以及信函、传真、简历和报告等，利用其可以快速地创建专业而且美观的文档。另外，Office.com 网站还提供了贺卡、名片、信封、发票等特定功能模板。Word 2013 模板文件的扩展名为".dotx"，利用模板创建新文档的方法在前面已经介绍到，在此不再赘述。

3.3.8 创建目录

在撰写书籍或杂志等类型的文档时，通常需要创建目录来使读者可以快速浏览文档中的内容，并可通过目录右侧的页码显示找到所需内容。在 Word 2013 中，可以非常方便地创建目录，并且在目录发生变化时，通过简单的操作就可以对目录进行更新。

1. 标记目录项

在创建目录之前，需要先将要在目录中显示的内容标记为目录项，步骤如下：

① 选中要成为目录的文本；

② 选择功能区的"开始"选项卡下"样式"组中样式显示区域右下角的"其他"按钮，弹出如图 3.14 所示的下拉框；

③ 根据所要创建的目录项级别，选择"标题 1""标题 2"或"标题 3"选项。

如果所要使用的样式不在图 3.14 中显示，则可以通过以下步骤标记目录项。

① 选中要成为目录的文本；

② 单击功能区的"开始"选项卡下"样式"组中的对话框启动器打开"样式"窗格；

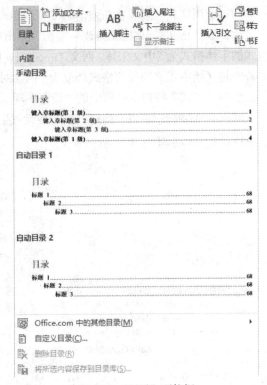

图 3.17 "目录"下拉框

③ 单击"样式"窗格右下角的"选项"按钮，则弹出"样式窗格选项"对话框；

④ 选择对话框中"选择要显示的样式"列表框中的"所有样式"选项，单击"确定"按钮返回到"样式"窗格；

⑤ 此时可以看到在"样式"窗格中已经显示出了所有的样式，单击选择所要的样式选项即可。

2. 创建目录

标记好目录项之后，就可以创建目录了，步骤如下：

① 将光标定位到需要显示目录的位置；

② 单击功能区的"引用"选项卡下"目录"组中"目录"下拉框按钮，弹出如图 3.17 所示的下拉框；

③ 在下拉框的样式库中选择一个自动目录即可。

注意：目录下拉框样式库中的目录一般显示到 3 级，如果要想显示更多的级别可单击图 3.17 中的"自定义目录"命令，打开"目录"对话框，选择"目录"标签，调整其中的显示级别。另外，在"目录"标签中还可以选择是否显示页码、页码是否右对齐，并设置制表符前导符的样式。如果在图 3.17 中选择了"手动目录"选项，则手动目录不会自动更新。

3. 更新目录

当文档中的目录内容发生变化时，就需要对目录进行及时更新。要更新目录，单击功能区的"引用"选项卡下"目录"组中"更新目录"按钮 🗋 更新目录，在弹出的对话框中选择是对整个目录进行更新还是只进行页码更新。

3.3.9 特殊格式设置

1. 首字下沉

在很多报刊和杂志中，经常可以看到将正文的第一个字放大突出显示的排版形式。要使自己的文档也有此种效果，可以通过设置首字下沉来实现，步骤如下：

① 将光标定位到要设置首字下沉的段落；

② 单击功能区"插入"选项卡下"文本"组中的"首字下沉"命令按钮，弹出如图 3.18 所示的下拉框；

③ 在下拉框中选择"下沉"选项，也可选择"悬挂"选项；

④ 若要对下沉的文字进行字体以及下沉行数等的设定，单击"首字下沉选项"，在弹出的"首字下沉"对话框中进行设置，如图 3.19 所示。

图 3.18 "首字下沉"按钮下拉框

图 3.19 "首字下沉"对话框

2. 给中文加拼音

在中文排版时如果需要给中文加拼音，先选中要加拼音的文字，再单击功能区"开始"选项卡下"字体"组中的"拼音指南"按钮 ，就会弹出如图 3.20 所示的对话框。

在"基准文字"文本框中显示的是文中选中要加拼音的文字，在"拼音文字"文本框中显示的是基准文字的拼音，设置后的效果显示在对话框下边的预览框中，若不符合要求，可以通过"对齐方式""字体""偏移量"和"字号"选择框进行调整。

3. 带圈字符

要给单个文字周围添加圆形、方形等形状，生成特殊文档格式效果，则需要先选中一个要编辑的文字，再单击功能区"开始"选项卡下"字体"组中的"带圈字符"按钮 ⓔ，就会弹出如图 3.21 所示的"带圈字符"对话框。在对话框中选择是要缩小文字还是增大圈号，选择需要的圈号类型，如圆形、方形、三角形或菱形，单击"确定"按钮即可。

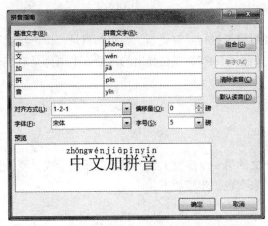

图 3.20 "拼音指南"对话框

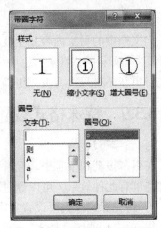

图 3.21 "带圈字符"对话框

3.4 表 格 制 作

表格是用于组织数据的最有用的工具之一，以行和列的形式简明扼要地表达信息，便于读者阅读。在 Word 2013 中，不仅可以非常快捷地创建表格，还可以对表格进行修饰以增加其视觉上的美观程度，而且还能对表格中的数据进行排序以及简单计算等。

3.4.1 创建表格

1. 插入表格

在 Word 文档中插入规则表格的方法有两种。首先将光标定位到要插入表格的位置，单击功能区"插入"选项卡下"表格"组中的"表格"按钮，弹出如图 3.22 所示的下拉框，其中显示一个示意网格，沿网格右下方移动鼠标，当达到需要的行列位置后单击鼠标即可。

除上述方法外，也可选择下拉框中的"插入表格"项，弹出如图 3.23 所示对话框，在"列数"文本框中输入列数，在"行数"文本框中输入行数，在"自动调整操作"选项中根据需要进行选择，设置完成后单击"确定"按钮即可创建一个新表格。

图 3.22 "表格"按钮下拉框

图 3.23 "插入表格"对话框

2. 绘制表格

插入表格的方法只能创建规则的表格，对于一些复杂的不规则表格，则可以通过绘制表格的方法来实现。要绘制表格，需单击图 3.22 所示的"绘制表格"选项，之后将鼠标移到文本编辑区会看到鼠标已变成一个笔状图标，此时就可以像自己拿了画笔一样通过鼠标拖动画出所需的任意表格。需要注意的是，首次通过鼠标拖动绘制出的是表格的外围边框，之后才可以绘制表格的内部框线，要结束绘制表格，双击鼠标或者按<Esc>键即可。

3. 快速制表

要快速创建具有一定样式的表格，选择图 3.22 所示的"快速表格"选项，在弹出的子菜单中根据需要单击某种样式的表格选项即可。

3.4.2　表格内容输入

表格中的每一个小格叫作单元格，在每一个单元格中都有一个段落标记，可以把每一个单元格当作一个小的段落来处理。要在单元格中输入内容，需要先将光标定位到单元格中，可以通过在单元格上单击鼠标左键或者使用方向键将光标移至单元格中。例如，可以对新创建的空表进行内容的填充，得到如表 3.1 所示的表格。

表 3.1　　　　　　　　　　　　　　　　　成绩表

姓　　名	英　　语	计　算　机	高　　数
李明	86	80	93
王芳	92	76	89
张楠	78	87	88

当然，也可以修改录入内容的字体、字号、颜色等，这与文档的字符格式设置方法相同，都需要先选中内容再设置。

3.4.3　编辑表格

1. 选定表格

在对表格进行编辑之前，需要学会如何选中表格中的不同元素，如单元格、行、列或整个表格等。Word 2013 中有如下一些选中表格元素的技巧。

① 选定一个单元格：将鼠标移动到该单元格左边，当鼠标指针变成实心右上方向的箭头时单击鼠标左键，该单元格即被选中。

② 选定一行：将鼠标移到表格外该行的左侧，当鼠标指针变成空心右上方向的箭头时单击鼠标左键，该行即被选中。

③ 选定一列：将鼠标移到表格外该列的最上方，当鼠标指针变成实心向下方向的黑色箭头时单击鼠标左键，该列即被选中。

④ 选定整个表格：可以拖动鼠标选取，也可以通过单击表格左上角的被方框框起来的四向箭头图标来选中整个表格。

2. 调整行高和列宽

调整行高是指改变本行中所有单元格的高度，将鼠标指向此行的下边框线，鼠标指针会变成垂直分离的双向箭头，直接拖动即可调整本行的高度。

调整列宽是指改变本列中所有单元格的宽度，将鼠标指向此列的左边或右边框线，鼠标指针会变成水平分离的双向箭头，直接拖动即可调整本列的宽度。要调整某个单元格的宽度，则要先选中该单元格，再执行上述操作，此时的改变仅限于选中的单元格。

也可以先将光标定位到要改变行高或列宽的那一行或列中的任一单元格，此时，功能区中会出现用于表格操作的两个选项卡"设计"和"布局"，再单击"布局"选项卡中的"单元格大小"组中显示当前单元格行高和列宽的两个文本框右侧的上下微调按钮，或在两个文本框中直接输入数据，即可精确调整行高和列宽。

3. 合并和拆分

在创建一些不规则表格的过程中，可能经常会遇到要将某一个单元格拆分成若干个小的单元格，或者要将某些相邻的单元格合并成一个，此时就需要使用表格的合并与拆分功能。

要合并某些相邻的单元格，首先要将其选中，然后单击功能区的"布局"选项卡中"合并"组中的"合并单元格"按钮 合并单元格，或者单击鼠标右键，在弹出的快捷菜单中选择"合并单元格"命令，就可以将选中的多个单元格合并成一个，合并前各单元格中的内容将以一列的形式显示在新单元格中。

要将一个单元格拆分，先将光标移至该单元格中，然后单击功能区的"布局"选项卡中"合并"组中的"拆分单元格"按钮 拆分单元格，在弹出的"拆分单元格"对话框中设置要拆分的行数和列数，最后单击"确定"按钮即可。原有单元格中的内容将显示在拆分后的首个单元格中。

如果要将一个表格拆分成两个，先将光标定位到拆分分界处（即第二个表格的首行上），再单击功能区的"布局"选项卡中"合并"组中的"拆分表格"按钮，即完成了表格的拆分。

4. 插入行或列

要在表格中插入新行或新列，只需先将光标定位到要在其周围加入新行或新列的那个单元格，再根据需要选择功能区的"布局"选项卡中"行和列"组中的命令按钮，单击"在上方插入"按钮或"在下方插入"按钮可以在单元格的上方或下方插入一个新行，单击"在左侧插入"按钮或"在右侧插入"按钮可以在单元格的左侧或右侧插入一个新列。

在此，对表3.1进行修改，为其插入一个"平均分"行和一个"总成绩"列得到表3.2。

表3.2　　　　　　　　　　　　插入新行和列的成绩表

姓　　名	英　　语	计　算　机	高　　数	总　成　绩
李明	86	80	93	
王芳	92	76	89	
张楠	78	87	88	
平均分				

5. 删除行或列

要删除表格中的某一列或某一行，先将光标定位到此行或此列中的任一单元格中，再单击功能区的"布局"选项卡中"行和列"组中的"删除"按钮，在弹出的下拉框中根据需要单击相应选项即可。若要一次删除多行或多列，则需将其都选中，再执行上述操作。需要注意的是，选中行或列后直接按<Del>键只能删除其中的内容而不能删除行或列。

6. 更改单元格对齐方式

单元格中文字的对齐方式一共有9种，默认的对齐方式是靠上左对齐。要更改某些单元格的文字对齐方式，先选中这些单元格，再单击功能区的"布局"选项卡，在"对齐方式"组中可以看到 9 个小的图例按钮，根据需要的对齐方式单击某个按钮即可。在此，将表 3.2 中的所有内容都设置为水平和垂直方向上都居中，得到表 3.3。

表 3.3　　　　　　　　　　　　　　对齐设置后的成绩表

姓　　名	英　　语	计 算 机	高　　数	总　成　绩
李明	86	80	93	
王芳	92	76	89	
张楠	78	87	88	
平均分				

7. 绘制斜线表头

在创建一些表格时，需要在首行的第一个单元格中分别显示出行标题和列标题，有时还需要显示出数据标题，这就需要通过绘制斜线表头来进行制作。

要为表 3.3 创建表头，可以通过以下步骤来实现：

① 将光标定位在表格首行的第一个单元格当中，并将此单元格的尺寸调大；

② 单击功能区的"设计"选项卡，在"边框"组的"边框"按钮下拉框中选择"斜下框线"选项即可在单元格中出现一条斜线；

③ 在单元格中的"姓名"文字前输入"科目"后按回车键；

④ 调整两行文字在单元格中的对齐方式分别为"右对齐""左对齐"，完成设置后如表 3.4 所示。

表 3.4　　　　　　　　　　　　插入斜线表头后的成绩表

科　　目 姓　　名	英　　语	计 算 机	高　　数	总　成　绩
李明	86	80	93	
王芳	92	76	89	
张楠	78	87	88	
平均分				

3.4.4　美化表格

1. 修改表格框线

如果要对已创建表格的框线颜色或线型等进行修改，先选中要更改的单元格，若是对整个表格进行更改，将光标定位在任一单元格均可，之后切换到功能区的"设计"选项卡，单击"边框"组中的"边框"按钮下拉框中的"边框和底纹"项，在弹出的"边框和底纹"对话框中分别选择边框的样式、颜色和宽度，根据需要在该对话框的右侧"预览"区中选择上、下、左、右等图示按钮将该种设置应用于不同边框，设置完成后单击"确定"按钮。

2. 添加底纹

为表格添加底纹，先选中要添加底纹的单元格，若是为整个表格添加，则需选中整个表格，之后切换到功能区的"设计"选项卡，单击"表格样式"组中的"底纹"按钮下拉框中的颜色即可。

将表 3.4 进行边框和底纹修饰后的效果如表 3.5 所示。

表 3.5　　　　　　　　　　　　　　边框和底纹设置后的成绩表

科　目　　姓　名	英　语	计　算　机	高　数	总　成　绩
李明	86	80	93	259
王芳	92	76	89	
张楠	78	87	88	
平均分				

3.4.5　表格转换为文本

要把一个表格转换为文本，先选择整个表格或将光标定位到表格中，再单击功能区的"布局"选项卡"数据"组中的"转换为文本"按钮  ，在弹出的"表格转换成文本"对话框中选择分隔单元格中文字的分隔符，之后单击"确定"按钮即可将表格转换成文本。

3.4.6　表格排序与数字计算

1．表格中数据的计算

在 Word 2013 中，可以通过在表格中插入公式的方法来对表格中的数据进行计算。例如，要计算表 3.4 中李明的总成绩，首先将光标定位到要插入公式的单元格中，然后单击功能区"布局"选项卡中"数据"组中的"公式"按钮 *fx* 公式，弹出如图 3.24 所示的"公式"对话框。在对话框的"公式"框中已经显示出了公式"= SUM（LEFT）"，由于要计算的正是公式所在单元格左侧数据之和，所以此时不需更改，直接单击

图 3.24　"公式"对话框

"确定"按钮就会计算出李明的总成绩并显示。若要计算英语课程的平均成绩，将光标定位到要插入公式的单元格中之后，再重复以上操作，也会弹出"公式"对话框，只是此时"公式"框中显示的公式是"= SUM（ABOVE）"，由于要计算的是平均成绩，所以此时要使用的计算函数是"AVERAGE"，将"公式"框中的"SUM"修改为"AVERAGE"或者通过"粘贴函数"下拉框选择"AVERAGE"函数，在"编号格式"下拉框中选择数据显示格式为保留两位小数"0.00"，然后单击"确定"按钮就可计算并显示英语课程的平均成绩。以相同方式计算其余数据，结果如表 3.6 所示。

表 3.6　　　　　　　　　　　　　　公式计算后的成绩表

科　目　　姓　名	英　语	计　算　机	高　数	总　成　绩
李明	86	80	93	259
王芳	92	76	89	257
张楠	78	87	88	253
平均分	85.33	81.00	90.00	256.33

2．表格中数据的排序

要对表格排序，首先要选择排序区域，如果不选择，则默认是对整个表格进行排序。如果要将表 3.6 按"总成绩"进行升序排序，则要选择表中除"平均分"以外的所有行，之后单击功能

区"布局"选项卡中"数据"组中的"排序"按钮，打开如图 3.25 所示的"排序"对话框。

图 3.25　"排序"对话框

在"主要关键字"下拉框中选择"总成绩"选项，则"类型"框的排序方式自动变为"数字"，再选择"升序"排序，根据需要用同样的方式设置"次要关键字"以及"第三关键字"。在对话框底部，选择表格是否有标题行。如果选择"有标题行"选项，那么顶行条目就不参与排序，并且这些数据列将用相应标题行中的条目来表示，而不是用"列 1""列 2"等方式表示；选择"无标题行"选项则顶行条目将参与排序，此时选择"有标题行"选项，再单击"选项"按钮微调排序命令，如排序时是否区分大小写等，设置完成后单击"确定"按钮就完成了排序，结果如表 3.7 所示。

表 3.7　　　　　　　　　　　　按"总成绩"升序排序后的成绩表

科目 姓名	英　语	计　算　机	高　数	总　成　绩
张楠	78	87	88	253
王芳	92	76	89	257
李明	86	80	93	259
平均分	85.33	81.00	90.00	256.33

3.5　图　文　混　排

要想使文档具有很好的美观效果，仅仅通过编辑和排版是不够的，有时还需要在文档中适当的位置放置一些图片并对其进行编辑修改以增加文档的美观程度。在 Word 2013 中，为用户提供了功能强大的图片编辑工具，无需其他专用的图片工具，即能完成对图片的插入、剪裁和添加图片特效，也可以更改图片亮度、对比度、颜色饱和度和色调等，能够轻松、快速地将简单的文档转换为图文并茂的艺术作品。通过新增的去除图片背景功能还能方便地移除所选图片的背景。

3.5.1　插入图片

在文档中插入图片的步骤如下：

① 将光标定位到文档中要插入图片的位置；

② 单击功能区"插入"选项卡中"插图"组中的"图片"按钮，打开"插入图片"对话框；

③ 找到要选用的图片并选中；

④ 单击"插入"按钮即可将图片插入到文档中。

值得一提的是，Word 2013 提供了插入联机图片的新功能，可以从在线照片服务网站中直接添加用户需要的图片，而无须首先将它们保存到计算机。方法是将上面插入图片的步骤②改为：单击功能区"插入"选项卡中"插图"组中的"联机图片"按钮，打开"插入图片"对话框，在"搜索必应"文本框中输入搜索内容，单击文本框右边的"搜索"按钮，页面会跳转到搜索网站进行搜索，选中合适的搜索结果图片插入即可。当然，插入联机图片功能需要计算机连接 Internet 支持。

值得注意的是，在 Office 2013 中，所谓的剪贴画指的是一些*.WMF、*.EPS 或*.GIF 格式的图片，Word 2013 "插入"选项卡的"插图"组中不再提供"剪贴画"按钮，需要插入剪贴画，方法和上面介绍的插入"联机图片"类似，也是单击"联机图片"按钮，从 Office.com 上直接搜索使用即可。

插入 Word 文档中的图片可以根据需要移动位置。把鼠标移动到图片上，鼠标指针会变成四向箭头的十字，这时单击鼠标左键拖动图片，就可以把图片移动到任意位置。Word 2013 还提供了移动图片时实时预览的新功能。在页面上拖动图片时，文本围绕图片移动，使用户可以实时预览新布局，Word 同时尝试将图片与此段落顶部对齐，并在对齐时出现绿色的实线进行提示。需要注意的是，当图片的环绕方式为嵌入式时，移动图片会变得不太流畅。更改图片环绕方式将在下面讲解。

图片插入到文档中后，四周会出现 8 个蓝色的控制点，把鼠标移动到控制点上，当鼠标指针变成双向箭头时，拖动鼠标可以改变图片的大小。同时功能区中出现用于图片编辑的"格式"选项卡，如图 3.26 所示，在该选项卡中有"调整""图片样式""排列"和"大小"4 个组，利用其中的命令按钮可以对图片进行亮度、对比度、位置以及环绕方式等设置。

图 3.26　图片工具

在"调整"组中有许多图片编辑的功能按钮，通过这些功能可以为图片设置艺术效果、图片修正、自动消除图片背景等。通过对图片应用艺术效果，如铅笔素描、线条图形、水彩海绵、马赛克气泡、蜡笔平滑等，可使其看起来更像素描、绘图或绘画作品。通过微调图片的颜色饱和度、色调将使其具有引人注目的视觉效果，调整亮度、对比度、锐化和柔化，或重新着色能使其更适合文档内容。通过将图片背景去除能够更好地突出图片主题。要对所选图片进行以上设置，只需在图 3.26 中单击相应的设置按钮，在弹出的下拉框中进行选择即可。需要注意的是，在为图片删除背景时，单击"删除背景"按钮，会显示出"背景消除"选项卡，如图 3.27 所示，Word 2013 会自动在图片上标记出要删除的部分，一般用户还需要手动拖动标记框周围的调整按钮进行设置，之后通过"标记要保留的区域" 按钮或"标记要删除的区域"按钮修改图片的边缘效果，完成设置后单击"保留更改"按钮就会删除所选图片的背景。如果用户想恢复图片到未设置前的样式，单击图 3.26 中的"重设图片"按钮 即可。通过"图片样式"组不仅可以将图片设置成该组中预设好的样式，还可以根据自己的需要通过"图片边框""图片效果"和"图片版式"3 个下拉按钮对图片进行自定义设置，包括更改图片的边框以及阴影、发光、三维旋转等效果的设置，将图片转换为 SmartArt 图形等。

对于图片来说，将其插入到文档中后，一般都要进行环绕方式设置，这样可以使文字与图片以不同的方式显示。选中图片后单击图 3.26 所示的"排列"组中的"自动换行"按钮，在弹出的下拉框中根据需要进行选择即可。

Word 2013 提供了屏幕截图功能，能将屏幕截图即时插入到文档中。单击功能区的"插入"选项卡中"插图"组中的"屏幕截图"按钮，在弹出的下拉框"可用视窗"中可以看到所有已经开启的窗口缩略图，如图 3.28 所示，单击任意一个窗口即可将该窗口完整的截图并自动插入到文档中。如果只想要截取屏幕上的一小部分，选择图 3.28 中的"屏幕剪辑"选项，然后在屏幕上通过鼠标拖动选取想要截取的部分即可将选取内容以图片的形式插入到文档中。在添加屏幕截图后，可以像编辑一般图片一样，使用图片工具"格式"选项卡对截图进行编辑或修改。

图 3.27　"背景消除"选项卡　　　　　　　　图 3.28　"屏幕截图"下拉框

3.5.2　插入艺术字

艺术字是具有特殊效果的文字，用户可以在文档中插入 Word 2013 艺术字库中所提供的任一效果的艺术字。

在文档中插入艺术字的步骤如下：

① 将光标定位到文档中要显示艺术字的位置；

② 单击功能区"插入"选项卡中"文本"组中的"艺术字"按钮，在弹出的艺术字样式框中选择一种样式；

③ 在文本编辑区中"请在此放置您的文字"框中输入文字即可。

艺术字插入文档中后，功能区中会出现用于艺术字编辑的绘图工具"格式"选项卡，如图 3.29 所示，利用"形状样式"组中的命令按钮可以对显示艺术字的形状进行边框、填充、阴影、发光、三维效果等设置。利用"艺术字样式"组中的命令按钮可以对艺术字进行边框、填充、阴影、发光、三维效果和转换等设置。与图片一样，也可以通过"排列"组中的"自动换行"按钮下拉框对其进行环绕方式的设置。

图 3.29　绘图工具

3.5.3　绘制图形

Word 2013 提供了很多自选图形绘制工具，其中包括各种线条、矩形、基本形状（圆、椭圆以及梯形等）、箭头和流程图等。插入自选图形的步骤如下：

① 单击功能区"插入"选项卡中"插图"组中的"形状"按钮，在弹出的形状选择下拉框中选择所需的自选图形；

② 移动鼠标到文档中要显示自选图形的位置，这时光标会显示一个实心的"十"字形状，按下鼠标左键并拖动至合适的大小后松开即可绘出所选图形。

自选图形插入文档后，在功能区中显示出绘图工具"格式"选项卡，与编辑艺术字类似，也可以对自选图形更改边框、填充色、阴影、发光、三维旋转以及文字环绕等设置。

3.5.4　插入 SmartArt 图形

使用 Word 2013 中的"SmartArt"工具，可以非常方便地在文档中插入用于演示流程、层次结构、循环或者关系的 SmartArt 图形，帮助用户制作出精美的文档图表对象。

在文档中插入 SmartArt 图形的步骤如下：

① 将光标定位到文档中要显示图形的位置；

② 单击功能区"插入"选项卡中"插图"组中的"SmartArt"按钮 ，打开"选择 SmartArt 图形"对话框，选择合适的 SmartArt 图形类别插入即可。

3.5.5　插入文本框

文本框是存放文本的容器，也是一种特殊的图形对象。插入文本框的步骤如下：

① 单击功能区"插入"选项卡中"文本"组中的"文本框"按钮，弹出如图 3.30 所示的下拉框；

图 3.30　"文本框"按钮下拉框

② 如果要使用已有的文本框样式，直接在"内置"栏中选择所需的文本框样式即可；

③ 如果要手工绘制文本框，选择"绘制文本框"选项；如果要使用竖排文本框，选择"绘制竖排文本框"选项；进行选择后，鼠标指针在文档中变成"十"字形状，将鼠标移动到要插入文本框的位置，按下鼠标左键并拖动至合适大小后松开即可；

④ 在插入的文本框中输入文字。

文本框插入文档后，在功能区中显示出绘图工具"格式"选项卡，文本框的编辑方法与艺术字类似，可以对其及其上文字设置边框、填充色、阴影、发光、三维旋转等。若想更改文本框中的文字方向，单击"文本"组中的"文字方向"按钮，在弹出的下拉框中进行选择即可。

3.6　文档页面设置与打印

通过前面的介绍，读者已经可以制作一篇图、文、表混排的精美文档了，但是为了使文档具有较好的输出效果，还需要对其进行页面设置，包括页眉和页脚、纸张大小和方向、页边距、页码等。此外，还可以选择是否为文档添加封面以及是否将文档设置成稿纸的形式。设置完成之后，还可以根据需要选择是否将文档打印输出。

3.6.1　设置页眉与页脚

页眉和页脚中含有在页面的顶部和底部重复出现的信息，可以在页眉和页脚中插入文本或图形，如页码、日期、公司徽标、文档标题、文件名或作者名等。页眉与页脚只能在页面视图下才可以看到，在其他视图下无法看到。

设置页眉和页脚的步骤如下：

① 切换至功能区的"插入"选项卡；

② 要插入页眉，单击"页眉和页脚"组中的"页眉"按钮，在弹出的下拉框中选择内置的页眉样式或者选择"编辑页眉"项，之后输入页眉内容；

③ 要插入页脚，单击"页眉和页脚"组中的"页脚"按钮，在弹出的下拉框中选择内置的页脚样式或者选择"编辑页脚"项，之后输入页脚内容。

在进行页眉和页脚设置的过程中，页眉和页脚的内容会突出显示，而正文中的内容则变为灰色，同时在功能区中会出现用于编辑页眉和页脚的"设计"选项卡，如图 3.31 所示。通过"页眉和页脚"组中的"页码"按钮下拉框可以设置页码出现的位置，并且还可以设置页码的格式；通过"插入"组中的"日期和时间"命令按钮可以在页眉或页脚中插入日期和时间，并可以设置其显示格式；通过单击"文档部件"下拉框中的"域"选项，在之后弹出的"域"对话框中的"域名"列表框中进行选择，从而可以在页眉或页脚中显示作者名、文件名以及文件大小等信息。通过"选项"组中的复选框可以设置首页不同或奇偶页不同的页眉和页脚。编辑完页眉和页脚以后，可以单击图 3.31 中的"关闭"组中"关闭页眉和页脚"按钮，结束页眉和页脚编辑状态，返回到正文编辑状态。这时和刚才相反，页眉和页脚的内容变成了灰色，正文部分则正常显示，处于可编辑状态。也可以通过双击正文部分内容或页眉页脚部分内容在正文编辑和页眉页脚编辑状态之间切换。

图 3.31　页眉和页脚工具

3.6.2　设置纸张大小与方向

通常在进行文字编辑排版之前，就要先设置好纸张大小以及方向。切换至"页面布局"选项卡，单击"页面设置"组中的"纸张方向"按钮，直接在下拉框中选择"纵向"或"横向"选项；单击"纸张大小"按钮，可以在下拉框中选择一种已经列出的纸张大小，或者单击"其他页面大小"选项，在之后弹出的"页面设置"对话框中进行纸张大小的选择。

3.6.3 设置页边距

页边距是页面四周的空白区域，要设置页边距，先切换到"页面布局"选项卡，单击"页面设置"组中"页边距"按钮，选择下拉框中已经列出的页边距设置，也可以单击"自定义边距"选项，在之后弹出的"页面设置"对话框中进行设置，如图 3.32 所示。在"页边距"区域中的"上""下""左""右"数值框中输入要设置的数值，或者通过数值框右侧的上下微调按钮进行设置。如果文档需要装订，则可以在该区域中的"装订线"数值框中输入装订边距，并在"装订线位置"框中选择是在左侧还是上方进行装订。

图 3.32 "页面设置"对话框

3.6.4 设置文档封面

要为文档创建封面，用户可以单击功能区"插入"选项卡中"页面"组中的"封面"按钮，在弹出的下拉框中单击选择所需的封面即可在文档首页插入所选类型的封面，之后在封面的指定位置输入文档标题、副标题等信息即可完成封面的创建。

3.6.5 稿纸设置

如果用户想将自己的文档设置成稿纸的形式，可以单击功能区的"页面布局"选项卡中"稿纸"组中的"稿纸设置"按钮，在之后弹出的对话框中根据需要设置稿纸的格式、网格行列数、网格颜色以及纸张大小等，再单击"确认"按钮就可以将当前文档设置成稿纸形式。

3.6.6 打印预览与打印

Word 2013 将打印预览、打印设置及打印功能都融合在了"文件"菜单的"打印"命令面板。该面板分为两部分，左侧是打印设置及打印，右侧是打印预览，如图 3.33 所示。

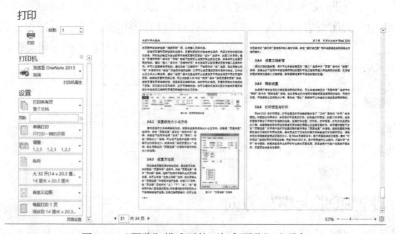

图 3.33 "预览"模式下的"打印预览"选项卡

在图 3.33 中左侧面板整合了所有打印相关的设置，包括打印份数、打印机、打印范围、打印方向及纸张大小等，也能根据右侧的预览效果进行页边距的调整以及设置双面打印，还可通过面板下方的"页面设置"打开用户在打印设置过程中最常用的"页面设置"对话框。在右侧面板中能看到当前文档的打印预览效果，通过预览区下方左侧的翻页按钮能进行前后翻页预览，调整右侧的滑块能改变预览视图的大小。在 Word 早期版本中，用户需要在修改文档后，通过"打印预览"选项打开打印预览功能，而在 Word 2013 中，用户无需进行以上操作，只要打开"打印"命令面板，就能直接显示出实际打印出来的页面效果，并且当用户对某个设置进行更改时，页面预览也会自动更新。

在 Word 2013 中，打印文档可以边进行打印设置边进行打印预览，设置完成后直接可以一键打印，大大简化了打印工作，节省了时间。

由于篇幅有限，Word 2013 的很多功能在此没有讲到，有兴趣的读者可以查阅帮助或相关书籍。

习　题　3

一、选择题

1. Word 2013 文件默认的扩展名是（　　　）。

　　A．.doc　　　　　　B．.docx　　　　　　C．.dot　　　　　　D．.dotx

2. Word 2013 的新增功能是（　　　）。

　　A．背景移除　　　B．屏幕截图　　　　C．插入图表　　　D．联机图片和视频

3. 将文档进行分两栏设置完成后，只有在（　　）视图下才能显示。

　　A．大纲　　　　　B．Web 版式　　　　C．页面　　　　　D．阅读

4. 在 Word 编辑状态下，若要调整段落左右边界，直接、快捷的方法是使用（　　　）。

　　A．工具栏　　　　B．标尺　　　　　　C．样式和格式　　D．格式栏

5. 在 Word 2013 的（　　　）选项卡中，可以为所选中文字设置文字艺术效果。

　　A．开始　　　　　B．插入　　　　　　C．页面布局　　　D．引用

6. 在 Word 编辑状态下，利用键盘上的（　　　）键可以在插入和改写两种状态间切换。

　　A．Delete　　　　B．Backspace　　　　C．Insert　　　　D．Home

7. 通过 Word 2013 开了一个文档并做了修改，之后执行关闭文档操作，则（　　　）。

　　A．文档被关闭，并自动保存修改后的内容

　　B．文档被关闭，修改后的内容不能保存

　　C．弹出对话框，并询问是否保存对文档的修改

　　D．文档不能关闭，并提示出错

8. 样式和模板是 Word 的高级功能，其中样式包括（　　　）格式信息。

　　A．字体　　　　　B．段落缩进　　　　C．对齐方式　　　D．以上都是

9. 对于 Word 中表格的叙述，正确的是（　　　）。

　　A．不能删除表格中的单元格　　　　　B．表格中的文本只能垂直居中

　　C．可以对表格中的数据排序　　　　　D．不可以对表格中的数据进行公式计算

10. 在 Word 文档中插入的图片默认使用（　　　）环绕方式。

　　A．四周型　　　　B．紧密型　　　　　C．嵌入型　　　　D．上下型

二、简答题

1. 简述 Word 2013 口基本组成及各部分主要功能。

2. 简述利用格式刷进行格式复制的操作步骤。

第4章
电子表格 Excel 2013

Excel 2013 是微软办公软件 Office 2013 中的一个重要组成部分，可以进行各种数据处理、统计分析和辅助决策操作，是功能强大的电子表格处理软件，广泛应用于管理、统计财经、金融等众多领域。随着 Office 的不断发展，Excel 也具有越来越友好的人机界面，越来越强大的制作图表功能，并且还可以用来制作网页。本章重点介绍 Excel 2013 的常用基本操作，包括工作表的编辑、数据处理和图表制作等方面的知识。

【知识要点】
● Excel 2013 数据输入；
● Excel 2013 工作表格式化；
● Excel 2013 公式与函数；
● Excel 2013 数据管理；
● Excel 2013 图表制作；
● Excel 2013 工作表打印输出。

4.1　Excel 2013 基础

随着 Excel 版本的升级，利用它可以进行跟踪数据、生成数据分析模型、编写公式对数据进行计算、以多种方式透视数据、以各种具有专业外观的图表来显示数据，这些功能是非一般办公软件中的表格能比的。

4.1.1　Excel 2013 的新功能

Excel 2013 有以下新功能。

① 揭示数据背后隐藏的见解：使用"快速填充"功能从导入的信息中轻松提取所需的内容，并使用"推荐的数据透视表"快速执行复杂的分析。

② 推荐的数据透视表：Excel 2013 汇总用户的数据并提供各种数据透视表选项的预览，让用户选择最能体现其观点的数据透视选项。

③ 快速填充：这是重新设置数据格式并重新整理数据的简单方式，Excel 2013 可学习并识别用户的模式，然后自动填充剩余的数据，而不需要使用公式或宏。

④ 推荐的图表：让 Excel 2013 推荐能够最好展示用户数据模式的图表，快速预览图表和图形选项，然后选择最适合的选项。

⑤ 快速分析透镜，探索各种方法来直观展示用户的数据，当用户对所看到的模式感到满意时，只需单击一次即可应用格式设置、迷你图、图表和表。

⑥ 图表格式设置控件：快速简便地优化用户的图表、更改标题、布局和其他图标元素，所有这一切都通过一个新的交互更佳的界面来完成。

⑦ 简化共享：默认情况下，用户的工作簿在线保存到 SkyDrive 或 SharePoint，向每个人发送一个指向同一个文件的链接以及查看和编辑权限，此时每个人都能看到最新版本了。

⑧ 发布到社交网格：只需在社交网格页面上嵌入电子表格中的所选部分，即可以在 Web 上共享这部分内容。

⑨ 联机演示：通过 Lync 会话或会议与他人共享工作簿并进行协作，还可以让他人掌控您的工作簿。

4.1.2　Excel 2013 的启动与退出

1. 启动

如果要启动中文 Eexcel 2013，可以用下列方法之一。

① 单击"开始"|"所有程序"|"Microsoft Office"|"Microsoft Excel 2013"命令，即可启动 Excel 2013。

Excel 2013 与以往的版本不同，启动后即可打开带有许多模板的"打开工作簿"窗口，其设计可使用户快速获得具有专业外观的结果，如图 4.1 所示。

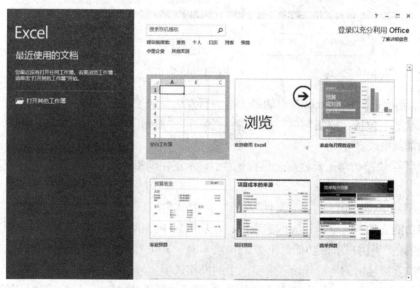

图 4.1　Excel 2013 打开的工作簿窗口

在这个窗口里，左边有"最近使用的文档"栏，显示最近使用的 Excel 文档，单击会进入相应工作簿。下面是"打开其他工作簿"按钮，可以新建工作簿或在计算机的其他存储位置打开工作簿。

窗口右边显示多种工作簿模板，使用者也可用上面的搜索窗口搜索工作簿类型，单击窗口右上角的"？"按钮，进入 Excel 的帮助窗口。

② 双击任意一个 Excel 文件，Excel 就会启动并且打开相应的文件。

③ 双击桌面快捷方式也可进入"打开工作簿窗口"。

2. 退出

如果要退出中文 Excel 2013，可以用下列方法之一。

① 选择窗口左上角的控制菜单按钮，选择"关闭"命令。

② 按 < Alt > + < F4 > 组合键。

③ 单击 Excel 2013 标题栏右上角的"关闭"按钮 ✕。

4.1.3 Excel 2013 的窗口组成

Excel 2013 提供了全新的应用程序操作界面，其窗口组成如图 4.2 所示。

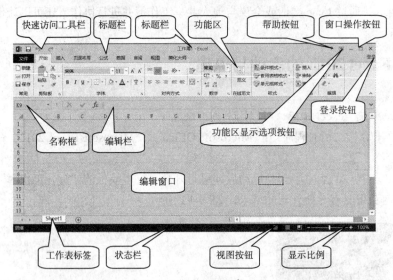

图 4.2　Excel 2013 窗口

① 快速访问工具栏：Excel 窗口的最上面一行左边是快速访问工具栏，显示多个常用的工具按钮，默认状态下包括"控制菜单"按钮 Ⅺ、"保存""撤销""恢复"等按钮。用户也可以根据需要进行添加或更改。

② 标题栏：快速访问工具栏右边是标题栏，显示正在编辑的工作表的文件名以及所使用的软件名。

③ 选项卡：Excel 2013 包括"文件""开始""插入""页面布局""公式""数据""审阅""视图"等常用功能选项卡，单击相应的选项卡，在功能区中提供了不同的操作设置选项。

④ 功能区：当用户单击功能区上方的选项卡时，即可打开相应的功能区选项。进入 Excel 窗口后，窗口直接显示的是"开始"选项卡中的操作选项。与以往 Excel 不同的是，单击"文件"出现的窗口如图 4.3 所示。在此窗口可以实现"信息""新建""打开""保存""另存为""打印""共享""导出""关闭""帐户""选项"等项目。其中"信息"项可实现"保护工作簿""检查工作簿""版本""浏览器视图选项"等功能。

⑤ 窗口操作按钮：位于整个窗口的右上角，用于设置窗口的最大化、最小化或关闭窗口。

⑥ 登录按钮：位于窗口右上角，登录到 Office 2013 后，可以联机保存 Office 文件，以便从几乎任何位置访问它们并与任何人共享也可以从任意位置访问自己的主题和设置，可以随时随地处理工作。如果已经登录，窗口右上角会显示用户。

⑦ 功能区显示选项按钮：用于设置自动隐藏功能区、显示选项卡、隐藏选项卡和命令。

⑧　帮助按钮：用于打开 Excel 的帮助文件。

⑨　名称框：位于功能区下方、工作表的左上角，显示当前所在单元格或单元格区域的名称或引用。

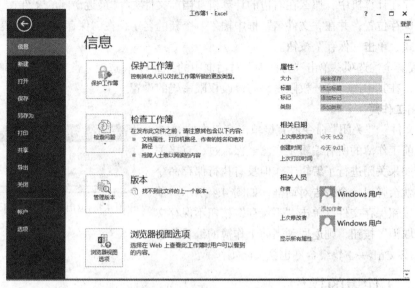

图 4.3　"文件"菜单功能

⑩　编辑栏：在名称栏的右侧，可直接在此向当前所在单元格输入数据内容；在单元格输入数据时也会同时在此显示。

⑪　编辑窗口：显示正在编辑的工作表。工作表由行和列组成。用户可以输入或编辑数据。工作表中的方格称为"单元格"。

⑫　工作表标签：在编辑窗口下面，新建一个工作簿，系统自动建立一个工作簿"Sheet1"，单击右侧的"+"号按钮，可以实现增加新的工作表功能。工作表标签左侧的向左与向右按钮可以实现切换到其他工作簿表。

⑬　状态栏：在整个窗口最下一行左边，显示当前的状态信息，如输入状态、就绪状态。

⑭　视图按钮：包括"普通"视图、"页面布局"视图和"分页预览"视图，单击想要显示的视图类型按钮即可切换到相应的视图方式下，对工作表进行查看。

⑮　显示比例：用于设置工作表区域的显示比例，拖动滑块可进行方便快捷的调整。

4.1.4　工作簿的操作

1．新建工作簿

单击"文件"|"新建"命令，进入新建工作簿窗口，可以选择一种模板，也可以新建一个空白工作簿。Excel 2013 是一个工作簿一个窗口。

2．打开工作簿

单击"文件"|"打开"命令，在出现的窗口中可以打开最近使用的、OneDrive、计算机及添加位置中的工作簿。

3．保存工作簿

当完成对一个工作簿文件的建立、编辑后，就可将文件保存起来，步骤如下。

① 单击"文件"|"保存"命令，若该文件已保存过，可直接将工作簿保存起来。

② 若为一新文件，将会弹出一个"另存为"窗口，可以选择保存在 OneDrive、计算机、添加位置中。如果选择保存在 OneDrive，那么在要求登录的对话框中输入 Office 账户电子邮件地址，如果选择保存在计算机中，那么在右边的计算机"当前文件夹""最近访问的文件夹"或"浏览"中选定一个保存位置，并在"文件名"框中输入一个新的名字，在"保存类型"列表框中选择保存的文件格式，单击"保存"按钮。

③ 设置安全性选项：单击"另存为"对话框中的"工具"，选定"常规选项"，弹出"常规选项"对话框，在其中进行打开权限密码与修改权限密码的设置。

4. 关闭工作簿

单击"文件"|"关闭"命令或直接单击窗口中的 ❌ 按钮，如果当前工作簿的所有编辑工作已经保存过，直接关闭工作簿；如果关闭进行了编辑工作但没有执行保存命令的工作表，就会弹出一个警告对话框，如图 4.4 所示。单击"保存"按钮保存文件，单击"不保存"按钮不保存文件，单击"取消"按钮，则返回到当前工作簿的编辑状态。

图 4.4　退出 Excel 2013 工作簿对话框

另外，按<Ctrl>+<F4>组合键也会关闭工作簿。

4.1.5　工作表的操作

1. 选定工作表

要选定单个工作表，只需要将其变成当前活动工作表，即在其工作表标签上单击。

当选定多个工作表时，工作簿标题栏内就会出现"工作组"字样，这时，在其中任意一个工作表内的操作都将同时在所有所选的工作表中进行。选定多个工作表的方法如下。

① 要选定两个或多个相邻的工作表，先单击该组中第一个工作表标签，然后按住 < Shift > 键，并单击该组中最后一个工作表标签。

② 要选定两个或多个非相邻的工作表，先单击第一个工作表标签，然后按住 < Ctrl > 键，并单击其他的工作表标签。

③ 要选定全部的工作表，执行工作表标签快捷菜单上的"选定全部工作表"命令即可。

④ 要取消多个工作表的选定，在任意一个工作表标签上单击，或选择工作表标签快捷菜单上的"取消组合工作表"命令。

2. 工作表重命名

在创建新的工作簿时，所有的工作表以 Sheet1、Sheet2 等命名，为了区分和更好地标识工作表，可用以下两种方法对工作表重命名：

① 双击要重新命名的工作表标签，输入新名字后按回车键即可；

② 用鼠标右键单击某工作表标签，从快捷菜单中选择"重命名"命令。

3. 移动工作表

单击要移动或复制的工作表标签，拖动到需要移动的位置释放即可。

4. 复制工作表

在需要复制的工作表标签上单击鼠标右键，在弹出的快捷菜单中单击"移动或复制"选项，在弹出"移动或复制工作表"对话框勾选"建立副本"复选框，再在"下列选定工作表之前"列表框中单击需要移动到其位置之前的选项，单击"确定"按钮即可。或单击需要复制的工作表标签，按住＜Ctrl＞键再拖动到新位置完成工作表的复制，拖动时标签行上方出现一个小黑三角形，指示当前工作表所要插入的新位置。

5. 插入工作表

选定新工作表插入位置之前的一个工作表，单击鼠标右键，选择"插入"命令，弹出"插入"对话框如图 4.5 所示，单击"工作表"图标并单击"确定"按钮。除插入工作表外，在此对话框中还可以选择插入 Excel 的其他元素。

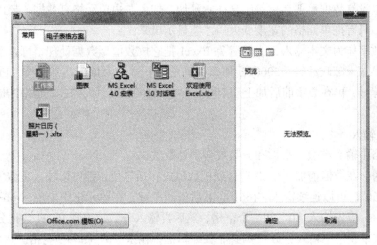

图 4.5 "插入"对话框

6. 删除工作表

选定要删除的工作表标签，单击鼠标右键，选择"删除"命令，在出现的对话框中进一步确认要删除工作表的操作。

4.2 Excel 2013 的数据输入

在 Excel 的单元格中可以输入多种类型的数据，如文本、数值、日期、时间等。常用的有以下几种类型的数据。

① 字符型数据。在 Excel 中，字符型数据包括汉字、英文字母、空格等。

② 数值型数据。数值是指能用来计算的数据。在 Excel 中，数值型数据包括 0～9 中的数字以及含有正号、负号、货币符号、百分号等任一种符号的数据。默认情况下，数值自动沿单元格右边对齐。

③ 日期型数据和时间型数据。用来表示日期和时间的数据，有固定的格式表示。

4.2.1 单元格中数据的输入

Excel 2013 支持多种数据类型，向单元格输入数据可以通过以下 3 种方法。

① 单击要输入数据的单元格，使其成为"活动单元格"，然后直接输入数据。

② 双击要输入数据的单元格，单元格内出现光标，此时可定位光标直接输入数据或修改已有数据信息。

③ 单击选中单元格，然后移动鼠标至编辑栏，在编辑栏添加或输入数据。数据输入后，单击编辑栏上的 ✔ 按钮或按回车键确认输入，单击 ✖ 按钮或按 < Esc > 键取消输入。选中单元格后，单击 *fx* 按钮也可以用插入函数的方法为单元格输入内容。

1. 文本的输入

单击需要输入文本文字的单元格直接输入即可，每个单元格最多可容纳 32 000 个字符。默认情况下，字符数据自动沿单元格左边对齐。当输入的字符串超出了当前单元格的宽度时，如果右边相邻单元格里没有数据，那么字符串会往右延伸；如果右边单元格有数据，超出的那部分数据就会隐藏起来，只有把单元格的宽度变大后才能显示出来。

若需将纯数字作为文本输入，为了避免 Excel 把它按数值型数据处理，可以在其前面加上单引号。例如，要输入邮政编码 450002，那么在单元格中输入'450002，然后按 < Enter > 键；也可以先输入一个等号，再在数字前后加上双引号，如= "450002"，那么在单元格中出现的是 450002 并且左对齐。

2. 数值的输入

可向单元格中输入整数、小数和分数或科学计数法。

输入负数时，在数值前加一个 "-" 号或把数值放在括号里，都可以输入负数。例如，要在单元格中输入 "-66"，可以连续输入 "(66)"，然后按回车键，在单元格中出现 "-66"。

输入分数时，应先输入 "0" 和一个空格，然后再输入分数，否则 Excel 会把分数当作日期处理。例如，要在单元格中输入分数 "9/11"，在编辑框中输入 "0" 和一个空格，然后输入 "9/11"，按回车键，单元格中就会出现分数 "9/11"。

3. 日期和时间

在工作表中可以输入各种形式的日期和时间格式的数据内容。在 "开始" 选项卡的 "数字" 列表框中单击 "日期" 选项。也可以在 "设置单元格格式" 对话框中对时间格式进行设置，如图 4.6 所示。

图 4.6　设置数字格式

输入日期时，年、月、日之间要用 "/" 号或 "-" 号隔开，其格式最好采用 YYYY-MM-DD 的形式，如 "2015-03-16" "2015/03/16"。

输入时间时，时、分、秒之间要用冒号隔开，如 "09:31:15"。Excel 中的时间是以 24 小时制表示的，若要以 12 小时制输入时间，请在时间后加一空格并输入 "AM" 或 "PM"（或 "A" 及 "P"），分别表示上午和下午。

若要在单元格中同时输入日期和时间，应先输入日期后输入时间，中间以空格隔开。例如，输入 2015 年 6 月 16 日下午 3 点 8 分，则可用 2015-6-16　3:8 PM 或 2015-6-16　15:8 表示。

在单元格中要输入当天的日期，按 < Ctrl > + < ; > 组合键；输入当前时间，按 < Shift > + < Ctrl > + < ; > 组合键。

4. 批注

在 Excel 2013 中用户可以为单元格输入批注内容，对单元格中的内容作进一步的说明和解释。在选定的活动单元格上单击鼠标右键，选择 "插入批注" 命令；也可以切换到 "审阅" 选项卡下，单击 "批注" 组中的 "新建批注" 按钮，在选定的单元格右侧弹出一个批注框。用户可以在此框中输入对单元格作解释和说明的文本内容。单击 "确定" 按钮后，在单元格的右上角出现一个红色小三角，表示该单元格含有批注。

当含有批注的单元格是活动单元格时，批注会显示在单元格的边上，单击 "审阅" | "编辑批注" 命令可以修改批注；选中单元格，单击鼠标右键，在弹出的快捷菜单中选择 "删除批注" 命令可以删除批注。

4.2.2　自动填充数据

在表格中输入数据时，往往有些栏目是由序列构成的，如编号、序号、星期等，在 Excel 2013 中，序列值不必一一输入，可以在某个区域快速建立序列，实现自动填充数据。

1. 自动重复列中已输入的项目

如果在一个单元格中输入只包含文字或包含文字与数字组合的内容，那么在这个单元格所在的列中的另一个单元格中，只要输入刚才内容的前几个字符，单元格中会自动重复其余内容，此时，若按<Enter>键，自动输入内容结束，如果更改内容，那么继续输入其余字符。但只包含数字、日期或时间的项不能自动完成重复输入。

2. 使用 "填充" 命令填充相邻单元格

（1）实现单元格复制填充

首先选中包含要填充的数据的单元格上方、下方、左侧或右侧的空白单元格，然后在 "开始" 选项卡上的 "编辑" 组中，单击 "填充"，如图 4.7 所示。再选择 "向上" "向下" "向左" 或 "向右"，可以实现单元格某一方向所选相邻区域的复制填充，如图 4.8 所示。

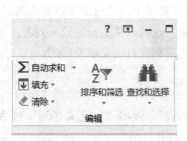

图 4.7　"开始" 选项卡上的 "编辑" 组

图 4.8　"填充" 命令选项

（2）实现单元格序列填充

选定要填充区域的第一个单元格并输入数据序列中的初始值，选定含有初始值的单元格区域，在"开始"选项卡的"编辑"组中，单击"填充"，然后单击"系列"，弹出"序列"对话框，如图4.9所示，其中选项的意义如下。

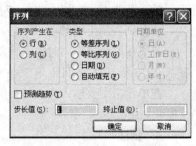

图4.9 "序列"对话框

● 序列产生在：选择行或列，进一步确认是按行或是按列方向进行填充。

● 类型：选择序列类型，若选择"日期"，还必须在"日期单位"框中选择单位。

● 步长值：如果选择是等差序列，指定序列增加或减少的数量，如果选择是等比序列，则是指放大或缩小的倍数，可以输入正数或负数。

● 终止值：输入序列的最后一个值，用于限定输入数据的范围。

3. 使用填充柄填充数据

填充柄是指位于选定区域右下角的小黑方块。将鼠标指向填充柄时，鼠标指针变为黑十字。

对于数字、数字和文本的组合、日期或时间段等连续序列，首先选定包含初始值的单元格，然后将鼠标移到单元格区域右下角的填充柄 上，按下鼠标，在要填充序列的区域上拖动填充柄，在拖动过程中，可以观察到序列的值；松开鼠标，即释放填充柄之后会出现"自动填充选项"按钮，然后选择如何填充所选内容。例如，可以选择"复制单元格"实现数据的复制填充，也可以选择"填充序列"实现数值的连续序列填充。

如果填充序列是不连续的，比如数字序列的步长值不是 1，则需要在选定填充区域的第一个和下一个单元格中分别输入数据序列中的前两个数值作为初始值，两个数值之间的差决定数据序列的步长值，同时选中作为初始值的两个单元格，然后拖动填充柄直到完成填充工作。填充效果如图4.10和图4.11所示。

图4.10 选中单元格并拖动填充柄

图4.11 选择填充格式

4. 使用自定义填充序列填充数据

除了以上几种自动填充序列方式，Excel 2013 还提供了创建自定义填充序列以方便用户使用。自定义填充序列可以基于工作表中已有项目的列表，也可以从头开始输入列表。不能编辑或删除如星期、月份、季度等内置填充序列，但可以编辑或删除自定义填充序列。

具体操作步骤如下：

单击"文件"|"选项"命令，在弹出的 Excel 选项对话框中，选择"高级"|"常规"|"创建用于排序和填充系列的列表"|"编辑自定义列表"，弹出"自定义序列"对话框，如图4.12所示。

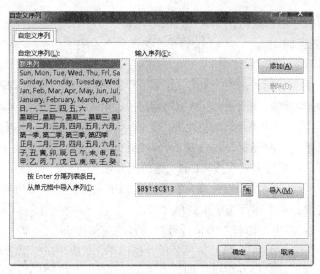

图 4.12 "自定义序列"对话框

单击"自定义序列"框中的"新序列",然后在"输入序列"框中输入要新建的各个项,从第一个项开始,在输入每个项后,按 < Enter > 键;当列表完成后,单击"添加"按钮,然后单击"确定"按钮两次。在工作表中,单击一个单元格,然后在自定义填充序列中输入要用作列表初始值的项目,将填充柄 ⬛ 拖过要填充的单元格即可。

4.3　Excel 2013 工作表的格式化

4.3.1　设置工作表的行高和列宽

Excel 的行高和列宽都可以按需要进行调整以达到用户希望的效果,调整行高和列宽可以用以下两种方法。

1. 使用鼠标调整

将鼠标指向列首两列间隔处单击,此时鼠标指针变成双向左右箭头 ✛,拖动鼠标可以将列宽调整到合适位置。

将鼠标指向行首两行间隔处单击,此时鼠标指针变成双向上下箭头 ✛,拖动鼠标可以将行高调整到合适位置。

若在某格线处双击鼠标,则可将表格中该行(列)调整到能显示当前单元格数据的适当位置处。

2. 使用菜单调整

选定单元格区域,单击"开始"选项卡下"单元格"组中的"格式"按钮,在下拉列表中选择"列宽"或"行高"|"自动调整列宽"或"自动调整行高"选项,分别在对话框中精确设置列宽值和行高值。

4.3.2　单元格的操作

使用 Excel 工作表进行操作,首先要在工作表中输入数据,然后再使用 Excel 命令进行相关数据的操作。在工作表中输入数据，都应先选定单元格。

1. 选定单元格或区域

选定单元格或区域的方法如下。

① 选定单元格：将鼠标指针指向一个单元格然后单击即可选定一个单元格。若要选定连续的多个单元格，单击第一个单元格，按下 <Shift>键的同时单击最后一个单元格，即可选定此两个单元格及之间连续的单元格。若要选定不连续的单元格，按下 < Ctrl >键的同时单击需要选定的各个单元格。

② 选定行：单击行号。将鼠标指针放在需要选定行单元格最左侧的行号位置处，单击即可选定该行单元格。如要选定多行则需要按 < Ctrl >键的同时选定行号。

③ 选定列：单击列号。将鼠标指针放在需要选定列单元格的最上端列号位置处，此时鼠标呈向下的黑色实心箭头状，单击即可选定该列单元格。

④ 选定整个表格：单击工作表左上角行号和列号的交叉按钮，即"全选"按钮。

⑤ 选定矩形区域：在区域左上角的第一个单元格内单击，按住鼠标沿着对角线方向拖动到区域右下角的最后一个单元格，松开鼠标，即可选定一个矩形区域。按住 < Ctrl >键，单击选定的单元格或拖动鼠标选择矩形区域，可选定多个矩形区域。

2. 插入行、列、单元格

在需要插入单元格的位置处单击相应的单元格，选择"开始"选项卡，单击"单元格"组中"插入"下面的下拉列表按钮，出现如图 4.13 所示下拉列表，在列表中单击"插入单元格"选项，弹出"插入"对话框，如图 4.14 所示。选择插入单元格的方式，单击"确定"按钮完成插入操作。插入行、列的操作与插入单元格类似。

图 4.13　插入单元格

图 4.14　"插入"对话框

3. 删除行、列、单元格

单击要删除的单元格，单击"开始"选项卡，单击"单元格"组中"删除"右侧的下拉列表按钮，在展开的列表中单击"删除单元格"选项，弹出"删除"对话框，选择相应的选项，再单击"确定"按钮，单元格即被删除。

如果要删除整行或整列，应先单击相应的行号或列号将其选定，再进行以上操作。

也可在单击相应的行号或列号将其选定后单击鼠标右键通过快捷菜单删除。

如果选定单元格后按<Delete>键，那么只删除单元格中输入的内容，并没有删除单元格。

4. 单元格内容的复制与粘贴

若要对单元格进行复制并粘贴到其他位置，可以采取以下 3 种方法。

① 鼠标移动。选定要复制的单元格，将鼠标指针指向选定单元格的边框上，同时按下 < Ctrl >键，单击鼠标，此时鼠标指针会变成箭头右上方加一个"+"号的形状，拖动选定的单元格到目标位置，释放鼠标，即完成复制此单元格的操作。

② 利用剪贴板完成。单击需要复制内容的单元格，单击"开始"选项卡，单击"剪贴板"组中的"复制"按钮，此按钮旁有下拉按钮，可以选择"复制"和"复制为图片"，如果选择"复制"然后单击目标单元格，再单击"剪贴板"组中"粘贴"，下拉框中有"粘贴""粘贴数值""其他粘贴选项""选择性粘贴"等选项，此时若单击"选择性粘贴"选项，弹出"选择性粘贴"对话框，如图 4.15 所示，选择相应的选项，再单击"确定"按钮，复制即被完成。如果在复制时选择"复制为图片"，出现"复制图片"对话框，如图 4.16 所示，若再单击"选择性粘贴"，会出现如图 4.17所示的对话框，此时将单元格内容作为图片复制粘贴。

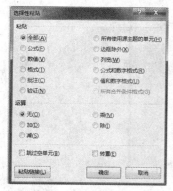
图 4.15　选择性粘贴

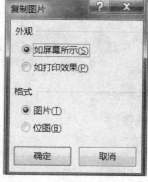
图 4.16　复制图片

图 4.17　选择性粘贴图片模式

③ 用户也可以在需要复制或粘贴的单元格位置处单击鼠标右键，在弹出的快捷菜单中进行以上操作。

5. 清除单元格

选定要清除的单元格，选择"开始"选项卡，在"编辑"组中有个"清除"按钮，单击旁边的下拉按钮，展开的下拉列表如图 4.18 所示，各选项的功能如下。

- 全部清除：清除所选区域中的内容、批注和格式。
- 清除格式：只清除所选区域中的数据格式，而保留数据的内容和批注。
- 清除内容：只清除所选区域中的数据，而保留区域中数据格式，也等同于选中后按 < Delete > 键。

图 4.18　"清除"按钮的下拉菜单

- 清除批注：清除区域的批注信息。
- 删除超链接：如果所选单元格中包含超链接，单击可清除其中的超链接。

4.3.3　设置单元格格式

1. 字符的格式化

选定单元格后，可以通过以下两种方法对其进行相应字体格式的的设置。

（1）使用选项卡字体格式命令。可以直接利用"开始"选项卡下的"字体"列表命令，对字体、字号、字形、字体颜色以及其他对字符的修饰，如图 4.19 所示。

（2）使用"设置单元格格式"对话框。单击"开始"选项卡下的"字体"列表框右下角的向下箭头，以及右键单击

图 4.19　"字体"列表命令

要设置格式的单元格，都可以出现如图4.20所示的"设置单元格格式"对话框。在此对话框中可以对所选单元格中的字符进行字体的格式化设置。

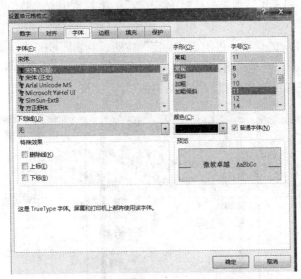

图 4.20 "设置单元格格式"对话框

2. 数字格式化

在 Excel 中数字是最常用的单元格内容，所以系统提供了多种数字格式，当对数字格式化后，单元格中表现的是格式化后的结果，编辑栏中表现的是系统实际存储的数据。

在"开始"选项卡的"数字"组中，提供了5种快速格式化数字的按钮，即货币样式按钮、百分比样式按钮%、千分位分隔按钮、增加小数位数按钮、减少小数位数按钮。设置数字样式时，只要选定单元格区域，单击相应的按钮即可完成，如图4.21所示。当然，也可以通过如图4.22所示的"设置单元格格式"对话框中的"数字"选项卡进行更多更详尽的设置。

图 4.21 数字格式化按钮

图 4.22 "数字"选项卡

3．对齐及缩进设置

默认情况下，在单元格中文本为左对齐，数值为右对齐，特殊对齐方式可通过以下方式进行设置。

① 选定要格式化的单元格或区域。

② 在"开始"选项卡的"对齐方式"组中，选择对齐的选项。在"对齐方式"组中，除了可以设置水平对齐方式和缩进外，还可以设置文本的垂直对齐方式。

③ 单击"对齐方式"组右下角的黑色箭头，打开"设置单元格格式"对话框"对齐"选项卡，可以对单元格进行更多格式化设置。

4．边框和底纹

屏幕上显示的网格线是为用户输入和编辑方便而预设的，在实际打印和预览时，未经设置并不显示出来。为了打印输出时具备网格线，必须对其进行格式设置。

（1）使用选项卡格式命令

选定要格式化的单元格或区域，单击"开始"选项卡下"字体"组中的边框按钮，从弹出的列表中选择所需要的边框位置、线型，也可手绘边框，如图 4.23 所示。

选定要格式化的单元格或区域，单击"开始"选项卡下"字体"组中的填充颜色按钮，从弹出的列表中选择所需的填充颜色。

（2）使用"设置单元格格式"对话框

选定要格式化的单元格区域，单击"开始"选项卡下"单元格"组中的"格式"按钮，在下拉列表中选择"设置单元格格式"选项，弹出"设置单元格格式"对话框，如图 4.24 所示，单击"边框"选项卡，显示关于线型的各种设置。

在"线条"框中，选择一种线型样式，在"颜色"下拉列表中选择一种颜色，在"边框"框中指定添加边框线的位置，此处可设置在单元格中绘制斜线。

在对话框中单击"填充"选项卡，可以设置区域的底纹样式和填充色。

在"背景色"框中可以选择背景颜色，在"图案"列表中可以选择单元格底纹的图案。

图 4.23　添加边框

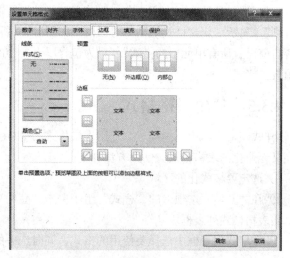

图 4.24　"设置单元格格式"选项卡

（3）合并单元格

在"开始"选项卡的"对齐方式"组中有个"合并后居中"按钮 ，具体使用方法是：选定要合并的单元格，单击"合并后居中"按钮，选定的多个单元格就合并为一个单元格，并且原来单元格中的内容居中排列。如果想撤销，单击"合并后居中"右边的下拉按钮，在出现的下拉框中选择"取消单元格合并"即可。

4.3.4　使用条件格式

条件格式指在 Excel 中有条件地更改单元格区域的外观，这种功能有助于突出显示所关注的单元格或单元格区域，强调异常值。在条件格式中可以使用数据条、颜色刻度和图标集来直观地显示数据。例如，在统计学生成绩时，可以使用条件格式将成绩表中不及格的学生的成绩突出显示出来。

1. 快速条件格式化

选择要改变格式的单元格区域，在"开始"选项卡上的"样式"组中，单击"条件格式"旁边的箭头，单击"突出显示单元格规则"，然后单击"小于"，弹出"小于"条件格式对话框，选择设置为浅红色填充，如图 4.25 所示。不及格的学生成绩项显示效果如图 4.26所示。

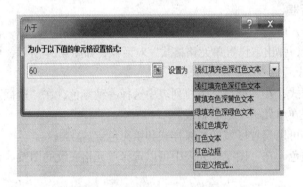

图 4.25　"小于"条件格式对话框　　　　　图 4.26　条件格式后表格格式

2. 高级条件格式化

选择单元格区域，在"开始"选项卡的"样式"组中单击"条件格式"旁边的箭头，单击"新建规则"，显示"新建格式规则"对话框，如图 4.27 所示。这里可设置多种条件格式，包括"基于各自值设置所有单元格的格式""只为包含以下内容的数值设置格式""仅对排名靠前或靠后的数值设置格式"等。

4.3.5　套用表格格式

"样式"命令组中还提供了"套用表格格式"，供用户制定报表时，套用一些已经制作好的既漂亮又专业化的表格格式。使用方法如下。

① 选定要格式化的区域。

② 在"开始"选项卡的"样式"组中单击"套用表格格式"下拉选项，弹出如图 4.28 所示的套用表格格式列表框。

③ 在格式列表框中选择要使用的格式，同时选中的格式出现在示例框中。

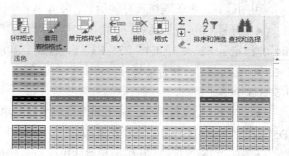

图 4.27　新建格式规则　　　　　　　图 4.28　套用表格格式列表框

4.3.6　使用单元格样式

要在一个步骤中应用几种格式，并确保各个单元格格式一致，可以使用单元格样式。单元格样式是一组已定义的格式特征，如字体和字号、数字格式、单元格边框和单元格底纹。

1.　应用单元格样式

选择要设置格式的单元格，在"开始"选项卡的"样式"组中，单击"单元格样式"，在出现的下拉框中单击选择要应用的单元格样式。

2.　创建自定义单元格样式

在"开始"选项卡的"样式"组中，单击"单元格样式"，在出现的下拉框中单击"新建单元格样式"，在"样式名"框中，为新单元格样式输入适当的名称，单击"格式"按钮，在"设置单元格格式"对话框中的各个选项卡中选择所需的格式，然后单击"确定"按钮。

4.4　公式和函数

Excel 之所以具有强大的数据处理功能，很大程度上是因为有非常丰富的公式和函数功能用来处理数据，所以公式和函数的使用在 Excel 操作中是非常重要的。

4.4.1　公式的使用

在 Excel 中，公式是对工作表中的数据进行计算操作最为简单有效的手段之一。在工作表中输入数据后，运用公式可以对表格中的数据进行计算并得到需要的结果。

在 Excel 中使用公式是以等号 "=" 开始的，以各种运算符将数值和单元格引用、函数返回值等组合起来，形成表达式。Excel 2013 会自动计算公式表达式的结果，并将其显示在 "=" 所在单元格中。

1.　公式运算符与其优先级

在构造公式时，经常要使用各种运算符，常用的有 4 类，如表 4.1 所示。

表 4.1　　　　　　　　　　　　　　运算符及其优先级

优先级别	类　别	运　算　符
高 ↓ 低	引用运算	：（冒号）、 ，（逗号）、 （空格）
	算术运算	-（负号）、%（百分比）、^（乘方）、* 和 /、+和 -
	字符运算	&（字符串连接）
	比较运算	=、<、<=、>、>=、<>（不等于）

引用运算是电子表格特有的运算，可将单元格区域合并计算。下面是常用的几个引用运算符。

- 冒号（:）：区域运算符，指由包括两对角的单元格以及它们围起的单元格区域。如，"E2：F4"，指定了 E2、E3、E4、E2、F3、F4 这 6 个单元格。
- 逗号（,）：联合运算符，将多个单元格同时引用。例如，"A2，B4，C5"指引用 A2、B4、C5 这 3 个单元格。
- 空格：交叉运算符，引用两个或两个以上单元格区域的重叠部分。例如，"B3：C5　C3：D5"指定 C3、C4、C5 这 3 个单元格，如果单元格区域没有重叠部分，就会出现错误信息"#NULL!"。
- &：字符连接符，其作用是将两串字符连接成为一串字符，如果要在公式中直接输入文本，文本需要用英文双引号括起来。

在 Excel 2013 中，运算符的计算顺序从高到低为冒号、逗号、空格、负号、百分号、乘方、乘除、加减、&、比较。使用括号可以改变运算符执行的顺序。

2. 公式的输入

输入公式操作类似于输入文本类型数据，不同的是，在输入一个公式时，以等号"="开头，然后才是公式的表达式。在单元格中输入公式的步骤如下：

① 单击要输入公式的单元格；

② 在单元格中输入一个等号"="；

③ 在"="号后面输入公式，输入完成后，按回车键或单击编辑栏中的确认按钮 ✓，如图 4.29 所示，在 E2 单元格中输入公式"=C2*D2"后按回车键，在 E2 单元格中显示公式运算结果即"20000"，用鼠标单击此单元格，输入框中显示此单元格中输入的计算公式。

通过拖动填充柄，可以复制引用公式，如图 4.30 所示。

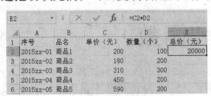

图 4.29　使用公式

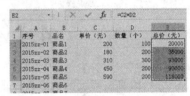

图 4.30　复制引用公式

4.4.2　单元格的引用

在公式和函数中运用到的数据，大多引自单元格中的数据，这些单元格可以是本工作簿中的，也可以是其他工作簿中的。公式和函数中输入的是单元格区域地址，引用后，公式和函数的运算值可以随着被引用单元格中数据的变化而变化。

1. 单元格引用类型

单元格地址根据被复制到其单元格时是否改变，可分为相对引用、绝对引用和混合引用 3 种类型。

（1）相对引用

相对引用是指当前单元格与公式所在单元格的相对位置。运用相对引用，当公式所在单元格的位置发生改变时，引用也随之改变。如图 4.31 所示例中，原来单元格 E2 中的公式是"C2*D2"，用句柄填充方式下拉复制 E2 的公式，得出这列中商品的总价，此时 E6 中的公式即为"C6*D6"，其中的 C6 和 D6 代表相对引用单元格。

（2）绝对引用

绝对引用指向工作表中固定位置的单元格，它的位置与包含公式的单元格无关。如果在列号与行号前面均加上$符号，如图 4.32 所示的 F3 单元格中输入的公式为"E3*$B$1"，其中的$B$1 就代表绝对引用单元格，此时利用句柄填充方式下拉复制 F2 的公式，F7 中的公式变成"E7*$B$1"，绝对引用的单元格 B1 没有因为引用位置的改变而发生变化。

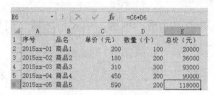

图 4.31　相对引用示例

图 4.32　绝对引用示例

（3）混合引用

混合引用是指在一个单元格地址中，用绝对列和相对行，或者相对列和绝对行，如$A1 或 A$1。当含有公式的单元格因复制等原因引起行、列引用的变化时，公式中相对引用部分会随着位置的变化而变化，而绝对引用部分不随位置的变化而变化。

2. 同一工作簿不同工作表的单元格引用

要在公式中引用同一工作簿不同工作表的单元格内容，则需在单元格或区域前注明工作表名。例如，在当前 Sheet1 工作表的单元格中引用 Sheet2 工作表的单元格 A1，可写为"Sheet2!A1"。

3. 不同工作簿的单元格引用

要在某工作簿的工作表中的单元格里引用其他已经打开的工作簿的工作表中的单元格，可写为："[工作簿 2.xlsx]Sheet1!A1"，如果此工作簿 2.xlsx 没有被打开，即要引用关闭后的工作簿文件的数据，可以写成"'D:\[工作簿 2.xlsx]Sheet1'!A1"。

4.4.3　函数的使用

要插入函数必须首先选定一个单元格存放函数运算的结果，然后可以在 Excel 2013 窗口中的"公式"选项卡下进行函数的选择。若熟悉使用的函数及其语法规则，可在"编辑框"内直接输入函数形式。

1. 使用插入函数对话框

① 选定要输入函数的单元格。

② 单击"公式"选项卡下的"插入函数"，就会出现"插入函数"对话框。如图 4.33 所示。

③ 在选择类别中选择常用函数或函数类别，然后在选择函数中选择要用的函数，单击"确定"按钮后，弹出函数参数对话框。

④ 在弹出的"函数参数"对话框中输入参数，如图 4.34 所示。

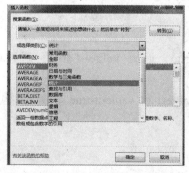

图 4.33　"插入函数"对话框

图 4.34　设置函数参数

2. 常用函数

（1）求和函数 SUM（）

格式：SUM（number1,number2,……）

功能：计算单元格区域中所有数值的总和。

说明：此函数的参数是必有的，参数可以是数值、单个单元格的地址、单元格区域、简单算式，并且允许最多使用 30 个参数，参数之间用逗号隔开。

（2）求平均值函数 AVERAGE（）

格式：AVERAGE（number1,number2,……）

功能：返回参数的算术平均值。

说明：参数可以是数值或包含数值的名称、数组或引用。首先对于所有参数进行累加并计数，再用总和除以计数结果，区域内的空白单元格不参与计数，但如果单元格中的数据为"0"时参与运算。

（3）求最大值函数 MAX（）

格式：MAX（number1,number2,……）

功能：返回一组数值 number1,number2,……的最大值。

说明：参数可以是数字或者是包含数字的引用。如果参数为错误值或为不能转换为数字的文本及逻辑值，将会导致错误。

（4）最小值函数 MIN（）

格式： MIN（number1,number2,……）

功能：计算一组数值 number1,number2,……的最小值，参数说明同上。

（5）计数函数 COUNT（）

格式：COUNT（value1,value2,……）

功能：计算区域中包含数字的单元格个数。

说明：只有引用中的数字或日期会被计数，而空白单元格、逻辑值、文字和错误值都将被忽略。

（6）条件计数函数 COUNTIF（）

格式：COUNTIF（单元格区域，条件）

功能：计算区域中满足给定条件的单元格个数。

说明：条件的形式可以是数字、表达式或文字。

例如，在图 4.35 所示的 F2 单元格中统计"单价高于 400 的商品种类"，那么插入条件计数函数，单元格区域为 C2:C6，条件为">400"，结果如图 4.35 所示。

（7）条件函数 IF（）

格式：IF（logical-test, value-if-true, value-if-false）

功能：根据逻辑值 logical-test 进行判断，若为 true，返回 value-if-true，否则返回 value-if-false。

说明：IF 函数可以嵌套使用，最多嵌套 7 层，用 logical-test 和 value-if-true 参数可以构造复杂的测试条件。

条件函数的多层嵌套应用效果如图 4.36 所示。

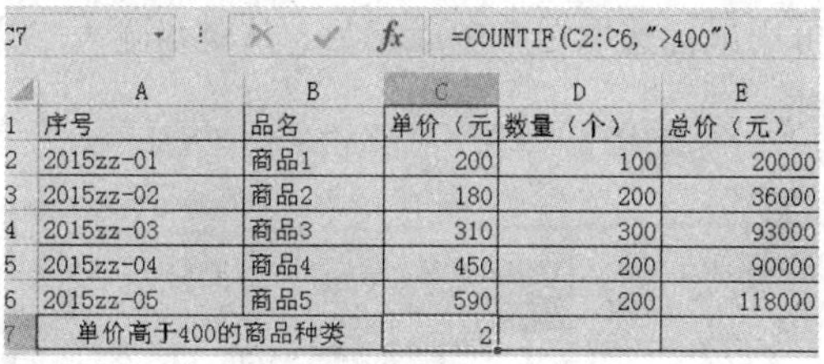

C7 =COUNTIF(C2:C6,">400")

序号	品名	单价（元）	数量（个）	总价（元）
2015zz-01	商品1	200	100	20000
2015zz-02	商品2	180	200	36000
2015zz-03	商品3	310	300	93000
2015zz-04	商品4	450	200	90000
2015zz-05	商品5	590	200	118000
单价高于400的商品种类		2		

图 4.35　插入条件计数函数

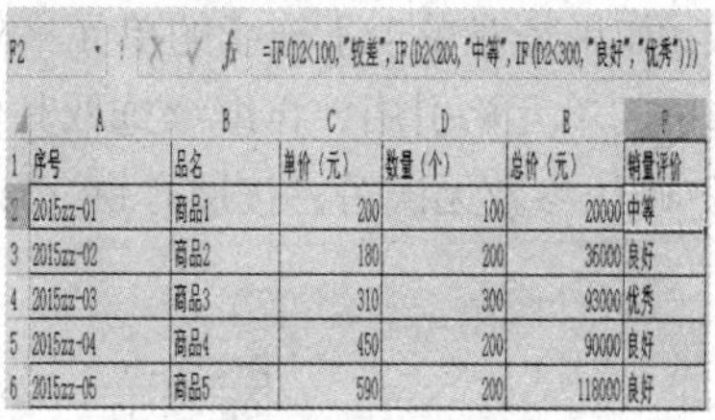

F2 =IF(D2<100,"较差",IF(D2<200,"中等",IF(D2<300,"良好","优秀")))

序号	品名	单价（元）	数量（个）	总价（元）	销量评价
2015zz-01	商品1	200	100	20000	中等
2015zz-02	商品2	180	200	36000	良好
2015zz-03	商品3	310	300	93000	优秀
2015zz-04	商品4	450	200	90000	良好
2015zz-05	商品5	590	200	118000	良好

图 4.36　插入条件函数

（8）排名函数 RANK（　）

格式：RANK（number, range, rank-way　）。

功能：返回某单元格中数值 number 在一列 range 的数值中的大小排名。

说明：rank-way 是代表排位的方式的数字，如果为 0 或省略，则按从大到小降序排名次，不为 0 则按从小到大升序排名次。

函数 RANK 对重复数的排位相同，但重复数的存在将影响后续数值的排位。

例如，在 G2 单元格中插入排名函数“=RANK（E2,$E$2:$E$6）”进行销售额自动排名，此例中注意，单元格区域 E2:E6 因为是不变的，所以采用了绝对引用，如图 4.37 所示。

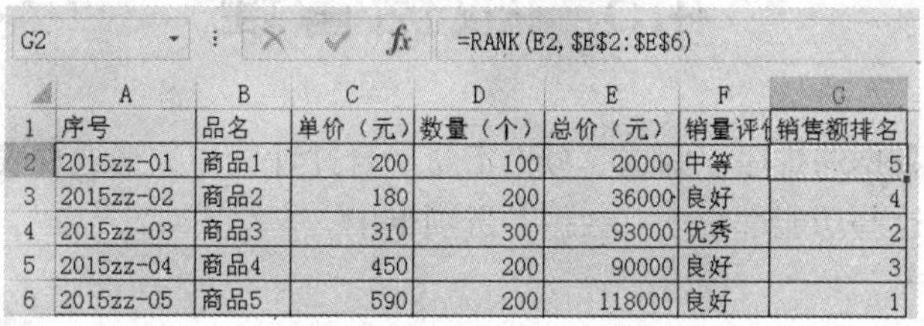

G2 =RANK(E2, $E$2:$E$6)

序号	品名	单价（元）	数量（个）	总价（元）	销量评价	销售额排名
2015zz-01	商品1	200	100	20000	中等	5
2015zz-02	商品2	180	200	36000	良好	4
2015zz-03	商品3	310	300	93000	优秀	2
2015zz-04	商品4	450	200	90000	良好	3
2015zz-05	商品5	590	200	118000	良好	1

图 4.37　插入排名函数

4.4.4　快速计算与自动求和

1．快速分析

Excel 2013 具有快速分析功能，可以对选中单元格中的数据进行快速分析。

使用方法：用鼠标选定需要分析的单元格区域，区域右下角即出现快速分析按钮，单击出现快速分析栏，如图 4.38 所示。其中，“格式”项可以对数据区进行快速条件格式设置；“图表”项可以利用推荐的图表对数据进行可视化设置；“汇总”项可以利用公式进行自动计算汇总，实现快速求和、平均值、计数、汇总百分比等；“表”项可以进行排序、筛选和汇总数据；“迷你图”可以在单元格中放置微型折线图、柱形图、盈亏图表。

2．自动求和

在利用函数进行公式进行计算中，经常用到的一般是求和、平均值、计数、最大值和最小值，Excel 在“开始”选项卡编辑区域的“自动求和”项中包含了这几种常见的运算，更方便用户使用。具体操作如下。

① 选定存放结果的单元格，一般选中一行或一列数据末尾的单元格。此时出现“快速分析”按钮，如图 4.38 所示。单击此按钮可进行“求和”“求平均值”等计算。

② 也可以单击“公式”选项卡下的“自动求和”按钮，将自动出现求和函数以及求和的数据区域，如图 4.39 所示。

③ 如果求和的区域不正确，可以用鼠标重新选取。如果是连续区域，可用鼠标拖动的方法选

取区域；如果是对单个不连续的单元格求和，可用鼠标选取单个单元格后，从键盘输入","用于分隔选中的单元格引用，再继续选取其他单元格。

④ 确认参数无误后，按回车键完成计算。

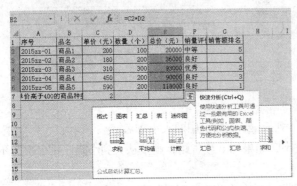

图 4.38　快速分析

图 4.39　自动求和

4.5　数据管理

Excel 2013 运用数据的排序、筛选、分类汇总、合并计算和数据透视表等功能，实现对复杂数据的分析与管理。这些功能都集于"数据"选项卡中。

4.5.1　排序

对数据进行排序是数据分析中经常使用的，排序有助于快速直观地显示数据并更好地理解数据，有助于组织并查找所需数据，有助于最终作出更有效的决策。

数据表是包含标题及相关数据的一组数据行，每一行相当于数据库中的一条记录。通常数据表中的第一行是标题行，由多个字段名（关键字）构成，表中的每一列对应一个字段。

排序就是按照数据某个字段名（关键字）的值，将所有记录进行升序或降序的重新排列。

1. 快速排序

如果只对单列进行排序，首先单击所要排序字段内的任意一个单元格，然后单击"数据"选项卡下"排序和筛选"组中的升序按钮 _| 或降序按钮 _| ，则数据表中的记录就会按所选字段为排序关键字进行相应的排序操作。

2. 复杂排序

复杂排序是指通过设置"排序"对话框中的多个排序条件对数据表中的数据内容进行排序。操作方法如下。

① 单击需要排序的数据表中的任一单元格，再单击"数据"选项卡"排序和筛选"组中的"排序"按钮，出现"排序"对话框，如图 4.40 所示。

② 单击主关键字下拉按钮，在展开的列表中选择主关键字，然后设置排序依据和次序。

③ 首先按照主关键字排序，对于主关键字相同的记录，单击"添加条件"按钮，出现次要关键字选项，以同样方法设置此关键字，还可以设置多个次要关键字。

按次要关键字排序，若记录的主关键字和次要关键字都相同时，才按第三关键字排序。

排序时，如果要排除第一行的标题行，则选中"数据包含标题"复选按钮，如果数据表没有标题行，则不选"数据包含标题"复选框。

④ 如果此时设置条件仍不足，单击"排序"对话框的"选项"按钮，在"排序选项"对话框中可以设置排序选项，如图 4.41 所示。

图 4.40　"排序"对话框　　　　　　　　　　图 4.41　"排序选项"对话框

4.5.2　筛选

筛选是将符合要求的数据集中显示在工作表上，不符合要求的数据暂时隐藏，从而从数据库中检索出有用的数据信息并显示。Excel 2013 中常用的筛选方式有：自动筛选、自定义筛选和高级筛选。

1. 自动筛选

自动筛选是进行简单条件的筛选，方法如下。

① 单击数据表中的任一单元格，此时，在每个列标题的右侧出现一个下拉列表按钮，如图 4.42 所示。

② 在列中单击某字段右侧下拉列表按钮，其中列出了该列中的所有项目，从下拉列表中选择需要显示的项目。

③ 如果要取消筛选，单击"数据"选项卡下"排序和筛选"组中的"筛选"按钮。

2. 自定义筛选

自定义筛选提供了多条件定义的筛选，可使在筛选数据表时更加灵活，筛选出符合条件的数据内容。

① 在数据表自动筛选的条件下，单击某字段右侧下拉列表按钮，在下拉列表中单击"数字筛选"选项，并单击"自定义筛选"选项。

② 在弹出的"自定义自动筛选方式"对话框中填充筛选条件，如图 4.43 所示。

3. 高级筛选

高级筛选是以用户设定的条件对数据表中的数据进行筛选，可以筛选出同时满足两个或两个以上条件的数据。

首先在工作表中设置条件区域，条件区域至少为两行，第一行为字段名，第二行以下为查找的条件。设置条件区域前，先将数据表的字段名复制到条件区域的第一行单元格中，当作查找时的条件字段，然后在其下一行输入条件。同一条件行不同单元格的条件为"与"逻辑关系，同一列不同行单元格中的条件互为"或"逻辑关系。条件区域设置完成后进行高级筛选的具体操作步骤如下。

① 单击数据表中的任一单元格。

② 切换到"数据"选项卡，单击"数据和筛选"组中的"高级"按钮，出现"高级筛选"对话框，如图 4.44 所示。

③ 此时需要设置筛选数据区域，可以单击"列表区域"文本框右边的折叠对话框按钮，将对话框折叠起来，然后在工作表中选定数据表所在单元格区域，再单击展开对话框按钮，返回到"高级筛选"对话框。

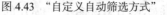

图 4.42　自动筛选　　　　图 4.43　"自定义自动筛选方式"　　图 4.44　"高级筛选"对话框

④ 单击"条件区域"文本框右边的折叠对话框按钮，将对话框折叠起来，然后在工作表中选定条件区域。再单击展开对话框按钮，返回到"高级筛选"对话框。

⑤ 在"方式"选项区域中选择"在原有区域显示筛选结果"或"将筛选结果复制到其他位置"。单击"确定"按钮完成筛选。利用高级筛选后的示例效果如图 4.45 所示。其中 A1:G6 是原表数据，I1:I2 是条件区，A8:G11 是筛选结果。

图 4.45　高级筛选示例

4.5.3　分类汇总

在实际工作中，往往需要对一系列数据进行小计和合计，使用分类汇总功能十分方便。例如，对图 4.45 中商品销售表格进行汇总，统计销量评价各级的商品种类。

① 首先对分类字段进行排序，使相同的记录集中在一起，即对产品"总价"进行降序排列。

② 单击数据表中的任一单元格。在"数据"选项卡的"分级显示"区域中单击"分类汇总"按钮，弹出"分类汇总"对话框如图 4.46 所示。

- 分类字段：选择分类排序字段。
- 汇总方式：选择汇总计算方式，默认汇总方式为"求和"，这里选择"计数"。
- 选定汇总项：选择与需要对其汇总计算的数值列对应的复选框。

③ 设置完成后，单击"确定"按钮。分类汇总示例效果如图 4.47 所示。

4.5.4　合并计算

对 Excel 2013 数据表进行数据管理，有时需要将几张工作表上的数据合并到一起，比如使用日报表记录每天的销售信息，到周末，需要汇总成周报表；到月底需要汇总生成月报表；年底汇总生成年报表。使用"合并计算"功能，可以将多张工作表上的数据合并。

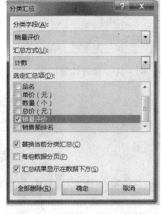

图 4.46　"分类汇总"对话框

图 4.47　分类汇总示例

① 准备好参加合并计算的工作表，如上半年汇总、下半年汇总、全年总表。将上半年和下半年两张工作表上的"销售额"数据汇总到全年总表上，如图 4.48 所示。

图 4.48　合并数据前的各工作表

② 选中目标区域的单元格（本例是选中全年总表上的 B3 单元格），单击"数据"选项卡下"数据工具"区域中的"合并计算"按钮，出现"合并计算"对话框，如图 4.49 所示。

- 函数：在下拉框中选择在合并计算中将用到的函数，本例中选择"求平均值"。
- 引用位置：即进行合并计算的单元格区域，可先从工作表上选择第一个单元格区域，也可以输入要合并计算的第一个单元格区域，然后单击"添加"按钮，所选择（或输入）的单元格区域就被加入到"所有引用位置"文本框中，再继续选择（或输入）其他的要合并计算的单元格区域。
- 标签位置：确定所选中的合并区域中是否含有标志，指定标志是在"首行"或"最左列"。
- 创建指向源数据的链接：表示当源数据发生变化时，汇总后的数据自动随之变化。
③ 单击"确定"按钮，完成合并计算功能。合并计算结果如图 4.50 所示。

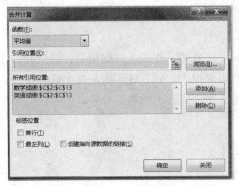

图 4.49 "合并计算"对话框

	A	B	C
1	学号	姓 名	平均成绩
2	20150401	白杰	76
3	20150402	柴信理	67.5
4	20150403	代平江	46.5
5	20150404	韩蕊	83.5
6	20150405	胡丽丽	92.5
7	20150406	贾富通	92.5
8	20150407	贾杰	49
9	20150408	陆志强	72.5
10	20150409	穆瑶瑶	85.5
11	20150410	齐消亮	52
12	20150411	石林	65.5
13	20150412	石萌萌	81.5

图 4.50 合并计算结果

4.6 图 表

为了更直观地进行数据分析，Excel 提供了丰富的图表功能，通过创建图表表现各个数据之间的关系和数据之间的变化情况，进行数据对比和分析、预测。

4.6.1 创建图表

Excel 2013 提供了柱形图、折线图、饼图、条形图、面积图、XY 散点图、股价图、曲面图、雷达图、组合等 10 种分类，不同的数据适合不同的图表来表现。

在 Excel 2013 的"插入"选项卡"图表"组中有"推荐的图表""插入柱形图""插入折线图""插入饼图或圆环图"等快捷命令。创建图表的过程如下。

① 首先选择要包含在图表中的单元格区域。

② 选择"插入"选项卡下"图表"组，单击任一个图表分类的下拉按钮，都会出现这种图表的分类，鼠标指针暂停在某种分类图标上，都会出现这种图表的预览。单击"图表"组右下箭头，出现如图 4.51 所示的"插入图表"对话框。

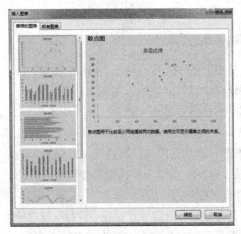
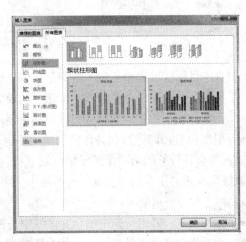

图 4.51 "插入图表"对话框

此对话框包括两大分类，即"推荐的图表"和"所有的图表"，"推荐的图表"功能可以针对表中数据从多种图表中选择最适合表现数据的图表形式，此功能尤其适用于初学者快速制作。"所有的图表"中列出了 Excel 2013 的所有类型图表。选择所需图表样式，或者单击创建图表下拉列表按钮，在弹出的下拉列表中选择图表类型，然后在右边区域中选择所需的图表类型，确定后即创建了原始图表，如图 4.52 所示。

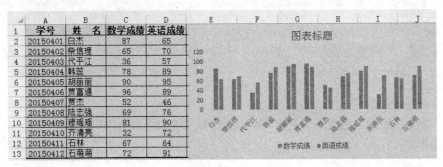

图 4.52　创建图表

4.6.2　图表的编辑

Excel 2013 提供了多种对图表进行编辑的方法。单击选中已经创建的图表，在 Excel 2013 窗口原来选项卡的位置右侧同时增加了"图表工具"选项卡，并提供了"设计""布局"和"格式"选项卡，以方便对图表进行更多的设置与美化。

1．设置图表"设计"选项

单击图表，单击"图表工具"|"设计"选项卡，出现图表工具"设计"选择卡，如图 4.53 所示。

图 4.53　图表工具的"设计"选项卡

（1）更改图表样式

在"设计"选项卡上的"图表样式"组中，单击"更改颜色"右下角的黑色箭头，可以更改图例的颜色。单击任一种图表样式，可以在选中的图表中套用这种图表样式。

对已经选定的图标类型，在"设计"选项卡上的"图表样式"组中，可以重新选定所需图表样式。

（2）图表的数据编辑

在"设计"选项卡的"数据"组中有"切换行/列""选择数据"两个命令，单击"切换行/列"，则可以在工作表行或从工作表列绘制图表中的数据系列之间进行快速切换，图 4.52 中图表转换行/列后的效果如图 4.54 所示。单击"选择数据"，出现"选择数据源"对话框，可以实现对图表引用数据的添加、编辑、删除等操作，如图 4.55 所示。

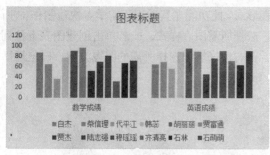

图 4.54　切换行/列

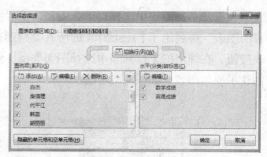

图 4.55　"选择数据源"对话框

（3）更改图表类型

单击"类型"组的"更改图表类型"命令，出现"更改图表类型"对话框，可以对图表进行更改类型操作。

4.7　打　　印

4.7.1　页面布局设置

在 Excel 2013 用户界面中，可以通过"页面布局"选项卡的各功能组页面设置命令，对页面布局效果进行快速设置，如图 4.56 所示。

图 4.56　"页面布局"选项卡

在"页面设置"组中，可以对页边距、纸张方向、纸张大小、打印区域、分隔符、前景、打印标题等进行设置，由于 Excel 表格可以有多行多列，可能一张纸上不能打下整张表格，那么进行打印时，设置打印区域很必要。

单击"页面设置"区域右下角的按钮，出现"页面设置"对话框。"页面设置"对话框中可以对"页面""页边距""页眉/页脚"或"工作表"选项进行更详细的设置。

"调整为合适大小"组中，通过调整宽度、高度、缩放比例进行打印输出的页数进行调整，"工作表选项"对打印工作表的网格线和标题是否打印进行设置，当一个页面中有多个需要打印的对象时，在"排列"组进行上移、下移一层、选择窗格、对齐的设置。

4.7.2　打印预览

在打印之前，进行打印预览有助于避免多次打印尝试和在打印输出中出现截断的数据。

1. 预览工作表页

选择要打印的工作表，单击"文件"按钮，在出现的对话框中选择"打印"项，在视图右侧显示"打印预览"窗口，若选择了多个工作表，或者一个工作表含有多页数据时，要预览下一页和上一页，请在"打印预览"窗口的底部单击"下一页"和"上一页"。单击"显示边距"按钮，会在"打印预览"窗口中显示页边距，要更改页边距，可将页边距拖至所需的高度和宽度。还可以通过拖动打印预览页顶部的控点来更改列宽。

2. 利用"分页预览"视图调整分页符

分页符是为了便于打印，将一张工作表分隔为多页。在"分页预览"视图中可以轻松地实现添加、删除或移动分页符。手动插入的分页符以实线显示。虚线指示 Excel 自动分页的位置。

3. 利用"页面布局"视图对页面进行微调

打印包含大量数据或图表的 Excel 工作表之前，可以在"视图"选项卡"工作簿视图"功能组新的"页面布局"视图中快速对其进行微调，使工作表达到专业水准。在此视图中，可以如同在"普通"视图中那样更改数据的布局和格式。此外，还可以使用标尺测量数据的宽度和高度，更改页面方向，添加或更改页眉和页脚，设置打印边距，隐藏或显示行标题与列标题以及将图表或形状等各种对象准确放置在所需的位置。

4.7.3 打印设置

选择相应的选项来打印选定区域、活动工作表、多个工作表或整个工作簿，请单击"文件"|"打印"命令。

若要连同其行标题和列标题一起打印工作表，在功能区上，单击"页面布局"选项卡，在"工作表选项"组中的"标题"下，选中"打印"复选框。

习　题　4

一、选择题

1. Excel2013 中的工作簿（　　　）。
   A. 一个窗口中可以有多个工作簿　　　　B. 新建一个工作簿中自动生成 3 个工作表
   C. 一个工作簿一个窗口　　　　　　　　D. 扩展文件名为.xls

2. 在 Excel 的单元格中可以输入（　　）数据类型。
   A. 字符型、日期型、逻辑型　　　　　　B. 字符型、数值型、日期和时间型
   C. 数值型、日期时间型、逻辑型　　　　D. 数值型、逻辑型、对象型

3. 在 Excel 中，如果把数字作为字符输入，则应当（　　　）。
   A. 在数字前面加空格　　　　　　　　　B. 在数字前面加 0
   C. 在数字前面加单引号　　　　　　　　D. 在数字前面加 0 和空格

4. 向单元格中输入分数"2/3"并显示为分数"2/3"，正确的输入方法为（　　　）。
   A. 2/3　　　　　　B. 空格 2/3　　　　　C.（2/3）　　　　　　D. '2/3

5. 当多个运算符出现在 Excel 公式中时，由高到低各运算符的优先级是（　　　）。
   A. 括号、%、^、乘除、加减、&、比较符　B. 括号、%、^、乘除、加减、比较符、&
   C. 括号、^、%、乘除、加减、&、比较符　D. 括号、^、%、乘除、加减、比较符、&

6. 若在单元格中输入公式，首先要输入（　　　）。
   A. 冒号　　　　　　B. 等号　　　　　　　C. 问号　　　　　　　D. 引号

7. 若在工作簿 1 的工作表 Sheet2 的 C1 单元格内输入公式时，需要引用工作簿 2 的 Sheet1

工作表中 A2 单元格的数据，那么正确的引用为（　　）。

A．Sheet1!A2
B．工作簿 2!Sheet1（A2）
C．工作簿 2Sheet1A2
D．[工作簿 2]Sheet1!A2

8．在单元格中输入公式"=$B5+C$5*C1"，这其中采用的引用类型是（　　）。

A．相对引用
B．混合引用
C．绝对引用
D．以上都不是

9．在 Excel 工作表中，要计算 A1:C8 区域中值大于等于 60 的单元格个数，应使用的公式是（　　）。

A．=COUNT（A1:C8,">=60"）
B．= COUNTIF（A1:C8,>=60)）
C．= COUNT（A1:C8,>=60)）
D．= COUNTIF（A1:C8," >=60")）

10．在 Excel 工作表中，要得到 F5: F10 区域中数据的排名，采用的函数是（　　）。

A．IF（）　　B．AVERAGE（）　　C．RANK （）　　D．ABS（）

二、操作题

如图 4.72 所示工作表，上机练习如下操作。

1．利用条件格式将各科与平均成绩不及格的单元格数据变为红色字体。

	A	B	C	D	E
1	学号	姓　名	数学成绩	英语成绩	计算机成绩
2	20150401	白杰	87	65	96
3	20150402	柴信理	65	70	76
4	20150403	代平江	36	57	45
5	20150404	韩蕊	78	89	85
6	20150405	胡丽丽	90	95	92
7	20150406	贾富通	96	89	98
8	20150407	贾杰	52	46	33
9	20150408	陆志强	69	76	72
10	20150409	穆瑶瑶	81	90	83
11	20150410	齐清亮	32	72	50
12	20150411	石林	67	64	65
13	20150412	石萌萌	72	91	80

2．以"数学成绩"为关键字进行降序排序。

3．在表格最上方为表格添加名字"成绩统计表"，要求用合并单元格居中、黑体、蓝色、小二号字。

4．利用公式或函数分别计算总成绩、平均成绩、名次（降序），并统计各科成绩不及格人数、各科成绩最高分、平均成绩优秀的比例（平均成绩大于等于 90 分的人数/考生总人数，并以%表示）。

5．以表中的"姓名"为水平轴标签，各科成绩为垂直序列，制作三维柱形图，并将图形放置于 Sheet2 表中。

第5章
演示文稿 PowerPoint 2013

PowerPoint 2013 具有全新的外观，更加简洁，适合在平板电脑和移动电话上使用，因此用户可以在演示文稿中轻扫并单击。演示者视图可自动适应使用者的投影设置，使用者甚至可以在一台监视器上使用它。主题提供了诸多变体，可更加简单地打造所需外观。当与其他人协作时，用户可以添加一些批注以提出问题和获得反馈。

本章首先介绍 PowerPoint 2013 的新增功能，然后从认识 PowerPoint 2013 的界面开始，详细地介绍 PowerPoint 2013 制作、编辑、主题、版式、切换方式、动画、音频视频文件的使用，以及放映、打印演示文稿的全过程。通过本章的学习，用户能够制作出包含文字、图形、图像、声音以及视频剪辑等多媒体元素融于一体的演示文稿。

【知识要点】
- 创建演示文稿；
- 演示文稿的编辑；
- 演示文稿主题、版式、切换方式的设置；
- 演示文稿声音、动画的使用；
- 演示文稿的放映；
- 演示文稿的打印。

5.1　PowerPoint 2013 的新增功能

5.1.1　更多入门选项

PowerPoint 2013 向用户提供了许多种方式来使用模板、主题、最近的演示文稿、较旧的演示文稿或空白演示文稿来启动下一个演示文稿，而不是直接打开空白演示文稿，如图 5.1 所示。

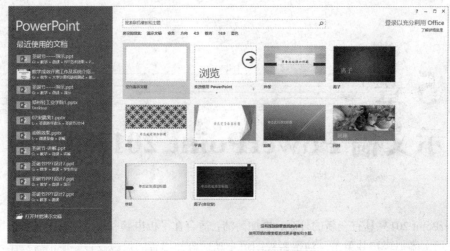

图 5.1　PowerPoint 2013 启动界面

5.1.2　新增和改进的演示者工具

演示者视图允许用户在自己的监视器上查看笔记，而观众只能查看幻灯片。在以前的版本中，很难弄清谁在哪个监视器上查看哪些内容。改进的演示者视图解决了这一难题，使用起来更加简单，如图 5.2 所示。

（1）在一台监视器上使用演示者视图。演示者视图不再需要多个监视器。现在，用户可以在演示者视图中进行排练，不必挂接任何其他内容。

（2）放大幻灯片。单击放大镜可放大图表、图示或者用户想要对观众强调的任何内容。

（3）自动设置。PowerPoint 2013 可以自动感知用户的计算机设置，并为演示者视图选择合适的监视器。

图 5.2　改进的演示者视图

5.1.3　友好的宽屏

世界上的许多电视和视频都采用了宽屏和高清格式，PowerPoint 2013 也是如此。它具有 16:9 版式，新主题旨在尽可能利用宽屏，如图 5.3 所示。

图 5.3　友好的宽屏

5.1.4　在 PowerPoint 2013 中启动联机会议

现在，用户有许多种方式通过 Web 共享 PowerPoint 2013 演示文稿。用户可以发送指向幻灯片的链接，或者启动完整的 Lync 会议，该会议可显示平台以及音频和 IM。用户可以从任何位置的任何设备使用 Lync 或 Office Presentation Service 加入会议。

5.1.5　更好的设计工具

（1）主题变体。主题现在提供了一组变体，如不同的调色板和字体系列。此外，PowerPoint 2013 提供了新的宽屏主题以及标准大小，如图 5.4 所示。

图 5.4　PowerPoint 2013 的主题变体

（2）均匀地排列和隔开对象。无需目测用户的幻灯片上的对象以查看它们是否已对齐。当用户的对象距离较近且均匀时，智能参考线会自动显示，并告诉用户对象的间隔均匀，如图 5.5 所示。

（3）动作路径改进。现在，当用户创建动作路径时，PowerPoint 2013 会向用户显示用户的对象的结束位置。用户的原始对象始终存在，而"虚影"图像会随着路径一起移动到终点，如图 5.6 所示。

图 5.5　均匀地排列和隔开对象

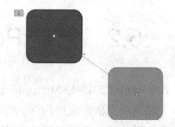

图 5.6　PowerPoint 2013 动作路径改进

（4）合并常见形状。选择用户的幻灯片上的两个或更多常见形状，并进行组合以创建新的形状和图标，如图 5.7 所示。

（5）改进的视频和音频支持。PowerPoint 2013 支持更多的多媒体格式（例如，.mp4 和 .mov 与 H.264 视频和高级音频编码 (AAC) 音频）和更多高清晰度内容。 PowerPoint 2013 包括更多内置编解码器，因此，用户不必以特定文件格式安装它们也可工作。

（6）新的取色器，可实现颜色匹配。用户可以从屏幕上的对象中捕获精确的颜色，然后将其应用于任何形状。取色器为用户执行匹配工作，如图 5.8 所示。

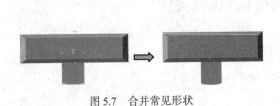

图 5.7　合并常见形状　　　　　　　　　　图 5.8　取色器实现颜色匹配

5.1.6　触控设备上的 PowerPoint 2013

现在可通过基于 Windows 8 的触控计算机与 PowerPoint 2013 进行交互。用户可以在幻灯片上轻扫、单击、滚动、缩放和平移，真正地感受演示文稿。

5.1.7　共享和保存

（1）共享用户的 Office 文件并保存到云。云就相当于天上的文件存储。每当用户联机时，就可以访问云。现在，用户可以轻松地将 Office 文件保存到自己的 SkyDrive 或组织的网站中。在这些位置，用户可以访问和共享 PowerPoint 演示文稿和其他 Office 文件。用户甚至还可以与同事同时处理同一个文件。

（2）批注。现在，用户可以使用新的"批注"窗格在 PowerPoint 2013 中提供反馈。用户可以显示或隐藏批注和修订。

（3）处理同一演示文稿。用户和用户的同事可以使用 PowerPoint 的桌面或联机版本处理同一演示文稿，并即时查看彼此的更改。

（4）新的"另存为"。新的"另存为"摒弃了诸多旧的"另存为"对话框浏览和滚动操作。用户最常用的所有文件夹都将自动显示在这里。同时，用户可以"固定"最常用的文件、文件夹和路径。

5.2　创建 PowerPoint 2013 演示文稿

PowerPoint 2013 是 Microsoft 公司推出的 Office 2013 软件包中的一个重要组成部分，是专门用来编制演示文稿的应用软件。利用 PowerPoint 2013 可以制作出集文字、图形以及多媒体对象于一体的演示文稿，并可将演示文稿、彩色幻灯片和投影胶片以动态的形式展现出来。

PowerPoint 2013 的启动、退出和文件的保存与 Word 2013、Excel 2013 的启动、退出和文件的保存方式类似，只是 PowerPoint 2013 生成的文档文件的扩展名是 ".pptx"。因此，这些操作的具体方法在此就不详细介绍了。

5.2.1　窗口组成

在启动 PowerPoint 2013 后，将会看到如图 5.9 所示的工作界面。

PowerPoint 2013 窗口主要由以下 9 部分组成。

（1）标题栏。标题栏位于窗口的顶部，显示演示文稿的名称和当前所使用的程序名称 "PowerPoint"。

（2）快速访问工具栏。在 "快速访问工具栏" 中设置了 "保存" "撤销" 等常用的铵钮。

（3）功能区。功能区中包含了 "文件" "开始" "插入" "设计" "切换" "动画" "幻灯片放映" "审阅" "视图" 等选项卡。每一个选项卡下面都由一组命令按钮组成。单击其中一个选项卡，系统会在下方显示相应的命令按钮，若要使用其中的某个命令，可以直接单击它。因此，灵活利用这些命令按钮进行操作，可以大大提高工作效率。

图 5.9　PowerPoint 2013 的窗口

- "文件" 选项卡：包括了当前文档文件的详细信息，以及 "保存" "打开" "另存为" 等对文件操作的相关命令。
- "开始" 选项卡：包括剪贴板、幻灯片、字体、段落、绘图和编辑等相关操作。
- "插入" 选项卡：包含用户想放置在幻灯片上的所有内容，如表格、图像、插图、链接、文本、符号到媒体等相关操作。
- "设计" 选项卡：通过 "设计" 选项卡用户可以为幻灯片选择包含主题、变体、自定义背景格式等相关操作。
- "切换" 选项卡：主要包含对切换到本张幻灯片的设置操作。
- "动画" 选项卡：包含所有动画效果，最易于添加列表或图表的基本动画效果等。
- "幻灯片放映" 选项卡：通过 "幻灯片放映" 选项卡，用户可以选择从哪张幻灯片开始放映、排练计时、录制幻灯片演示以及监视器等。

● "审阅"选项卡：在"审阅"选项卡上可以找到拼写检查和信息检索服务。用户还可以使用批注来对演示文稿添加注释等。

● "视图"选项卡：通过"视图"选项卡不仅可以快速地在各种视图页之间切换，同时还可以调整"显示比例"、控制"颜色/灰度"、拆分窗口等。

由于当前选项卡内无法容纳下所有的命令和选项，只能显示一些最常用的命令，因此，如果用户要使用一个不太常用的命令，可以在功能区单击鼠标右键，选择"自定义功能区"来添加更多的选项内容。如果用户需要更大的窗口空间，可以暂时隐藏功能区。

（4）大纲/幻灯片浏览窗格。显示幻灯片文本的大纲或幻灯片的缩略图。默认状态下显示幻灯片缩略图，若要进行大纲与幻灯片缩略图的切换，可在"视图"选项卡下选择"普通"或"大纲视图"；通过缩略图可以快速地找到需要的幻灯片，也可以通过拖动缩略图来调整幻灯片的位置。

（5）幻灯片窗格。幻灯片窗格也叫文档窗格，它是编辑文档的工作区域，可以进行输入文档内容、编辑图像、制定表格、设置对象方式等操作。幻灯片窗格是与PowerPoint交流的主要场所，幻灯片的制作和编辑都在这里完成。

（6）备注窗格。位于幻灯片窗格的下方，在此可添加与每张幻灯片内容相关的注释内容。

（7）视图模式切换按钮。用于在"普通"视图、"幻灯片浏览"视图、"阅读视图"和"幻灯片放映"视图之间相互切换。

（8）状态栏。位于PowerPoint 2013窗口的底部，用于显示当前演示文稿的编辑状态，包括幻灯片的总页数和当前所在页等。

（9）任务窗格。在默认情况下任务窗格位于窗口的右侧。当某些操作项需要具体说明操作内容时，系统会自动打开任务窗格。例如，当需要"设置背景格式"时，可以单击"设计"选项卡，然后再单击"设置背景格式"命令按钮，"设置背景格式"任务窗格就会在窗口右侧打开。如果要隐藏打开的任务窗格，可以直接单击任务窗格右上角的"关闭"按钮 ✖。

初次使用PowerPoint 2013，用户可能不清楚各个选项卡的选项组以及具体选项的作用，此时可以将鼠标指针停放在具体的选项或选项组右下角的斜箭头上，几秒钟后，PowerPoint 2013将会显示该具体选项或选项组的功能和使用提示。

5.2.2　视图方式的切换

PowerPoint 2013提供了5种主要的视图模式，即"普通"视图、"大纲"视图、"幻灯片浏览"视图、"备注页"视图和"阅读"视图。

可以使用窗口下方的视图模式切换按钮来切换视图模式，也可以通过"视图"选项卡中相应的视图模式命令按钮。

1. "普通"视图

"普通"视图显示了位于左侧的幻灯片缩略图，显示了一个当前幻灯片的大窗口，并在当前幻灯片下面显示了一个可供用户为该幻灯片输入演讲者备注的区域。"普通"视图是PowerPoint 2013默认的工作模式，也是最常用的工作模式。在此视图模式下可以编写或设计演示文稿，也可以同时显示幻灯片、大纲和备注内容。

2. "大纲"视图

使用"大纲"视图为演示文稿创建大纲或情节提要。它仅在幻灯片上显示文本。在"大纲"视图下可以调整幻灯片的顺序、编辑幻灯片中的文字和标题，以及设置文字和段落的格式，但因"大纲"视图下不能显示幻灯片中的图片，因此无法对幻灯片中的图片进行操作。

3. "幻灯片浏览"视图

在"幻灯片浏览"视图中，能够看到整个演示文稿的外观，如图 5.10 所示。"幻灯片浏览"视图按缩略图大小沿水平方向连续显示演示文稿中的所有幻灯片。此视图非常适合重新组织幻灯片，即只需单击幻灯片并将其拖到新位置即可。

在该视图中可以对演示文稿进行编辑（但不能对单张幻灯片进行编辑），包括改变幻灯片的背景设计和配色方案、调整幻灯片的顺序、添加或删除幻灯片、复制幻灯片等。还可以使用"幻灯片浏览"工具栏中的按钮来设置幻灯片的放映时间、选择幻灯片的动画切换方式等。

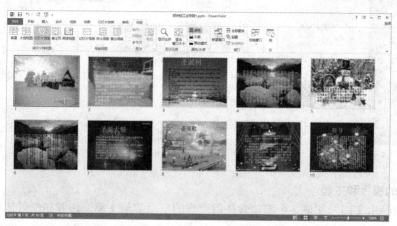

图 5.10 "幻灯片浏览"视图的窗口

4. "备注页"视图

选择"视图"选项卡中的"备注页"命令按钮，即可切换到备注页视图中。备注页方框会出现在幻灯片图片的下方，用户可以用来添加与每张幻灯片内容相关的备注，一般包含演讲者在讲演时所需的一些提示重点。

5. "阅读"视图

大多数演示者以外的用户审阅 PowerPoint 演示文稿时将需要使用"阅读"视图。与"幻灯片放映"视图一样，该视图会全屏显示演示文稿，并且它包含一些简单的控件以便用户能轻松翻阅幻灯片。如果用户已查看演示文稿的部分内容并退出某一 PowerPoint，当用户重新打开该 PowerPoint 时，将显示一个书签以提醒用户离开的位置。

6. 使用"帮助"

在使用 PowerPoint 2013 的过程中，可能会遇到各种各样的问题，可以通过 PowerPoint 2013 提供的联机"帮助"自我学习和解决问题。

在 PowerPoint 2013 中，用户可以通过功能区右侧的"帮助"按钮？（或<F1>键）得到帮助。系统给出了非常详细的说明，其中"演示：熟练掌握 PowerPoint 2013"为初学者充分认识和了解 PowerPoint 2013 提供了很好的帮助（该功能必须在"已经连接到 Office Online"状态下才可用）。

5.2.3 创建新的演示文稿

启动 PowerPoint 2013 后，系统会出现如图 5.1 所示的界面，用户可以单击"空白演示文稿"创建一个新的演示文稿。

用户也可以自行新建演示文稿，具体操作步骤如下：单击窗口左上角的"文件"按钮，在命令项中选择"新建"，系统会显示如图 5.11 所示的"新建"界面。在该对话框中用户可以按照"可用的模板和主题"或者"搜索联机模板或主题"的内容来创建空白演示文稿。

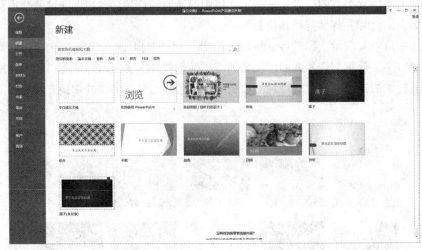

图 5.11　幻灯片"新建"界面

1. 可用的模板和主题

（1）空白演示文稿。这是一个不包含任何内容的空白演示文稿。推荐初学者使用这种方法。

（2）样本模板。选择该项，在"新建"窗口中显示系统已有的模板样式。例如，欢迎使用PowerPoint、环保、离子、积分、平面、扇面、回顾、丝状、离子（会议室）等。

2. 搜索联机模板或主题

在"搜索联机模板"框中键入关键字或短语以描述要查找的模板的类型（例如，业务计划、年度报告、每周更新、业务建议），然后按下<Enter>键，找到所需模板后，单击它可查看详细信息，然后单击"创建"按钮。

如在"搜索联机模板"输入"大自然"后按下<Enter>键后得到搜索结果，如图 5.12 所示；选择"七彩自然演示文稿，配有风景设计图案（宽屏）"后单击"创建"按钮，如图 5.13 所示；待该模板下载后即可使用，如图 5.14 所示。

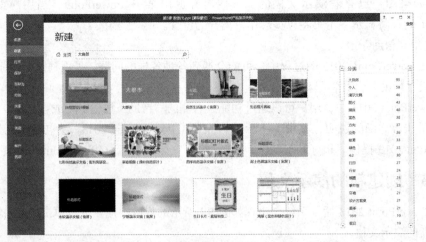

图 5.12　使用"搜索联机模板"搜索"大自然"示例图

图 5.13　使用搜素结果"创建"演示文稿图　　　　图 5.14　　模板下载后所创建的演示文稿

5.2.4　演示文稿的保存

演示文稿需要保存起来以备后用。用户可以使用下面的方法保存演示文稿。

（1）通过"文件"按钮：单击窗口左上角的"文件"按钮，在弹出的界面中选择"保存"命令。

（2）通过"快速访问工具栏"：直接单击"快速访问工具栏"中的保存按钮 。

（3）通过键盘：按<Ctrl> + <S>组合键。

类似 Word、Excel，如果演示文稿是第一次保存，则系统会显示"另存为"对话框，由用户选择保存"计算机"文件的位置和名称（如果演示文稿的第一张幻灯片包含"标题"，那么默认文件名就是该"标题"）。需要注意，PowerPoint 2013 生成的文档文件的默认扩展名是".pptx"。这是一个非向下兼容的文件类型，即无法用早期的 PowerPoint 版本打开这种类型的文件。如果希望将演示文稿保存为使用早期的 PowerPoint 版本可以打开的文件，选择其中的"另存为"命令，在"保存类型"下拉列表中选择其中的"PowerPoint97 – 2003 演示文稿（*.ppt）"选项。

5.3　PowerPoint 2013 演示文稿的设置

5.3.1　编辑幻灯片

1．输入文本

在幻灯片中添加文字最简单的方式就是直接将文本输入到幻灯片的占位符和文本框中。

（1）在占位符中输入文本

占位符就是一种带有虚线或阴影线的边框。在这些边框内可以放置标题、正文、图表、表格、图片等对象。

当创建一个空演示文稿时，系统会自动插入一张"标题幻灯片"。在该幻灯片中，共有两个虚线框，这两个虚线框就是占位符，占位符中显示"单击此处添加标题"和"单击此处添加副标题"的字样。将光标移至占位符中，单击即可输入文字。

（2）使用文本框输入文本

如果要在占位符之外的其他位置输入文本，可以在幻灯片中插入文本框。

单击"插入"选项卡，选择其中的"文本框"命令 ，在幻灯片的适当位置拖出文本框的位置，此时就可在文本框的插入点处输入文本了。在选择文本框时默认的是"横排文本框"，如果此时需要的是"竖排文本框"，可以单击"文本框"命令的下拉按钮，然后进行选择。

将鼠标指针指向文本框的边框，按住左键可以移动文本框到任意位置。

另外，涉及文本的操作还包括自选图形和艺术字中的文本。

在 PowerPoint 中涉及对文字的复制、粘贴、删除、移动的操作和对文字字体、字号、颜色等的设置以及对段落的格式设置等操作，均与 Word 中的相关操作类似，在此就不详细叙述了，请读者同 Word 中的相关操作进行比较，掌握其操作方法。

2. 插入幻灯片

在"普通"视图或者"幻灯片浏览"视图中均可以插入空白幻灯片。以下 4 种方法可实现该操作。

① 单击"开始"选项卡，再单击其中的"新建幻灯片"命令按钮。

② 在"大纲/幻灯片浏览窗格"中选中一张幻灯片，按回车键。

③ 按<Ctrl> + <M>组合键。

④ 在"大纲/幻灯片浏览窗格"中单击鼠标右键，在弹出的快捷菜单中选择"新建幻灯片"命令。

3. 幻灯片的复制、移动和删除

在 PowerPoint 中对幻灯片的复制、移动和删除等操作均与 Word 中对文本对象的相关操作类似，在此就不详细叙述了，请读者同 Word 中的相关操作进行比较，掌握其操作方法。

5.3.2 编辑图片、图形

演示文稿中只有文字信息是远远不够的。在 PowerPoint 2013 中，用户可以插入联机图片和图片，并且可以利用系统提供的绘图工具，绘制自己需要的简单图形对象。另外，用户还可以对插入的图片进行修改。

1. 编辑"联机图片"

当用户搜索联机图片时，用户不需要打开浏览器即可将图像插入到文档中。

（1）插入"联机图片"

单击"插入"选项卡，再单击"联机图片"命令按钮，就会打开"联机图片"任务窗口，如图 5.15 所示。在输入框中输入所要搜索图片的主题后单击输入框后面的搜索图标。例如在输入框中输入"花"进行搜索可以得到如图 5.16 所示的结果，选择其中一个图片插入到演示文稿中，如图 5.17 所示。另外，可以对插入的联机图片进行编辑，如改变图片的大小和位置、剪裁图片、改变图片的对比度和颜色等。

图 5.15 搜索"联机图片"

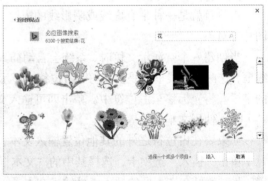

图 5.16 显示搜索到的"联机图片"

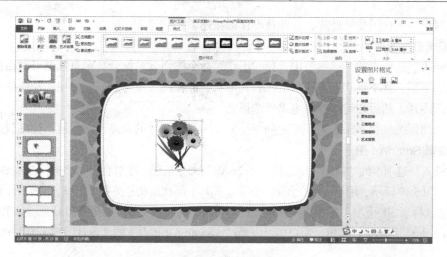

图 5.17 插入"联机图片"

（2）编辑"联机图片"

在幻灯片上插入一幅联机图片后，一般都要对其进行编辑。对图片所做的编辑，大都通过图片的"尺寸控制点""大小和位置"和"设置图片格式"来进行。

当联机图片在幻灯片上的位置不合适的时候，可以用鼠标拖动联机图片的尺寸控制点以改变联机图片的大小，还可将其拖动到指定位置。如果需要精确调整联机图片的"大小和位置"，可以通过单击"格式"选项卡中的"大小"选项组右下角的箭头，打开"设置图片格式"窗格进行设定。

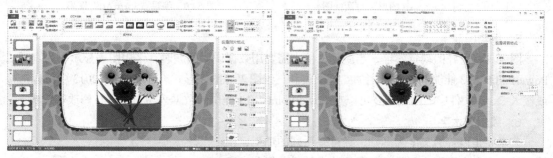

图 5.18 联机图片的"剪裁"

当只需要联机图片中的某个部分时，可以通过"剪裁"命令处理。单击"格式"选项卡中的"剪裁"命令按钮以后，鼠标和联机图片中尺寸控制点的样式均会发生改变，如图 5.18 左图所示。当用鼠标通过某个联机图片尺寸控制点向内拖动鼠标时，线框以外的部分将被剪去如图 5.18 右图所示。

当在幻灯片上插入了多幅联机图片后，根据需要可能要调整联机图片的层次位置。单击需要调整层次关系的联机图片，选择"格式"选项卡中"排列"选项组中的相关命令按钮可以对联机图片的层次关系进行调整。

2. 编辑来自文件的图片

除了插入联机图片外，PowerPoint 2013 还允许插入各种来源的图片文件。

在"插入"选项卡中单击"图片"命令按钮，系统会显示"插入图片"对话框。选择所需图片后，单击"插入"按钮，可以将文件插入到幻灯片中。对图片的位置、大小尺寸、层次关系等的处理类似于对联机图片的处理，在此就不详细叙述了。

3. 编辑自选图形

在"插入"选项卡的"插图"中选择"形状"命令按钮，系统会显示自选图形对话框，其中包括线条、矩形、基本形状、箭头总汇、公式形状、流程图、星与旗帜、标注、动作按钮等。单击选择所需图片，然后在幻灯片中拖出所选形状。

对自选图形的位置、层次关系等的处理类似于对联机图片的处理，在此就不详细叙述了。

4. 编辑 SmartArt 图形

在"插入"选项卡的"插图"中选择"SmartArt"命令按钮，系统会显示"选择 SmartArt 图形"对话框，如图 5.19 所示。用户可以在列表、流程、循环、层次结构、关系、矩阵、棱锥图、图片等中选择。单击选择所需图形，然后根据提示输入图形中所需的必要文字，如图 5.20 所示。如果需要对加入的"Smart Art"图形进行编辑，用户还可以通过"Smart Art 工具"的"设计"选项卡中的相应命令进行。

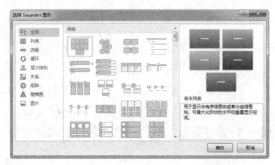

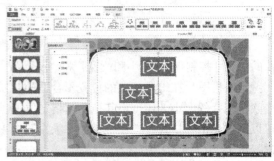

图 5.19 "选择 SmartArt 图形"对话框图   图 5.20 编辑"SmartArt"图形

5. 编辑图表

图表具有较好的视觉效果，当演示文稿中需要用数据说明问题时，采用图表显示更为直观。PowerPoint 2013 能够制作出常用的二维图表和三维图表等图表形式。PowerPoint 2013 中可以链接或嵌入 Excel 文件中的图表，并可以在 PowerPoint 2013 提供的数据表窗口中进行修改和编辑。

6. 编辑艺术字

艺术字是以普通文字为基础，经过一系列的加工，使输出的文字具有阴影、形状、色彩等艺术效果。但艺术字是一种图形对象，它具有图形的属性，不具备文本的属性。

在"插入"选项卡的"文本"中选择"艺术字"命令按钮，系统会显示艺术字形状选择框，如图 5.21 所示。单击选择所需的艺术字类型，可在弹出的"绘图工具"的"格式"选项卡中选择适当的工具对艺术字进行编辑。

7. 幻灯片编码

如果需要对演示文稿进行编码，可单击"插入"选项卡中的"页眉和页脚"命令，如图 5.22 所示。在图 5.22中勾选"幻灯片编号"并单击"全部应用"即可。这样设置的效果是幻灯片的每一页都标有页码（一般标题幻灯片中首页不显示页码，从演示文稿的第 2 页开始显示）。若用户希望从除标题幻灯片外的幻灯片开始编

图 5.21 艺术字形状

号，那么可以在"设计"选项卡中单击"幻灯片大小"右下方的箭头，选择"自定义幻灯片大小"，出现如图 5.23 所示的弹出窗口。在图 5.23 中将"幻灯片编码起始值"设置为 0 即可。

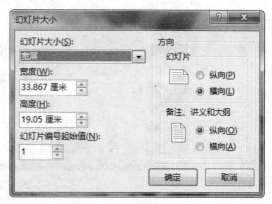

图 5.22　"页眉和页脚"选项卡　　　　　　　　图 5.23　设置幻灯片的大小

5.3.3　应用幻灯片主题

为了改变演示文稿的外观，最便捷的方法是应用另一种主题。PowerPoint 2013 提供了几十种专业模板，它可以快速地帮助用户生成完美动人的演示文稿。单击"设计"选项卡，会在"主题"中看到系统提供的部分主题，如图 5.24 所示。当鼠标指向一种模板时，幻灯片窗格中的幻灯片就会以这种模板的样式改变，当选择一种模板单击后，该模板才会被应用到整个演示文稿中。

图 5.24　"所有主题"选择框

5.3.4　应用幻灯片版式

当创建演示文稿后，可能需要对某一张幻灯片的版面进行更改，这在演示文稿的编辑中是比较常见的事情，最简单的改变幻灯片版面的方法就是用其他的版面去替代它。

在"开始"选项卡中单击"版式"命令按钮，系统会显示"版式"选择框，如图 5.25 所示。单击选择所需的版式类型后，当前幻灯片的版式就被改变了。

图 5.25 "版式"选择框

5.3.5 使用母版

PowerPoint 2013 提供了 3 种母版，即幻灯片母版、讲义母版和备注母版，利用它们可以分别控制演示文稿的每一个主要部分的外观和格式。

1. 幻灯片母版

幻灯片母版是一张包含格式占位符的幻灯片，这些占位符是为标题、主要文本和所有幻灯片中出现的背景项目而设置的。用户可以在幻灯片母版上为所有幻灯片设置默认版式和格式。如果更改幻灯片母版，会影响所有基于幻灯片母版的演示文稿幻灯片。在幻灯片母版视图下，可以设置每张幻灯片上都要出现的文字或图案，如公司的名称、徽标等。

在"视图"选项卡中单击"幻灯片母版"命令按钮，系统会在幻灯片窗格中显示幻灯片母版样式。此时用户可以改变标题的版式，设置标题的字体、字号、字形、对齐方式等。用户也可通过"插入"选项卡将对象（如联机图片、图表、艺术字等）添加到幻灯片母版上。若在幻灯片母版上加入一张联机图片，如图 5.26 所示。单击"幻灯片母版"选项卡中的"关闭母版视图"按钮，在切换到幻灯片浏览视图后，幻灯片母版上插入的联机图片在所有的幻灯片上就都出现了，如图 5.27 所示。

图 5.26 编辑幻灯片母版

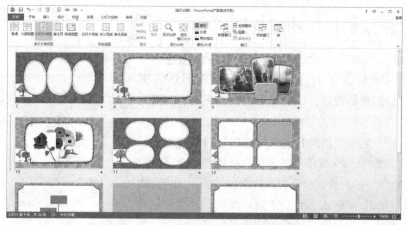

图 5.27　幻灯片母版改变后的效果

2. 讲义母版

讲义是演示文稿的打印版本，为了在打印出来的讲义中留有足够的注释空间，可以设定在每一页中打印幻灯片的数量。也就是说，讲义母版用于编排讲义的格式，它还包括设置页眉页脚、占位符格式等。

3. 备注母版

备注母版主要控制备注页的格式。备注页是用户输入的对幻灯片的注释内容。利用备注母版，可以控制备注页中输入的备注内容与外观。另外，备注母版还可以调整幻灯片的大小和位置。

5.3.6　设置幻灯片背景

可以通过修改幻灯片母版、为幻灯片插入图片等方式来美化幻灯片。幻灯片由幻灯片本身和母版两部分组成。在播放幻灯片时，母版是固定的，而更换的则是幻灯片本身。有时为了活跃幻灯片的播放效果，需要修改部分幻灯片的背景，这时可以通过对幻灯片背景的设置来改变它们。在"设计"选项卡中单击"设置背景格式"命令，系统会显示"设置背景格式"窗格，如图 5.28所示，可以为幻灯片设置"纯色填充""渐变填充""图片或纹理填充"和"图案填充"等。

图 5.28　"设置背景格式"动画窗格

5.3.7 使用幻灯片动画效果

在 PowerPoint 2013 中，用户可以通过"动画"选项卡中"动画"选项组中的命令为幻灯片上的某个对象进行进入、强调、退出、动作路径等设置，以突出重点，提高演示文稿的趣味性。

在幻灯片中，选中要添加自定义动画的项目或对象，如选择某个图片，如图 5.29 所示。单击"高级动画"选项组中"添加动画"命令按钮，系统会下拉出"添加动画"任务，如图 5.30 所示。单击 "进入"类别中的"擦除"选项，最后单击"确定"按钮结束自定义动画的初步设置。

为幻灯片项目或对象添加了动画效果以后，该项目或对象的旁边会出现一个带有数字的灰色矩形标志，并在任务窗格的动画列表中显示该动画的效果选项。此时用户还可以对刚刚设置的动画进行修改。当为同一张幻灯片中的多个对象设定了动画效果后，它们之间的顺序可以通过"对动画重新排序"中的"向前移动"或"向后移动"命令进行调整。

图 5.30 "自定义动画"设置过程

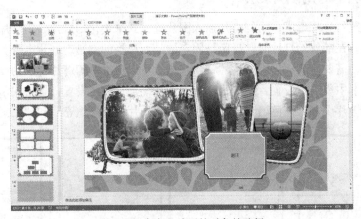

图 5.29 自定义动画的对象的选择

5.3.8 使用幻灯片多媒体效果

PowerPoint 2013 为用户提供了一个包含"音频"和"视频"功能的媒体剪辑库。为了改善幻灯片放映时的视听效果，用户可以在幻灯片中插入声音、视频等多媒体对象。

1. 添加声音

在"插入"选项卡的"媒体"选项组中单击"音频"命令按钮的下拉箭头，系统会显示包含"PC 上的音频""录制音频"操作。例如，选择添加一个"PC 上的音频"，此时系统会打开"插入音频"任务窗口，如图 5.31 所示，在该窗口中选择 PC 上的声音文件。单击要插入的音频文件，在幻灯片上会出现一个"喇叭"图标，如图 5.32 所示，用户可以通过"音频工具"对插入的音频文件的播放、音量等进行设置。若要使该音频文件在该演示文稿的整个放映期间播放，可以选择"动画"选项卡中"高级动画"的"动画窗格"命令，打开动画窗格，在该音频文件上单击鼠标右键，弹出如图 5.33 所示的快捷菜单，单击"效果选项"选项，弹出如图 5.34 所示的"播放音频"对话框，选中"停止播放"的"在_张幻灯片后"选项，填入最后一张幻灯片的编号。

图 5.31　"插入音频"窗口

图 5.32　"插入音频"对话框

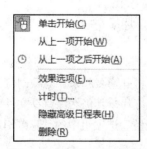

图 5.33　音频动画快捷菜单　　　　　　　图 5.34　"播放音频"对话框

2. 插入影片文件

在"插入"选项卡的"媒体"选项组中单击"视频"命令按钮的下拉箭头，系统会显示"PC 上的视频"和"联机视频"操作。例如，选择添加一个"PC 上的视频"，此时系统会打开"插入视频文件"对话框，在用户选择了一个要插入的视频文件后，系统会在幻灯片上出现该视频文件的窗口，用户可以像编辑其他对象一样，改变它的大小和位置。用户可以通过"视频工具"对插入的视频文件的播放、音量等进行设置。完成设置之后，该视频文件会按前面的设置，在放映幻灯片时播放。

5.4 PowerPoint 2013 演示文稿的放映

在演示文稿制作完成后，就可以观看一下演示文稿的放映效果了。

5.4.1 放映设置

1. 设置幻灯片放映

单击"幻灯片放映"选项卡中的"设置幻灯片放映"命令按钮，系统显示如图 5.35 所示的对话框。

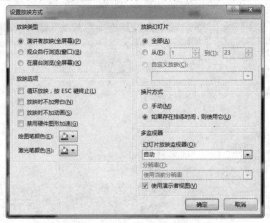

图 5.35 "设置放映方式"对话框

在"放映类型"框中有 3 个选项。

（1）演讲者放映（全屏幕）。该类型将以全屏幕方式显示演示文稿，这是最常用的演示方式。

（2）观众自行浏览（窗口）。该类型将在小型的窗口内播放幻灯片，并提供操作命令，允许移动、编辑、复制和打印幻灯片。

（3）在展台浏览（全屏幕）。该类型可以自动放映演示文稿。

用户可以根据需要在"放映类型""放映幻灯片""放映选项""换片方式"中进行选择，所有设置完成之后，单击"确定"按钮即可。

2. 隐藏或显示幻灯片

在放映演示文稿时，如果不希望播放某张幻灯片，则可以将其隐藏起来。隐藏幻灯片并不是将其从演示文稿中删除，只是在放映演示文稿时不显示该张幻灯片，其仍然保留在文件中。隐藏或显示幻灯片的操作步骤如下：单击"幻灯片放映"选项卡"设置"选项组中的"隐藏幻灯片"命令按钮，系统会将选中的幻灯片设置为隐藏状态。

如果要重新显示被隐藏的幻灯片，则在选中该幻灯片后，再次单击"幻灯片放映"选项卡"设置"选项组中的"隐藏幻灯片"命令按钮，或者在幻灯片缩略图上单击鼠标右键，在弹出的快捷菜单中选择"隐藏幻灯片"命令即可。

3. 放映幻灯片

启动幻灯片放映的方法有很多，常用的有以下几种。

（1）选择"幻灯片放映"选项卡中的"从头开始""从当前幻灯片开始"或者"自定义幻灯片放映"。

（2）按<F5>键。

（3）单击窗口右下角的"放映幻灯片"按钮🖵。

其中，按<F5>键将从第一张幻灯片开始放映，单击窗口右下角的"放映幻灯片"按钮🖵，将从演示文稿的当前幻灯片开始放映。

4. 控制幻灯片放映

在幻灯片放映时，可以用鼠标和键盘来控制翻页、定位等操作。可以用<Space>键、<Enter>键、<Page Down>键、<→>键、<↓>键将幻灯片切换到下一页。也可以使用<Back Space>键、<↑>键、<←>键将幻灯片切换到上一页，还可以单击鼠标右键，从弹出的快捷菜单中选择相关命令。

5. 对幻灯片进行标注

在放映幻灯片过程中，可以用鼠标对幻灯片中的一些内容进行标注。在 PowerPoint 2013 中，还可以将播放演示文稿时所使用的墨迹保存在幻灯片中。在放映时，屏幕的左下角会出现"幻灯片放映"控制栏，单击其中的 ✎ 按钮如图 5.36 所示，用户可以用笔等工具在幻灯片中进行标注。

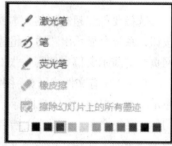

图 5.36 "幻灯片放映"工具栏

5.4.2　使用幻灯片的切换效果

幻灯片的切换就是指当前页以何种形式消失，下一页以什么样的形式出现。设置幻灯片的切换效果，可以使幻灯片以多种不同的形式出现在屏幕上，并且可以在切换时添加声音，从而增加演示文稿的趣味性。

设置幻灯片切换效果的操作步骤如下。

① 选中要设置切换效果的一张或多张幻灯片。

② 选择"切换"选项卡，系统会显示"切换到此幻灯片"的任务选项如图 5.37 所示，单击选择某种切换方式。

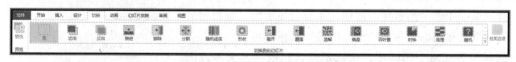

图 5.37 "幻灯片切换"任务窗格

③ 然后可以再选择切换的"声音""持续时间""应用范围"和"切换方式"。如果在此设置中没有选择"全部应用"，则前面的设置只对选中的幻灯片有效。

5.4.3　设置链接

在 PowerPoint 中，链接是指从一张幻灯片到另一张幻灯片、一个网页或一个文件的连接。链接本身可能是文本或对象（例如，图片、图形、形状或艺术字）。表示链接的文本用下画线显示，图片、形状和其他对象的链接没有附加格式。

1. 插入超链接

图 5.38 "插入超链接"对话框

选择要创建超链接的文本或对象。选择"插入"选项卡中的"链接"选项组，单击"超链接"按钮，系统会显示出"插入超链接"对话框，如图 5.38 所示。可以在此选择链接到哪一个文件或网页当前演示文稿中的哪一张幻灯片、哪一个新建文档或是哪一个邮件地址。

单击"现有文件或网页"图标，在右侧选择或输入此超链接要链接到的文件或 Web 页的地址。单击"本文档中的位置"图标，右侧将列出本演示文稿的所有幻灯片以供选择。单击"新建文档"图标，系统会显示"新建文档名称"对话框。在"新建文档名称"文本框中输入新建文档的名称。单击"更改"按钮，设置新文档所在的文件夹名，再在"何时编辑"选项组中设置是否立即开始编辑新文档。

单击"电子邮件地址"图标，系统会显示"电子邮件地址"对话框。在"电子邮件地址"文本框中输入要链接的邮件地址，在"主题"文本框中输入邮件的主题。当用户希望访问者给自己回信，并且将信件发送到自己的电子信箱中去时，就可以创建一个电子邮件地址的超链接了。

在如图 5.38 所示的界面中，单击"屏幕提示"按钮，还可以在"设置超链接屏幕提示"对话框中设置当鼠标指针置于超链接上时出现的提示内容。最后单击"确定"按钮完成设置。

在放映演示文稿时，如果将鼠标指针移到超链接上，鼠标指针会变成"手形"，再单击鼠标就可以跳转到相应的链接位置。

2. 删除超链接

如果要删除超链接的关系，选择"插入"选项卡中的"链接"选项组，单击"超链接"按钮，系统会显示出"编辑超链接"对话框。单击右下角的"删除链接"按钮即可。

如果要删除整个超链接，请选定包含超链接的文本或图形，然后按<Delete>键，即可删除该超链接以及代表该超链接的文本或图形。

3. 编辑动作链接

编辑动作链接的步骤是，选择"插入"选项卡中的"链接"选项组，单击"动作"按钮，系统会显示"动作设置"对话框，如图 5.39 所示。根据提示选择"超链接到"的位置即可。

图 5.39 "动作设置"对话框

5.4.4　实例——圣诞节快乐

1. 准备素材

要制作以圣诞节为主题的幻灯片，就需要有与圣诞节相关的图片和音乐，准备好这些素材后将其存放在同一个文件夹中备用。

2. 设置标题幻灯片

运行 PowerPoint 2013，选择"空白演示文稿"。输入幻灯片标题"圣诞节快乐"；在幻灯片空白处单击鼠标右键，在弹出的快捷菜单中选择"设置背景格式"打开"设置背景格式"对话框，选择"图片或纹理填充"，在"插入图片来自"中单击"文件"选项，打开"插入图片"对话框，如图 5.40 所示，选择"圣诞老人背景.jpg"后单击打开，效果如图 5.41 所示。

图 5.40　"插入图片"对话框

图 5.41　标题幻灯片效果图

3. 制作第二张幻灯片

在"开始"选项卡中单击"新建幻灯片"右下方的箭头，单击"空白"选项，插入一张空白幻灯片。依照标题幻灯片的设置方式，将"背景.png"这张图片设置为该幻灯片的背景；依次插入图片"房子.png""脚印.png"和"老鼠.png"，调整图片的大小和位置，使其具有图 5.42 所示的效果。选择"动画"选项卡中"添加动画"选项，使用"动作路径"中的"自由路径"设置老鼠的跳跃轨迹。

4. 插入第三张幻灯片

在"开始"选项卡中单击"新建幻灯片"右下方的箭头，单击"空白"选项，插入一张空白幻灯片。依照标题幻灯片的设置方式，将"背景.png"这张图片设置为该幻灯片的背景；插入"窗户.png""圣诞树.png""礼物 1.png""礼物 2.png""礼物 3.png""圣诞快乐.png"和"雪堆.png"，调整图片的大小和位置，使其具有如图 5.43 所示的效果。选择"动画"选项卡中"添加动画"选项，使用"动作路径"中的"自由路径"设置雪花的下落轨迹。

图 5.42　第二张幻灯片效果图

图 5.43　第三张幻灯片效果图

5. 制作第四张幻灯片

在"开始"选项卡中单击"新建幻灯片"右下方的箭头，单击"空白"选项，插入一张空白幻灯片。依照标题幻灯片的设置方式，将"底图.jpg"这张图片设置为该幻灯片的背景；在"插入"选项卡下选择"艺术字"选项，选择其中的一种艺术字式样后，输入"朋友们，圣诞节快乐"，如图 5.44 所示，选择"动画"选项卡中的"翻转式由远及近"命令，设置该艺术字的动画格式。

图 5.44　第四张幻灯片效果图

6. 添加音频效果

在标题幻灯片中插入 PC 中的音频文件"我们祝你圣诞节快乐"，拖动音频的喇叭图标，将其移动到标题幻灯片外，以便在播放时不显示该图标。为了使该音频文件在整个演示文稿播放期间连续播放，在"动画"选项卡中单击"动画窗格"命令，打开"动画窗格"，在该音频文件单击鼠标右键，选择快捷菜单的"效

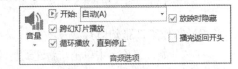

图 5.45　"音频选项"命令组

果选项"命令，在弹出的对话框中"停止播放"中勾选"在一张幻灯片后"，在输入框中输入 4。也许在演示文稿的播放期间，音频文件会因长度所限而结束播放，可以在"音频工具"中的"播放"选项卡中勾选"循环播放，直到停止"，在"开始"中选择"自动"，如图 5.45 所示。经过上述设置，该音频文件在幻灯片播放时就自动循环播放了。

7. 设置切换方式

为了增加艺术效果，可在"切换"选项卡的"切换到此幻灯片"命令中为每一张幻灯片选择一种切换方式。若要演示文稿连续自动播放，在"切换"选项卡的"换片方式"中勾选"设置自动换片时间"并在输入框中输入时间即可。

8. 保存文件

操作全部结束后，可以将文件命名为"圣诞节快乐.pptx"。

5.5　演示文稿的打印设置

在打印幻灯片之前，用户需要在"设计"选项卡的"幻灯片大小"中选择要打印的纸张的大小和幻灯片页面方向。默认情况下，PowerPoint 幻灯片布局显示为横向。在"幻灯片编号起始值"框中，输入要在第一张幻灯片或讲义上打印的编号，随后的幻灯片编号会在此编号上递增。

单击"文件"按钮，选择"打印"操作项，系统会显示如图 5.46 所示的界面，在其中可以设定或修改默认打印机、打印份数等信息。若要打印所有幻灯片，请单击"打印全部幻灯片"。若要打印所选的一张或多张幻灯片，请单击"打印所选幻灯片"。若要选择多张幻灯片供打印，请单击"文件"选项卡，然后在"普通"视图中左侧包含"大纲"和"幻灯片"选项卡的窗格中，单击"幻灯片"选项卡，然后按住<Ctrl>键选择所需幻灯片。若要仅打印当前显示的幻灯片，请单击"当前幻灯片"。若要按编号打印特定幻灯片，请单击"幻灯片的自定义范围"，然后输入幻灯片的范围，使用无空格的逗号将各个编号隔开，如 1,3,5-12。单击"整页幻灯片"的下拉按钮，可以对每张纸张上打印的内容进行选择，如图 5.47 所示。若要包括或更改页眉和页脚，请单击"编辑页眉和页脚"链接，然后在显示的"页眉和页脚"对话框中进行选择。

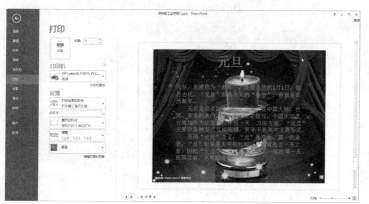

图 5.46 "打印"设置对话框

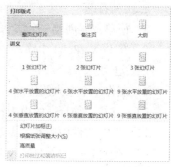

图 5.47 "打印内容"选项

习　题　5

一、选择题

1. 下面关于 PowerPoint 的说法中，不正确的是（　　　）。
　　A. 它不是 Windows 应用程序　　　　　　　B. 它是演示文稿制作软件
　　C. 它可以制作幻灯片　　　　　　　　　　　D. 它是 Office 套装软件之一

2. 在 PowerPoint 中，对于已创建的多媒体演示文档可以用（　　　）命令转移到其他未安装 PowerPoint 的机器上放映。
　　A. "文件"选项/打包　　　　　　　　　　　B. "文件"选项/导出/将演示文稿打包成 CD
　　C. 复制　　　　　　　　　　　　　　　　　D. "文件"选项/另存为/PowerPoint 放映

3. PowerPoint 不支持的放映类型是（　　　）。
　　A. 自动连续放映　　　　　　　　　　　　　B. 演讲者放映
　　C. 观众自行浏览　　　　　　　　　　　　　D. 在展台浏览

4. 设置 PowerPoint 的幻灯片母版，可使用（　　）命令进行。
　　A. "开始|幻灯片母版"　　　　　　　　　　B. "设计|幻灯片母版"
　　C. "视图|幻灯片母版"　　　　　　　　　　D. "加载项|幻灯片母版"

5. 在 PowerPoint 中，要调整幻灯片的排列顺序，最好在（　　　）下进行。

A. 大纲视图   B. 幻灯片浏览视图

C. 幻灯片视图   D. 普通视图

6. 在 PowerPoint 中设置文本动画，首先要（　　　）。

A. 选定文本   B. 指定动画效果

C. 设置动画参数   D. 选定动画类型

7. 在 PowerPoint 中，若希望在文字预留区外的区域输入其他文字，可通过（　　　）按钮来插入文字。

A. 图表   B. 格式刷   C. 文本框   D. 剪贴画

8. 在 PowerPoint 的大纲视图中，不能进行的操作是（　　　）。

A. 调整幻灯片的顺序   B. 编辑幻灯片中的文字和标题

C. 设置文字和段落的格式   D. 删除幻灯片中的图

二、简答题

1. 简单叙述创建一个演示文稿的主要步骤。

2. 在 PowerPoint 中输入和编排文本与在 Word 中有什么类似的地方？

三、上机题

1. 制作一个个人简历演示文稿，要求：

（1）选择一种合适的模板；

（2）整个文件中应有不少于 10 张的相关图片；

（3）幻灯片中的部分对象应有动画设置；

（4）幻灯片之间应有切换设置；

（5）幻灯片的整体布局合理、美观大方。

2. 制作一个演示文稿，介绍李白的几首诗，要求：

（1）第一张幻灯片是标题幻灯片；

（2）第二张幻灯片重点介绍李白的生平；

（3）在第三张幻灯片中给出要介绍的几首诗的目录，它们应该通过超链接链接到相应的幻灯片上；

（4）在每首诗的介绍中应该有不少于一张的相关图片；

（5）选择一种合适的模板；

（6）幻灯片中的部分对象应有动画设置；

（7）幻灯片之间应有切换设置；

（8）幻灯片的整体布局合理、美观大方。

第6章
多媒体技术及应用

本章从多媒体技术的基本概念入手，详细讲述多媒体计算机的组成和多媒体信息在计算机中的表示，然后简单介绍多媒体开发工具 Authorware 及其使用。通过本章的学习，用户能够掌握多媒体技术的基本概念和基本知识。

【知识要点】
- 多媒体技术基本概念；
- 多媒体系统组成；
- 声音媒体的数字化；
- 视觉媒体的数字化；
- 多媒体数据压缩技术；
- 多媒体编辑软件 Authorware。

6.1　多媒体技术的基本概念

多媒体技术的出现，标志着信息技术一次新的革命性的飞跃。多媒体计算机把文字、音频、图形、动画和视频图像等多种媒体信息集成于一体，并采用了图形界面、窗口操作、触摸屏技术，使人机交互能力大大提高。它极大地改变了人类获取、处理、使用信息的方式，同时也深刻影响了人类的学习、工作和生活的方式。

6.1.1　多媒体概述

所谓媒体（Media）就是信息表示、传输和存储的载体。例如，文本、声音、图像等都是媒体，它们向人们传递各种信息。媒体原有两重含义，一是指存储信息的实体，如磁盘、光盘、磁带、半导体存储器等；二是指传递信息的载体，如文本、声音、图形、图像等。

媒体的概念范围相当广泛，按照国际电话电报咨询委员会（CCITT）的定义，媒体可以进行如下分类。

（1）感觉媒体（Perception Medium）：直接作用于人的感官，产生感觉（视、听、嗅、味、触觉）的媒体称为感觉媒体。例如，语言、音乐、音响、图形、动画、数据、文字、文件等都是感觉媒体。而我们通常所说的多媒体就是感觉媒体的组合。

（2）表示媒体（Presentation Medium）：为了对感觉媒体进行有效的传输，以便于进行加工和处理，而人为地构造出的一种媒体称为表示媒体。例如，语言编码、静止和活动图像编码以及文本编码等都称为表示媒体。

（3）显示媒体（Display Medium）：显示媒体是显示感觉媒体的设备。显示媒体又分为两类：一类是输入显示媒体、如话筒、摄像机、光笔以及键盘等；另一种为输出显示媒体，如扬声器、显示器以及打印机等。

（4）传输媒体（Transmission Medium）：传输媒体是指传输信号的物理载体。例如，同轴电缆、双绞线、光纤以及电磁波等都是传输媒体。

（5）存储媒体（Storage Medium）：用于存储表示媒体，即用于存放感觉媒体数字化代码的媒体称为存储媒体。例如，磁盘、磁带、光盘、纸张等都是存储媒体。

（6）多媒体（Multimedia）是融合两种或两种以上感觉媒体的人机交互信息或传播的媒体，是多种媒体信息的综合。它可以包括各种信息元素，主要有文本、图形、图像、音频、视频、动画等。

6.1.2　多媒体技术概述

1. 多媒体技术的定义

多媒体技术从不同的角度有着不同的定义。比如有人定义"多媒体计算机是一组硬件和软件设备；结合了各种视觉和听觉媒体，能够产生令人印象深刻的视听效果。在视觉媒体上，包括图形、动画、图像和文字等媒体，在听觉媒体上，则包括语言、立体声响和音乐等媒体。用户可以从多媒体计算机同时接触到各种各样的媒体来源"。还有人定义多媒体是"传统的计算媒体——文字、图形、图像以及逻辑分析方法等与视频、音频以及为了知识创建和表达的交互式应用的结合体"。概括起来就是：多媒体技术，即是计算机交互式综合处理多媒体信息——文本、图形、图像和声音，使多种信息建立逻辑连接，集成为一个系统并具有交互性。简言之，多媒体技术就是具有集成性、实时性和交互性的计算机综合处理声文图信息的技术。

总之，多媒体技术是指能对多种载体（媒介）上的信息和多种存储体（媒质）上的信息进行处理的技术。也就是说一种把文字、图形、图像、视频、动画和声音等表现信息的媒体结合在一起，并通过计算机进行综合处理和控制，将多媒体各个要素进行有机组合，完成一系列随机性交互式操作的技术。

2. 多媒体技术的特点

（1）多样性。多样性一方面指信息表现媒体类型的多样性，另一方面也指媒体输入、传播、再现和展示手段的多样性。以输入数据的手段为例，20世纪60～70年代要穿纸带，80年代改用键盘，到了多媒体时代，不但可继续用键盘，也可以用鼠标、触摸屏、扫描、语音、手势、表情等较为自然的输入方式。多媒体技术的引入将计算机所能处理的信息空间扩展和放大，使人们的思维表达不再局限于顺序、单调、狭小的范围内，而有了更充分更自由的表现余地。多媒体技术为这种自由提供了多维信息空间下的交互手段和获得多维化信息的方法。

（2）集成性。多媒体技术将各类媒体的设备集成在一起，同时也将多媒体信息或表现形式以及处理手段集成在同一个系统之中。对计算机的发展来说，这是一次系统级的飞跃。

（3）交互性。交互性是指实现媒体信息的双向处理，即用户与计算机的多种媒体进行交互式操作，从而为用户提供更有效控制和使用信息的手段，同时也为应用开辟了更加广阔的领域。早期的计算机与人之间通过键盘、屏幕等进行信息的交互，用户要让计算机运行某个程序，必须通过键盘输入文件名，而计算机将计算结果以数据和字符在屏幕上显示。后来计算机引入鼠标和

Windows 图形界面，用户要让计算机实现某个问题，只要用鼠标单击就可以了，大大方便了输入，计算机交互有了长足的发展。当今随着多媒体技术的飞速发展，信息的输入/输出也由单一媒体转变为多媒体，人与计算机之间的交互手段多样化，除键盘、鼠标等传统输入手段外，还可以用语音输入、手势输入等；而信息的输出也多样化了，既可以以字符显示，又可以以图像、声音、视频等形式出现，让用户与计算机之间的交互变得和谐自然。

6.1.3　多媒体的相关技术

多媒体技术是多学科、多技术交叉的综合性技术，主要涉及多媒体数据压缩技术、多媒体信息存储技术、多媒体网络通信技术、多媒体软件技术以及虚拟现实技术等。

1. 多媒体数据压缩技术

多媒体数据压缩技术是多媒体技术中最为关键的技术。数字化后的多媒体信息的数据量非常庞大，例如，对于彩色电视信号的动态视频图像，数字化处理后的 1s 数据量达十多兆字节，650MB 容量的 CD-ROM 仅能存 1min 的原始电视数据。超大数据量给存储器的存储、带宽及计算机的处理速度都带来极大的压力，因此，需要通过多媒体数据压缩技术来解决数据存储与信息传输的问题。

2. 多媒体信息存储技术

多媒体数据有两个显著的特点：一是数据表现有多种形式，且数据量很大，尤其对动态的声音和视频图像更为明显；二是多媒体数据传输具有实时性，声音和视频必须严格地同步。这就要求存储设备的存储容量必须足够大，存取速度快，以便高速传输数据，使得多媒体数据能够实时地传输和显示。

多媒体信息存储技术主要研究多媒体信息的逻辑组织，存储体的物理特性，逻辑组织到物理组织的映射关系，多媒体信息的存取访问方法、访问速度、存储可靠性等问题，具体技术包括磁盘存储技术、光存储技术以及其他存储技术。

3. 多媒体网络通信技术

多媒体网络通信技术是指通过对多媒体信息特点和网络技术的研究，建立适合传输文本、图形、图像、声音、视频、动画等多媒体信息的信道、通信协议和交换方式等，解决多媒体信息传输中的实时与媒体同步等问题。

现有的通信网络大体上可分为 3 类：电信网络（包括移动多媒体网络）、计算机网络和有线电视网络。多媒体通信网络技术主要解决网络吞吐量、传输可靠性、传输实时性和提高服务质量等问题，实现多媒体通信和多媒体数据及资源的共享。

4. 多媒体专用芯片技术

专用芯片是改善多媒体计算机硬件体系结构和提高其性能的关键。为了实现音频、视频信号的快速压缩、解压缩和实时播放，需要大量的快速计算。只有不断研发高速专用芯片，才能取得满意的处理效果。专用芯片技术的发展依赖于大规模集成电路（VastLarge Scale Integration，VLSI）技术的发展。

多媒体计算机专用芯片可归纳为两种类型：一种是固定功能的芯片，其主要用来提高图像数据的压缩率；另一种是可编程数字信号处理器 DSP 芯片，主要用来提高图像的运算速度。

5. 多媒体软件技术

多媒体软件技术主要包括多媒体操作系统、多媒体数据库技术、多媒体信息处理与应用开发技术。

① 多媒体操作系统是多媒体软件技术的核心，负责多媒体环境下多任务的调度，提供多媒体

信息的各种基本操作和管理，保证音频、视频同步控制以及信息处理的实时性，具备综合处理和使用各种媒体的能力，能灵活地调度多种媒体数据并能进行相应的传输和处理，改善工作环境并向用户提供友好的人机交互界面等。

② 多媒体数据库技术主要从 3 个方面开展研究，一是研究分析多媒体数据对象的固有特性；二是在数据模型方面开展研究，实现多媒体数据库管理；三是研究基于内容的多媒体信息检索策略。多媒体数据库中，要处理结构化和大量非结构化数据，解决数据模型、数据压缩与还原、多媒体数据库操作及多媒体数据对象表现等主要问题。

③ 多媒体信息处理主要研究各种媒体信息（如文本、图形、图像、声音、视频等）的采集、编辑、处理、存储、播放等技术。多媒体应用开发技术主要是在多媒体信息处理的基础上，研究和利用多媒体著作或编程工具，开发面向应用的多媒体系统，并通过光盘或网络发布。

6. 虚拟现实技术

虚拟现实（Virtual Reality，VR）技术是一种可以创建和体验虚拟世界的计算机系统，一种模拟人在自然环境中视觉、听觉和运动等行为的高级人机交互（界面）技术。虚拟现实技术是多媒体技术的重要发展和应用方向，旨在为用户提供一种身临其境和多感觉通道的体验，寻求最佳的人机通信方式。它是由计算机硬件、软件以及各种传感器所构成的三维信息人工环境，即虚拟环境；由可实现的和不可实现的物理上的、功能上的事物和环境构成。虚拟现实技术在娱乐游戏、建筑设计、CAD 机械设计、计算机辅助教学、虚拟实验室、国防军事、航空航天、生物医学、医疗外科手术、艺术体育、商业旅游等领域显示出广阔的应用前景。

6.1.4　多媒体技术的发展

多媒体和多媒体技术可追溯到 20 世纪 80 年代。1984 年，美国 Apple 公司在更新换代的 Macintosh 个人计算机（Mac）上使用基于图形界面的窗口操作系统，并在其中引入位图概念进行图像处理，随后增加了语音压缩和真彩色图像系统，使用，Macromedia 公司的 Director 软件进行多媒体创作，成为当时最好的多媒体个人计算机。1986 年，Philips 公司和 Sony 公司联合推出交互式紧凑光盘系统（Compact Disc Interactive，CDI），能够将声音、文字、图形图像、视频等多媒体信息数字化存储到光盘上。1987 年，RCA 公司推出了交互式数字视频系统 DVI（Digital Video Interactive），使用标准光盘存储、检索多媒体数据。1990 年，Philips 等十多家厂商联合成立了多媒体市场委员会并制定了 MPC（多媒体计算机）的市场标准，建立了多媒体个人计算机系统硬件的最低功能标准，利用 Microsoft 公司的 Windows 操作系统，以 PC 现有的广大市场作为推动多媒体技术发展的基础。1995 年，由美国 Microsoft（微软）公司开发的功能强大的 Windows 95 操作系统问世，使多媒体计算机的用户界面更容易操作，功能更为强劲。随着视频音频压缩技术日趋成熟，高速的奔腾系列 CPU 开始武装个人计算机，个人计算机市场已经占据主导地位，多媒体技术得到了蓬勃发展。国际互联网络的兴起，也促进了多媒体技术的发展。

6.1.5　多媒体技术的应用

目前多媒体系统已经能够将数据、声音以及高清晰度的图像作为软件中的对象进行各式各样的处理，层出不穷的各种编辑处理软件使得人们可以更方便的使用素材，达到自己理想的表现效果，因此，多媒体技术应用的领域非常广泛，下面列举多媒体技术在教育培训、通信工程、影音娱乐、电子出版、医疗影像诊断、工业及军事各系统或领域中的应用。

1. 多媒体技术在教育培训系统中的应用

多媒体教学的模式可以使得教学内容更充实、更形象、更有吸引力，提高学生的学习兴趣和接受效率，对于幼儿教育来说，带有声音、音乐和动画的多媒体软件，可以让幼儿身临其境，寓教于乐；对于基础教育，多媒体技术的加入，可以制作生动形象的多媒体课件，让老师和学生可以自行调整教与学的内容和学习方法，因材施教，实现个性化教学，尤其是目前教学中多用的电子白板，多媒体课件可自行创建，同时也可上传至资源中心多人共享；对于远程教育来说，多媒体技术可以应用的更加充分，传统面授教学逐渐被替代，多媒体计算机和互联网可以作为建构主义学习环境下的理想认知工具，有效地促进学生的认知和发展，如 CAI 课件，作为教学辅助软件，可以实现问与答、分步骤演示、灵活查询、仿真教学甚至模拟实验等功能，有很好的交互性，可以自主学习、模拟练习、远程考试。

2. 多媒体技术在通信工程中的应用

从通信角度来看，多媒体通信是继电报、电话、传真之后兴起的新一代通信手段，多媒体通信技术可以把计算机的交互性、通信的分布性以及电视的真实性融为一体，涉及的内容十分宽泛，包括人机界面、数字信号处理、大容量存储设备、数据库管理系统、多媒体操作系统等软件或技术，虽然多媒体通信技术在通信系统的应用中还处在起步阶段，但已经应用在了可视电话、计算机支持的协同工作、视频会议、检索网络多媒体信息资源、多媒体邮件及知识传播等。

3. 多媒体技术在影音娱乐中的应用

配有较好声卡的多媒体计算机播放的效果要好于普通家庭音响，因为经过多媒体计算机播出的声音中是没有嘈杂的交流声的，另外，立体声声卡还配有音乐设备数字接口，即 MIDI 接口，通过这种接口用户可以将各种音乐设备和计算机连接起来，可自己编曲演奏，存储编辑。

多媒体技术与虚拟现实技术相结合，还可以向人们提供三维立体化的双向影视服务，使人们足不出户即能"进入"世界著名的博物馆、美术馆和旅游景点，并能根据自己的意愿选择观赏的场景，人们还可以利用多媒体终端在家里点播爱看的视听节目，选玩画面逼真、声音悦耳的电子游戏，并实现居家购物、订票或检索网络上的庞大的多媒体数据库。

4. 多媒体技术在电子出版中的应用

电子出版物有着多媒体的特点，尤其体现在集成性和交互性，使用媒体种类多、表现力强，信息检索和使用方式更加灵活方便，在提供信息给读者的同时也可以接收读者的反馈。电子出版物是指以数字代码方式将图、文、声、像等信息存储在磁、光、电介质上，通过计算机或类似设备阅读使用，并可复制发行的大众传播媒体，如 E-zine 是常规杂志的一种电子形式。

5. 多媒体技术在医疗影像诊断中的应用

以多媒体技术为主体的综合医疗信息系统是医药卫生保健信息化、自动化的重要标志。它能将医务人员的医务活动输入到以计算机为主体的各种设备中。医务人员也可以通过这些设备充分利用各种形式的多媒体信息资源，以提高医疗效率和质量，直到实现医疗的自动化和智能化。

目前，医疗诊断中经常采用的实时动态视频扫描、声影处理等技术都是多媒体技术成功应用的例证，并且也实现了影像存储管理。这些多媒体技术的应用必将改善人类的医疗条件，提高医疗水平。

6. 多媒体技术在工业及军事领域中的应用

多媒体技术可以对工业生产进行实时监控，尤其是在生产现场设备故障诊断和生产过程参数探测等方面实际应用价值很大，特别在危险环境和恶劣环境中作业，几乎都是由多媒体监控设备所取代，另外，在交通枢纽也可以设置多媒体监测系统，准确观测各重要交通路口和行人、车辆分布，向司机提示，进行疏导，也可大大改善交通压力。

在军事领域中，多媒体技术也起到了功不可没的作用，主要表现在：作战指挥与作战模拟、军事信息管理系统、军事教育及训练等。

6.2　多媒体计算机系统的组成

多媒体计算机系统是一个能处理多媒体信息的计算机系统。它是计算机和视觉、听觉等多种媒体系统的综合。一个完整的多媒体计算机系统是由硬件和软件两部分组成的，其核心是一台计算机，外围主要是视听等多种媒体设备。因此，简单地说，多媒体系统的硬件是计算机主机及可以接收和播放多媒体信息的各种输入/输出设备，其软件是音频/视频处理核心程序、多媒体操作系统及各种多媒体工具软件和应用软件。

6.2.1　多媒体系统的硬件结构

多媒体系统的硬件即多媒体计算机，它应该是能够输入、输出并综合处理文字、声音、图形、图像和动画等多种媒体信息的计算机。多媒体个人计算机（Multimedia Personal Computer，MPC）必须遵循 MPC 规范。MPC 标准的最低要求如表 6.1 所示。

表 6.1　　　　　　　　　　　　　　　MPC 标准的最低要求

技　术　项　目	MPC 标准 1.0	MPC 标准 2.0	标准 3.0
处理器	16MHz，386SX	25MHz，486Sz	75MHz，Pentium
RAM	2MB	4MB	8MB
音频	8 位数字音频，8 个合成音（乐器数字接口 MIDI）	16 位数字音频，8 个合成音（MIDI）	16 位数字音频，Wevetable 波表合成音（MIDI）
视频	640 像素×480 像素，256 色	在 40%CPU 频带的情况下每秒传输 1.2MB 像素	在 40%CPU 频带的情况下每秒传输 2.4MB 像素
视频显示	640 像素×480 像素，256 色	640 像素×480 像素，16 位色	640 像素×480 像素，24 位色
硬盘存储	30MB	160MB	540MB
CD-RDM	150KB/s 持续传送速率，平均最快查询时间为 1s	300KB/s 持续传送速率，平均最快查询时间为 400ms，CD-ROMXA 能进行多种对话	600KB/s 持续传输速率，平均最快查询时间为 200ms，CD-ROMXA 能进行多种对话
I/O 接口	MIDI 接口，摇杆接口，串行/并行接口	MIDI 接口，摇杆接口，串行/并行接口	MIDI 接口，摇杆接口，串行/并行接口

1．主机

主机是多媒体计算机的核心，它需要有至少一个功能强大、速度快的中央处理器（CPU）；有可管理、控制各种接口与设备的配置；具有一定容量（尽可能大）的存储空间；有高分辨率显示接口与设备、可处理音响的接口与设备、可处理图像的接口设备；有可存放大量数据的配置等。

2．视频部分

视频部分负责多媒体计算机图像和视频信息的数字化摄取和回放，主要包括显示卡、视频压缩卡（也称视频卡）、电视卡、加速显示卡等。

显示卡是 PC 使用最早的扩展卡之一。在新的图形媒体加速器卡（Graphics Media Accelerator，

GMA）及其加速显示卡（Accelerated Graphics Port，AGP）接口标准的支持下，图形芯片层出不穷，3D 图形卡也不断更新，几乎每隔 6 个月就出现一代新卡。在 MPC 中，图形卡已成为更新速度最快的多媒体功能卡。

AGP 主要完成视频的流畅输出，是 Intel 公司为解决 PCI 总线带宽不足的问题而提出的新一代图形加速端口。通过 AGP 接口，可以将显示卡同主板芯片组直接相连，进行点对点传输，大幅度提高了计算机对 3D 图形的处理能力。

视频卡主要完成视频信号的 A/D 和 D/A 转换及数字视频的压缩和解压缩功能。其信号源可以是摄像头、录像机、影碟机等。视频卡是一种专门用于对视频信号进行实时处理的设备，又叫"视频信号处理器"。视频卡插在主机板的扩展插槽内，通过配套的驱动软件和视频处理应用软件进行工作。视频卡可以对视频信号（激光视盘机、录像机、摄像机等设备的输出信号）进行数字化转换、编辑和处理，以及保存数字化文件。

电视卡（盒）完成普通电视信号的接收、解调、A/D 转换及与主机之间的通信，从而可在计算机上观看电视节目，同时还可以以 MPEG 压缩格式录制电视节目。

3．音频部分

音频部分主要完成音频信号的 A/D 和 D/A 转换及数字音频的压缩、解压缩及播放等功能，主要包括声卡、外接音箱、话筒、耳麦、MIDI 设备等。

声卡又称音效卡、声音适配卡。声卡在多媒体技术的发展中曾起开路先锋的作用。早在 20 世纪 80 年代，就已经出现了声卡的雏形。第一块被广大用户接受并被大量应用于 PC 上的声卡是由加拿大 Adlab 公司研制生产的"魔奇音效卡"（Magic Sound Card）。在众多厂商生产的声卡中，比较有影响力的是新加坡 Creative 公司的 Sound Blaster 系列产品。Sound Blaster 系列声卡以其优质的声响效果赢得人们的广泛认同，占据了全球多媒体市场的很大份额，也使 Creative 公司的 Sound Blaster 系列以及后来的 Sound BlasterPro 成为重要的声效标准。

重放声音的工作由声音还原设备承担。所有的声音还原设备，包括耳机、扬声器、音响放大器等，全部使用音频模拟信号，把这些设备与声卡的线路输出端口或扬声器的端口进行正确的连接，即可播放计算机中的音频信号。

4．基本输入/输出设备

多媒体输入/输出设备十分丰富，按功能分为视频/音频输入设备、视频/音频输出设备、人机交互设备、数据存储设备 4 类。

视频/音频输入设备包括摄像机、录像机、影碟机、扫描仪、话筒、录音机、激光唱盘和 MIDI 合成器等；视频/音频输出设备包括显示器、电视机、投影电视、扬声器、立体声耳机等；人机交互设备包括键盘、鼠标、触摸屏和光笔等；数据存储设备包括 CD-ROM、磁盘、打印机、可擦写光盘等。对于大容量的多媒体作品，光盘是目前最理想的存储载体。现在，光盘驱动器已成为 MPC、笔记本电脑乃至普通 PC 的标准装备，一般都采用"内置"的形式，安装在计算机机箱的内部。随着 DVD 光盘的推广使用，近几年生产的 MPC 越来越多地用 DVD 光驱取代 CD-ROM 光驱，且通常采用内置驱动器的形式。

触摸屏作为多媒体输入设备，已被广泛用于各个行业的控制、信息查询及其他方面。用手指在屏幕上指点以获取所需的信息，具有直观、方便的特点，就是从未接触过计算机的人也能立即使用。触摸屏引入后可以改善人机交互方式，同时提高人机交互效率。

5．高级多媒体设备

随着科技的进步，出现了一些新的输入/输出设备，比如用于传输手势信息的数据手套，用于虚拟现实能够产生较好的沉浸感的数字头盔和立体眼镜等设备。

在一个具体的多媒体系统的硬件配置中，不一定都包括上述的全部配置，但一般在常规的计算机上包括音频适配卡和 CD-ROM 或 DVD-ROM 驱动器。

6.2.2　多媒体软件系统

按功能划分，多媒体计算机软件系统可分成 3 个层次，即多媒体核心软件、多媒体工具软件和多媒体应用软件。

1. 多媒体核心软件

多媒体核心软件不仅具有综合使用各种媒体，灵活调度多媒体数据进行媒体传输和处理的能力，而且要控制各种媒体硬件设备协调地工作。多媒体核心软件包括多媒体操作系统（MultiMedia Operating System，MMOS）和音/视频支持系统（Audio/Video Support System，AVSS），或音/视频核心（Audio/Video Kernel，AVK），或媒体设备驱动程序（Medium Device Driver，MDD）等。

对 MPC 而言，多媒体操作系统（Microsoft Windows）和声卡、CD-ROM 驱动器、视频卡等多媒体工作平台、媒体数据格式的驱动程序等构成了多媒体核心软件。

2. 多媒体工具软件

多媒体工具软件包括多媒体数据处理软件、多媒体软件工作平台、多媒体软件开发工具和多媒体数据库系统等。

3. 多媒体应用软件

多媒体应用软件是在多媒体创作平台上设计开发的面向应用领域的软件系统，通常由应用领域的专家和多媒体开发人员共同协作、配合完成，如多媒体课件、多媒体演示系统、多媒体模拟系统、多媒体导游系统、电子图书等。

4. 多媒体制作常用软件工具

（1）文本输入与处理软件

文本是多媒体软件的重要组成部分。可实现文本素材的输入与处理的工具软件有很多，但最为流行的是 Word 和 WPS，两者都能根据设计的需要制作出字形优美、任意字号的文本素材，并且生成的文件格式也能被大部分多媒体软件所支持。

（2）静态图素材采集与制作软件

静态图素材包括图形和图像两大类。多媒体制作中常用的图形处理软件主要有 AutoCAD 及 CorelDraw 等，其中 CorelDraw 较为流行。作为平面图形设计软件，CorelDraw 包含有丰富而强大的图形绘制、文本处理、自动跟踪、分色以及特效处理等功能，同时提供了增强型的用户界面，充分利用了 Windows 的高级功能，不仅使图形处理速度更快，而且制作的图形素材可以在其他 Windows 应用软件中进行复制、剪切和粘贴。常用的图像采集和制作软件有 Photoshop、FireWorks 和 Photostudio 等。Photoshop 具有简洁的中文界面，可以直接从数字相机、扫描仪等输入设备获得图像，支持 BMP、TIF、PCD、PCX、TCG 和 JPG 等文件格式，而且操作也很简单。

（3）音频素材采集与制作软件

音频即声音，采集与制作声音文件可在 Windows 系统的"录音机"中进行，也可以使用 Sound Forge，CreativeWaveStudio，Sound System 及 GoldWave 等音频处理软件。

（4）视频素材采集与制作软件

视频是多媒体产品内容的真实场景再现，其常用软件主要有 Premiere 和 Personal AVI Editor。Premiere 制作动态视频效果好，并且功能强大，但操作较复杂；而 Personal AVI、Editor 则适合初学者制作简单的动态视频素材，不仅操作简单，而且有多种图像、文字和声音的特效，将这些特效灵活搭配，即可轻松获得动态视频素材。

（5）动画素材采集与制作软件

制作动画的常用软件主要有 AnimatorStudio、3DS MAX、Cool3D 等。

AnimatorStudio 对运行环境要求较低，并且操作直观，容易学习，可以方便地进行二维图形与动画的制作。

3DS MAX 是三维动画多媒体素材制作软件，为专业绘图人员制作高品质图像或动画提供所需要的功能。利用该软件可以很快地建立球体、圆锥体、圆柱体等基本造型，或构造出物体的立体图形。

Cool 3D 则在速度、操作简易度和视觉效果上都能很好地适合初学者制作动画的要求，它可以直接创建任意的矢量图形或者将 JPG、BMP 等位图图像直接转换为矢量图形，同时还可快速制作基本几何形状的三维物体，将球体、圆柱、圆锥、金字塔和立体几何形状的物件插入到图像中。

（6）多媒体编辑软件

多媒体编辑软件是将多媒体信息素材连接成完整多媒体应用系统的软件，目前常用的有 Authorware、Action、Visual Basic、PowerPoint、Dreamweaver、Flash、FrontPage、ToolBook 等。

Authorware 是以图标为基础，以流程图为编辑模式的多媒体合成软件。其制作过程是：用系统提供的图标先建立应用程序的流程图，然后通过选中图标，打开相应的对话框、提示窗口及系统提供的图形、文字、视频、动画等编辑器，逐个编辑图标，添加内容。

Action 是面向对象的多媒体制作软件，具有较强的时间控制特性，它在组织连接对象时，除了考虑其内容和顺序外，还要考虑它们的同步问题。例如，定义每个媒体素材的起止时间、重叠片段、演播长度等。另外也可以制作简单的动画，操作方法比较简单。

Visual Basic 是一种基于程序语言的集成包，在多媒体产品制作中提供对窗口及其内容的创作方式。

PowerPoint 是专门用于制作演示多媒体投影片、幻灯片模式的多媒体 CAI 编辑软件，它以页为单位制作演示内容，然后将制作好的页集成起来，形成一个完整的多媒体作品。

Dreamweaver、Flash 及 FrontPage 都是制作网络多媒体作品的软件。Dreamweaver 可以非常容易地制作不受平台和浏览器限制的、具有动感的多媒体作品，具有“易用”和“所见即所得”两大优点，它引进了“层”的概念，通过“层”的应用，可以在任何地方添加所需要的多媒体素材。

Flash 最适合制作动态导航控制、动态画面的多媒体作品。由于 Flash 使用了压缩的矢量图像技术，所以其下载和窗口大小调整的速度都很快。

6.3　多媒体信息在计算机中的表示与处理

多媒体包括声、文、图、形、数 5 类，其中“文”和“数”在第 1 章中已经介绍了它们在计算机中的表示和处理，这里着重介绍声音媒体和视觉媒体在计算机中的表示和处理。

6.3.1　声音媒体的数字化

1. 音频技术常识

声波是由机械振动产生的压力波。所以声音是机械振动，振动越强，声音越大；振动频率越高，音调则越高。人耳能听到的声音在 20Hz～20kHz 之间，而人能发出的声音，其频率范围在

$300\sim3\ 000Hz$。

2. 数字音频技术基础

在计算机内，所有的信息均以数字（0或1）表示，声音信号也用一组数字表示，称之为数字音频。数字音频与模拟音频的区别在于：模拟音频在时间上是连续的，而数字音频是一个数据序列，在时间上是离散的。

若要用计算机对音频信息处理，就要将模拟信号（如语音、音乐等）转换成数字信号，这一转换过程称为模拟音频的数字化。模拟音频数字化过程涉及音频的采样、量化和编码，具体过程如图6.1所示。

图6.1　模拟音频的数字化过程

（1）采样。采样是每隔一定时间间隔对模拟波形上取一个幅度值，把时间上的连续信号变成时间上的离散信号。该时间间隔为采样周期，其倒数为采样频率，如图6.2所示。

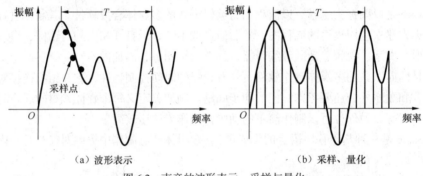

（a）波形表示　　　　　　　　　　　　（b）采样、量化

图6.2　声音的波形表示、采样与量化

采样频率即每秒钟的采样次数，采样频率越高，数字化音频的质量越高，但数据量越大。根据HarryNyquist采样定律，在对模拟信号采集时，选用该信号所含最高频率两倍的频率采样，才可基本保证原信号的质量。因此，目前普通声卡的最高采样频率通常为48kHz或者44.1kHz，此外还支持22.05kHz和11.025kHz的采样频率。

（2）量化。量化是将每个采样点得到的表示声音强弱的模拟电压的幅度值以数字存储。量化位数（也即采样精度）表示存放采样点振幅值的二进制位数，它决定了模拟信号数字化以后的动态范围。通常量化位数有8位、16位，其中8位量化位数的精度有256个等级，即对每个采样点的音频信号的幅度精度为最大振幅的1/256，16位量化位数的精度有65 536个等级，即为音频信号最大振幅的1/65 536。可见，量化位数越大，对音频信号的采样精度就越高，信息量也相应提高。在相同的采样频率下，量化位数越大，则采样精度越高，声音的质量也越好，信息的存储量也相应越大。

（3）编码。编码是将采样和量化后的数字数据以一定的格式记录下来。编码的方式很多，常用的编码方式是脉冲编码调制（PulseCodeModulation，PCM），其主要优点是抗干扰能力强，失真小，传输特性稳定。

3. 声音合成技术

计算机声音有两种产生途径，一种是通过数字化录制直接获取，另一种是利用声音合成技术实现，后者是计算机音乐的基础。声音合成技术使用微处理器和数字信号处理器代替发声部件，模拟出声音波形数据，然后将这些数据通过数模转换器转换成音频信号并发送到放大器，合成出声音或音乐。乐器生产商利用声音合成技术生产出各种各样的电子乐器。

20 世纪 80 年代，随着个人计算机的兴起，声音合成技术与计算机技术的结合产生了新一代数字合成器标准 MIDI（乐器数字化接口）。这是一个控制电子乐器的标准化串行通信协议，它规定了各种电子合成器和计算机之间连接的数据线和硬件接口标准及设备间数据传输的协议。MIDI 确立了一套标准，该协议允许各种电子合成器互相通信，保证不同品牌的电子乐器之间能保持适当的硬件兼容性。它也为与 MIDI 兼容的设备之间传输和接收数据提供了标准化协议。

6.3.2　视觉媒体的数字化

多媒体创作最常用的视觉元素分静态和动态图像两大类。静态图像根据它们在计算机中生成的原理不同，又分为位图（光栅）图像和矢量图形两种。动态图像又分视频和动画。视频和动画之间的界限并不能完全确定，习惯上将通过摄像机拍摄得到的动态图像称为视频，而由计算机或绘画的方法生成的动态图像称为动画。

1. 静态图形图像的数字化

（1）基本概念

在计算机中，图形（Graphics）与图像（Image）是一对既有联系又有区别的概念。它们都是一幅图，但图的产生、处理、存储方式不同。图形一般是指通过绘图软件绘制的由直线、圆、圆弧、任意曲线等图元组成的画面，以矢量图形文件形式存储。矢量图文件中存储的是一组描述各个图元的大小、位置、形状、颜色、维数等属性的指令集合，通过相应的绘图软件读取这些指令，可将其转换为输出设备上显示的图形。因此，矢量图文件的最大优点是对图形中的各个图元进行缩放、移动、旋转而不失真，而且它占用的存储空间小。

图像是由扫描仪、数字照相机、摄像机等输入设备捕捉的真实场景画面产生的映像，数字化后以位图形式存储。位图图像又称为光栅图像或点阵图像，是由一个个像素点（能被独立赋予颜色和亮度的最小单位）排成矩阵组成的，位图文件中所涉及的图形元素均由像素点来表示，这些点可以进行不同的排列和染色以构成图样。位图文件中存储的是构成图像的每个像素点的亮度、颜色，位图文件的大小与分辨率和色彩的颜色种类有关，放大和缩小要失真，由于每一个像素都是单独染色的，因此位图图像适于表现逼真照片或要求精细细节的图像，占用的空间比矢量文件大。

矢量图形与位图图像可以转换，要将矢量图形转换成位图图像，只要在保存图形时，将其保存格式设置为位图图像格式即可；但反之则较困难，要借助其他软件来实现。

（2）图像的数字化

图像的数字化是指将一幅真实的图像转变成为计算机能够接受的数字形式，这涉及对图像的采样、量化以及编码等。

图像采样就是将时间和空间上连续的图像转换成离散点的过程，采样的实质就是用若干个像素（Pixel）点来描述这一幅图像，称为图像的分辨率，用点的"列数×行数"表示，分辨率越高，图像越清晰，存储量也越大。

量化则是在图像离散化后，将表示图像色彩浓淡的连续变化值离散化为整数值（即灰度级）的过程，从而实现图像的数字化。在多媒体计算机系统中，图像的色彩是用若干位二进制数表示的，被称为图像的颜色深度。把量化时可取整数值的个数称为量化级数，表示色彩（或亮度）所需的二进制位数称为量化字长。一般用 8 位、16 位、24 位、32 位等来表示图像的颜色，24 位可

以表示 $2^{24}=16\,777\,216$ 种颜色，称为真彩色。

2. 动态图像的数字化

（1）基本概念

动态图像也称为视频，视频是由一系列的静态图像按一定的顺序排列组成，每一幅称为帧（Frame）。电影、电视通过快速播放每帧画面，再加上人眼视觉效应便产生了连续运动的效果。当帧速率达到 12 帧/秒以上时，可以产生连续的视频显示效果。

视频有两类：模拟视频和数字视频。早期的电视等视频信号的记录、存储和传输都是采用模拟方式；现在出现的 VCD、SVCD、DVD、数字式便携摄像机都是数字视频。在模拟视频中，常用两种视频标准：NTSC 制式（30 帧/秒，525 行/帧）和 PAL 制式（25 帧/秒，625 行/帧），我国采用 PAL 制式。

（2）视频信息的数字化

视频数字化过程同音频相似，在一定的时间内以一定的速度对单帧视频信号进行采样、量化、编码等过程，实现模数转换、彩色空间变换和编码压缩等，这通过视频捕捉卡和相应的软件来实现。在数字化后，如果视频信号不加以压缩，数据量的大小是帧乘以每幅图像的数据量。例如，要在计算机连续显示分辨率为 $1\,280 \times 1\,024$ 的 24 位真彩色高质量的电视图像，按每秒 30 帧计算，显示 1min，则需要：

$$1\,280（列）\times 1\,024（行）\times 3（B）\times 30（帧/s）\times 60（s）\approx 6.6GB$$

一张 650MB 的光盘只能存放 6s 左右的电视图像，显然，这样大的数据量不仅超出了计算机的存储和处理能力，更是当前通信信道的传输速率所不及的。因此，为了存储、处理和传输这些数据，必须对数据进行压缩，这就带来了图像数据的压缩问题。

6.3.3 多媒体数据压缩技术

随着多媒体技术的发展，特别是音频和视觉媒体数字化后巨大的数据量使数据压缩技术的研究受到人们越来越多的重视。近年来随着计算机网络技术的广泛应用，为了满足信息传输的需要，更促进了数据压缩相关技术和理论的研究和发展。本部分介绍数据压缩的基本概念、基本方法及数据压缩的国际标准。

1. 多媒体数据压缩方法

（1）数据为何能被压缩

首先，数据中间常存在一些多余成分，即冗余度。如在一份计算机文件中，某些符号会重复出现；某些符号比其他符号出现得更频繁；某些字符总是在各数据块中可预见的位置上出现等，这些冗余部分便可在数据编码中除去或减少。比如下面的字符串：

KKKKKKAAAAVVVVAAAAAA

这个字符串可以用更简洁的方式来编码，那就是通过替换每一个重复的字符串为单个的实例字符加上记录重复次数的数字来表示，上面的字符串可以被编码为下面的形式：

6K4A4V6A

在这里，6K 意味着 6 个字符 K，4A 意味着 4 个字符 A，依此类推。这种压缩方式是众多压缩技术中的一种，称为"行程长度编码"方式，简称 RLE。冗余度压缩是一个可逆过程，因此叫作无失真压缩（无损压缩），或称保持型编码。

其次，数据中间尤其是相邻的数据之间，常存在着相关性。例如，图片中常常有色彩均匀的部分，电视信号的相邻两帧之间可能只有少量变化的影像是不同的，声音信号有时具有一定的规律性和周期性等。因此，有可能利用某些变换来尽可能地去掉这些相关性。

（2）无损压缩和有损压缩

数据压缩就是在无失真或允许一定失真的情况下，以尽可能少的数据表示信源所发出的信号。通过对数据的压缩减少数据占用的存储空间，从而减少传输数据所需的时间，减少传输数据所需信道的带宽。数据压缩方法种类繁多，可以分为无损压缩和有损压缩两大类。

无损压缩方法利用数据的统计冗余进行压缩，可完全恢复原始数据而不引入任何失真，但压缩率受到数据统计冗余度的理论限制，一般为 2:1 ~ 5:1。这类方法广泛用于文本数据、程序和特殊应用场合的图像数据（如指纹图像、医学图像等）的压缩。由于压缩比的限制，仅使用无损压缩方法不可能解决图像和数字视频的存储和传输的所有问题。经常使用的无损压缩方法有 Shannon-Fano 编码、Huffman 编码、游程（Run-length）编码、LZW 编码（Lempel-Ziv-Welch）和算术编码等。

有损压缩方法利用了人类视觉对图像或声波中的某些频率成分不敏感的特性，允许压缩过程中损失一定的信息。虽然不能完全恢复原始数据，但是所损失的部分对理解原始图像的影响较小，却换来了大得多的压缩比。有损压缩广泛应用于语音、图像和视频数据的压缩。

在多媒体应用中，常用的压缩方法有：PCM（脉冲编码调制）、预测编码、变换编码、插值和外推法、统计编码、矢量量化和子带编码等，混合编码是近年来广泛采用的方法。新一代的数据压缩方法，如基于模型的压缩方法、分形压缩和小波变换方法等也已接近实用化水平。

衡量一个压缩编码方法优劣的重要指标为：压缩比要高，有几倍、几十倍，也有几百乃至几千倍；压缩与解压缩要快，算法要简单，硬件实现容易；解压缩后的质量要好。

2. 多媒体数据压缩标准

前面介绍了数据压缩的基本概念和基本方法，随着数据压缩技术的发展，一些经典编码方法趋于成熟，为使数据压缩走向实用化和产业化，近年来一些国际标准组织成立了数据压缩和通信方面的专家组，制定了几种数据压缩编码标准，并且很快得到了产业界的认可。

目前已公布的数据压缩标准有：用于静止图像压缩的 JPEG 标准；用于视频和音频编码的 MPEG 系列标准（包括 MPEG-1、MPEG-2、MPEG-4 等）；用于视频和音频通信的 H.261、H.263 标准等。

（1）JPEG 标准。1986 年，CCITT 和 ISO 两个国际组织组成了一个联合图片专家组（Joint Photographic Expert Group），其任务是建立第一个实用于连续色调图像压缩的国际标准，简称 JPEG 标准。

JPEG 以离散余弦变换（DCT）为核心算法，通过调整质量系数控制图像的精度和大小。对于照片等连续变化的灰度或彩色图像，JPEG 在保证图像质量的前提下，一般可以将图像压缩到原大小的 1/10 ~ 1/20。如果不考虑图像质量，JPEG 甚至可以将图像压缩到"无限小"。2001 年正式推出了 JPEG 2000 国际标准，在文件大小相同的情况下，JPEG 2000 压缩的图像比 JPEG 质量更高，精度损失更小。

（2）MPEG 标准。MPEG 即"活动图像专家组"，是国际标准化组织和国际电工委员会组成的一个专家组，现在已成为有关技术标准的代名词。MPEG 是一种在高压缩比的情况下，仍能保证高质量画面的压缩算法。它用于活动图像的编码，是一组视频、音频、数据的压缩标准。它提供的压缩比可以高达 200:1，同时图像和音响的质量也非常高。它采用的是一种减少图像冗余信息的压缩算法，现在通常有 3 个版本：MPEG-1、MPEG-2、MPEG-4 以适用于不同带宽和数字影像质量的要求。它的 3 个最显著优点就是兼容性好、压缩比高（最高可达 200:1）、数据失真小。

（3）MP3 标准。MP3 是 MPEG Audio Layer 3 音乐格式的缩写，属于 MPEG-1 标准的一部分。利用该技术可以将声音文件以 1:12 的压缩率压缩成更小的文档，同时还保持高品质的效果。例如，一首容量为 30MB 的 CD 音乐，压缩 MP3 格式后仅为 2MB 多。平均起来，n min 的歌曲可以转换为 nMB 的 MP3 音乐文档，一张 650MB 的 CD 可以录制多于 600 min 的 MP3 音乐。由于 MP3 音乐具有文件容量较小而音质佳的优点，因而近几年来得以在因特网上广为流传。

（4）H.261、H.263 标准。H.216 是 CCITT（国际电报电话会议）所属专家组主要为可视电话和电视会议而制定的标准，是关于视像和声音的双向传输标准。H.261 最初是针对在 ISDN 上实现电信会议应用，特别是面对面的可视电话和视频会议而设计的。实际的编码算法类似于 MPEG 算法，但不能与后者兼容。H.261 在实时编码时比 MPEG 所占用的 CPU 运算量少得多，此算法为了优化带宽占用量，引进了在图像质量与运动幅度之间的平衡折中机制，也就是说，剧烈运动的图像比相对静止的图像质量要差。因此这种方法是属于恒定码流可变质量编码而非恒定质量的可变码流编码。H.263 的编码算法与 H.261 一样，但做了一些改善和变化，以提高性能和纠错能力。H.263 标准在低码率下能够提供比 H.261 更好的图像效果。

6.4　多媒体编辑软件 Authorware

Authorware 是当前较为流行的、交互能力较强的多媒体编辑工具之一。它是一种基于主流线和设计图标结构的多媒体框架编程开发平台，属于第四代编程软件开发工具。Authorware 采用可视化编程环境，不需要编写大量的程序代码，通常只需两个步骤：第一步，将代表媒体及交互控制功能的图标拖动到设计窗口内的流程线上，组成逻辑框架流程图；第二步，对流程图每个图标进行进一步的属性设计，完成对媒体的控制。Authorware 具有丰富的函数和程序控制功能，将编辑系统和编程语言很好地融合在了一起。

6.4.1　Authorware 7.0 功能概述

当打开 Authorware 7.0 程序后，首先显示如图 6.3 所示的主画面。

从图 6.3 所示的画面来看，Authorware 7.0 包括菜单栏、工具栏、编辑设计区、图标工具栏等几个主要部分。Authorware 7.0 提供了 13 类设计图标，分别完成 13 项基本的程序设计功能；两个调试图标，用于对某段程序的单独调试；一个调色板，用于对流线中图标颜色的设置。创作多媒体应用软件时，系统提供一条流程线（line），供放置不同类型的图标使用。多媒体素材的呈现是以流线为依据的，在流线图

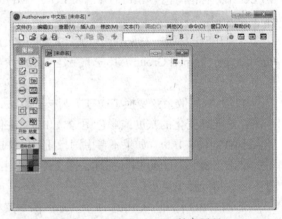

图 6.3　Authorware 7.0 的主画面

上可以对任意一个图标进行编辑。媒体对象和交互事件都用不同的图标（icon）表示，这些图标被组织在一个结构化框架或过程中，把需要的媒体和控制按流程图的方式放在相应的位置即可实现可视化编程，这种工具适宜于复杂的导航结构。流线或图标控制的优点是调试方便，根据需要可将图标放于流线图上的任何位置，并可任意调整图标的位置，对每一图标都可命以不同的名字

以便对图标进行管理。

1. Authorware 7.0 菜单栏功能介绍

Authorware 7.0 的菜单栏包括文件（F）、编辑（E）、查看（V）、插入（I）、修改（M）、文本（T）、调试（C）、其他（X）、命令（O）、窗口（W）和帮助（H）几项内容，如图 6.4 所示。

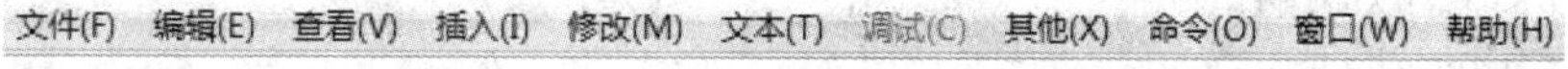

文件(F)   编辑(E)   查看(V)   插入(I)   修改(M)   文本(T)   调试(C)   其他(X)   命令(O)   窗口(W)   帮助(H)

图 6.4 Authorware7.0 的菜单栏

① 文件菜单（F）：文件菜单中包含对文件的基本操作，如新建文件、打开文件、保存文件、将文件打包、退出等操作功能。

② 编辑菜单（E）：编辑菜单提供编辑主流线上图标和画面的功能，如剪切、复制、粘贴、组合等功能。

③ 查看菜单（V）：打开查看菜单，可以查看当前图标，并具有改变文件属性和窗口设置等功能。

④ 插入菜单（I）：通过插入菜单，可以引入图像、文字、模板和其他 OLE 对象，还可以改变控制方式。

⑤ 修改菜单（M）：通过修改菜单，可以修改图标、图像、文件等的属性，以及改变前景色和背景色的设置。

⑥ 文本菜单（T）：通过文本菜单，用户可以设定文本的字体、大小、颜色和对齐方式等。

⑦ 调试菜单（C）：通过调试菜单项用来调试程序。在调试程序时，具有单步执行、分段执行等功能。

⑧ 其他菜单（X）：利用其他菜单，可以链接使用库文件，进行声音文件转化等其他操作。

⑨ 命令菜单（O）：命令菜单具有在线资源的使用、LMS 学习目标编辑器、调用 RTF 物件编辑器等功能。

⑩ 窗口菜单（W）：在编辑不同图标时，设计者可能需要打开演示窗口、库文件窗口、按钮窗口、光标窗口、计算窗口、变量窗口、函数窗口等，这些操作均可以通过窗口菜单（W）来操作。

⑪ 帮助菜单（H）：为设计提供帮助信息，包括函数和变量的用法等。

2. Authorware 7.0 图标工具栏功能介绍

在编辑设计窗口左侧有一列图标，这就是图标工具栏，各图标功能如图 6.5 所示。

3. Authorware 7.0 编辑设计窗口功能介绍

编辑设计窗口是 Authorware 7.0 进行程序设计时的中心内容，Authorware 7.0 的基于流程的多媒体框架编程就是通过编辑设计窗口实现的。Authorware 7.0 的编辑设计组成如图 6.6 所示。

编辑设计窗口中一条纵向的直线称作主流线，其功能类似于编写其他程序所使用的流程图。可以在主流线上放置各种设计图标，执行程序时，沿着主流线依次执行各个设计图标。

编辑设计窗口的大小调整与其他 Windows 窗口调试方法相同。具体方法是：将鼠标指针移到设计窗口边界位置，鼠标指针变为一个双箭头，按下鼠标左键，拖动鼠标将编辑设计窗口的边界拖动到合适的位置，松开鼠标，窗口大小改变调整完成。

图 6.5　Authorware 7.0 图标工具栏

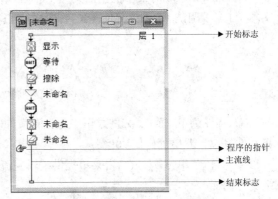

图 6.6　Authorware 7.0 编辑设计窗口

主流线上的手形标志是程序的指针，在设计窗口程序流线上任意处单击鼠标左键，手形标志指针将会跳至流线上相应的位置。流线始端和末端各有一个小矩形，它们分别是程序的开始标志和结束标志。

当把所需要的设计图标拖动到主流线上时，系统对主流线上的每一个图标开始都起一个默认名称，如"未命名"等。单击该图标，可以对图标名称进行改写。单击主流线上的每一个图标，均可按图标类型打开一个编辑区，或者编辑对话设计窗，用户可以通过它们设计演示对象、属性或者场景。右键单击主流线上的每一个图标，则可打开快捷菜单，进行如显示预览图、剪切、复制、粘贴等操作。

6.4.2　Authorware 7.0 示例

下面来看一个简单的例子，通过这个例子体会 Authorware 多媒体编辑软件的功能。操作过程如下。

① 双击 Authorware 7.0 图标，启动后进入主界面。

② 单击工具栏中的"新建图标"，建立一个新文件。

③ 将鼠标移动到设计图标栏中的显示图标上，按下鼠标左键不放，将它移动到主流线上后松开鼠标，这时主流线上出现一个名字为"未命名"的显示图标。单击该图标，将名字改为"景色"。

④ 双击"景色"，打开显示编辑区，然后用鼠标左键选择"插入"菜单下的"图像"命令，打开插入图像对话窗。

⑤ 单击"导入"图标，打开查找对话窗，选择一张图片，然后单击"导入"按钮，一张美丽的图片就被插入进来。

⑥ 单击"文件"菜单中的"保存"命令，保存文件，将其命名为"景色.a7p"。这样，一个只含一张图片的 Authorware 7.0 程序设计实例就设计完毕，可以通过单击执行程序图标来观看效果。

Authoware 7.0 功能十分强大，在学习的过程中，需要掌握各个设计图标的属性和使用方法，只有灵活运用各个设计图标，才能设计出好的多媒体作品。

习　题　6

一、选择题

1. 媒体有两种含义，即存储信息的实体和（　　　）。
   - A. 表示信息的载体
   - B. 存储信息的载体
   - C. 传递信息的载体
   - D. 显示信息的载体

2. （　　　）是用于处理文本、音频、图形、图像、动画和视频等计算机编码的媒体。
   - A. 感觉媒体
   - B. 表示媒体
   - C. 显示媒体
   - D. 传输媒体

3. 在多媒体计算机中，静态媒体是指（　　　）。
   - A. 音频
   - B. 图像
   - C. 动画
   - D. 视频

4. 多媒体技术的主要特征是指（　　　）。
   - A. 多样性、同步性、交互性
   - B. 集成性、同步性、交互性
   - C. 多样性、层次性、交互性
   - D. 多样性、集成性、交互性

5. 计算机主机与音箱之间的接口电路是（　　　）。
   - A. 显示卡
   - B. 音频卡
   - C. 压缩卡
   - D. 网卡

6. 多媒体系统软件可分为（　　　）。
   - A. 多媒体操作系统、多媒体支持软件
   - B. 多媒体操作系统、多媒体编程语言
   - C. 多媒体支持软件、多媒体著作工具
   - D. 多媒体操作系统、多媒体驱动程序

7. 出版与图书是多媒体技术的应用领域之一，它包含（　　　）。
   - A. 虚拟课堂
   - B. 查询服务
   - C. 电子杂志
   - D. 虚拟实验室

8. 对于 WAV 波形文件和 MIDI 文件，下面叙述不正确的是（　　　）。
   - A. WAV 波形文件比 MIDI 文件的音乐质量高
   - B. 存储同样的音乐文件，WAV 波形文件比 MIDI 文件的存储量大
   - C. 一般来说，背景音乐用 MIDI 文件，解说用 WAV 文件
   - D. 一般来说，背景音乐用 WAV 文件，解说用 MIDI 文件

9. 一般说来，要求声音的质量越高，则(　　　)。
   - A. 量化级数越低和采样频率越低
   - B. 量化级数越高和采样频率越高
   - C. 量化级数越低和采样频率越高
   - D. 量化级数越高和采样频率越低

10. 音频和视频信息在计算机内是以（　　　）表示的
    - A. 数字信息
    - B. 模拟信息
    - C. 模拟信息或数字信息
    - D. 某种转换公式

二、简答题

1. 什么是多媒体？什么是多媒体技术？
2. 多媒体系统包括哪些组成部分？
3. 模拟音频如何转换为数字音频？
4. 为什么 JPG 格式文件的数据量一般比 BMP 格式要小？
5. 图形和图像有何区别和联系？
6. 什么是 MP3 标准？
7. 多媒体数据为什么要进行压缩？压缩的方法有哪些？

第7章
数据库基础

本章首先对数据库系统做整体概述，介绍数据库的基本概念，数据库的发展，数据模型的描述，以及常见的数据库管理系统，然后详细介绍 Access 2013 的开发应用，包括数据库创建、数据表创建及应用、查询、窗体和报表的创建及应用。

【知识要点】
- 数据库、数据库管理系统、数据库系统的概念；
- 数据模型；
- Access 2013 数据表、查询、窗体、报表等数据库对象的创建及应用。

7.1　数据库系统概述

7.1.1　数据库的基本概念

要了解数据库技术，首先应该理解最基本的几个概念，如信息、数据、数据库、数据库管理系统和数据库应用系统、数据库系统等。

1. 信息

信息（Information）是客观事物存在方式或运动状态的反映和表述，它存在于我们的周围。简单地说，信息就是新的、有用的事实和知识。

信息对于人类社会的发展有重要意义：它可以提高人们对事物的认识，减少人们活动的盲目性；信息是社会机体进行活动的纽带，社会的各个组织通过信息网相互了解并协同工作，使整个社会协调发展；社会越发展，信息的作用就越突出；信息又是管理活动的核心，要想把事物管理好就需要掌握更多的信息，并利用信息进行工作。

2. 数据

数据（Data）是用来记录信息的可识别的符号，是信息的载体和具体表现形式。尽管信息有多种表现形式，它可以通过手势、眼神、声音或图形等方式表达，但数据是信息的最佳表现形式。由于数据能够书写，因而它能够被记录、存储和处理，从中挖掘出更深层的信息。可用多种不同的数据形式表示同一信息，而信息不随数据形式的不同而改变。

数据的概念在数据处理领域已大大地拓宽了，其表现形式不仅包括数字和文字，还包括图形、图像、声音等。这些数据可以记录在纸上，也可以记录在各种存储器中。

3. 数据库

数据库（Data Base，DB）是存储在计算机内、有组织、可共享的数据集合，它将数据按一定的数据模型组织、描述和储存，具有较小的冗余度，较高的数据独立性和易扩展性，可被多个不同的用户共享。数据库的概念实际上包含下面两种含义：

① 数据库是一个实体，它是能够合理保管数据的"仓库"，用户在该"仓库"中存放要管理的事务数据；

② 数据库是数据管理的新方法和技术，它能够更合理地组织数据，更方便地维护数据，更严密地控制数据和更有效地利用数据。

4. 数据库管理系统

数据库管理系统（DataBase Management System，DBMS）是专门用于管理数据库的计算机系统软件。数据库管理系统能够为数据库提供数据的定义、建立、维护、查询、统计等操作功能，并具有对数据的完整性、安全性进行控制的功能。

5. 数据库应用系统

凡使用数据库技术管理及其数据（信息）的系统都称为数据库应用系统。一个数据库应用系统应携带有较大的数据量，否则它就不需要数据库管理。数据库应用系统按其实现的功能可以被划分为数据传递系统、数据处理系统和管理信息系统。

数据库应用系统的应用非常广泛，它可以用于事务管理、计算机辅助设计、计算机图形分析和处理、人工智能等系统中，即所有数据量大、数据成分复杂的地方都可以使用数据库技术进行数据管理工作。

6. 数据库系统

数据库系统是指带有数据库并利用数据库技术进行数据管理的计算机系统。一个数据库系统应由计算机硬件、数据库、数据库管理系统、数据库应用系统和数据库管理员 5 部分构成。数据库系统的体系由支持系统的计算机硬件设备、数据库及相关的计算机软件系统、开发管理数据库系统的人员 3 部分组成。

数据库系统的软件中包括操作系统（Operating System，OS）、数据库管理系统（DBMS）、主语言编译系统、数据库应用开发系统及工具、数据库应用系统和数据库。

7.1.2　数据库的发展

1. 数据库的发展历史

计算机数据管理随着计算机硬件、软件技术和计算机应用范围的发展而不断发展，数据管理技术经历了人工管理、文件系统和数据库技术 3 个发展阶段。

（1）人工管理阶段

20 世纪 50 年代以前，计算机主要用于数值计算。从当时的硬件看，外存只有纸带、卡片、磁带，没有直接存取的储存设备；从软件看（实际上，当时还未形成软件的整体概念），那时还没有操作系统，没有管理数据的软件；从数据看，数据量小，数据无结构，由用户直接管理，且数据间缺乏逻辑组织，数据依赖于特定的应用程序，缺乏独立性。数据处理是由程序员直接与物理的外部设备打交道，数据管理与外部设备高度相关，一旦物理存储发生变化，数据则不可恢复。

（2）文件系统管理阶段

1951 年出现了第一台商业数据处理电子计算机通用自动计算机（Universal Automatic Computer，Univac），标志着计算机开始应用于以加工数据为主的事务处理阶段。20 世纪 50 年代后期到 60

年代中期，出现了磁鼓、磁盘等直接存取数据的存储设备。这种基于计算机的数据处理系统也就从此迅速发展起来。

（3）数据库技术管理阶段

20 世纪 60 年代后期，计算机性能得到提高，重要的是出现了大容量磁盘，存储容量大大增加且价格下降。在此基础上，有可能克服文件系统管理数据时的不足，而去满足和解决实际应用中多个用户、多个应用程序共享数据的要求，从而使数据能为尽可能多的应用程序服务，这就出现了数据库这样的数据管理技术。数据库的特点是数据不再只针对某一特定应用，而是面向全组织，具有整体的结构性，共享性高，冗余度小，具有一定的程序与数据间的独立性，并且实现了对数据进行统一的控制。

2. 数据库的发展趋势

从最早用文件系统存储数据算起，数据库的发展已经有 50 多年了，其间经历了 20 世纪 60 年代的层次数据库（IBM 的 IMS）和网状数据库（GE 的 IDS）的并存，20 世纪 70 年代到 80 年代关系数据库的异军突起，20 世纪 90 年代对象技术的影响。如今，关系数据库依然处于主流地位。未来数据库市场竞争的焦点已不再局限于传统的数据库，新的应用不断赋予数据库新的生命力，随着应用驱动和技术驱动相结合，也呈现出了一些新的趋势。

一些主流企业数据库厂商包括甲骨文、IBM、Microsoft、Sybase 目前认为，关系技术之后，对 XML 的支持、网格技术、开源数据库、整合数据仓库和 BI 应用以及管理自动化已成为下一代数据库在功能上角逐的焦点。

7.1.3　数据模型

数据（data）是描述事物的符号记录，数据只有通过加工才能成为有用的信息。模型（model）是现实世界的抽象。数据模型（data model）是数据特征的抽象，它不是描述个别的数据，而是描述数据的共性。它一般包括两个方面：一是数据库的静态特性，包括数据的结构和限制；二是数据的动态特性，即在数据上所定义的运算或操作。数据库是根据数据模型建立的，因而数据模型是数据库系统的基础。

数据模型按不同的应用层次分成 3 种类型：概念数据模型、逻辑数据模型、物理数据模型。

1. 概念数据模型

概念数据模型（Conceptual Data Model）简称概念模型，是面向数据库用户的实现世界的模型，主要用来描述世界的概念化结构，它使数据库的设计人员在设计的初始阶段，摆脱计算机系统及 DBMS 的具体技术问题，集中精力分析数据以及数据之间的联系等，与具体的数据管理系统（DataBase Management System, DBMS）无关。概念数据模型必须换成逻辑数据模型，才能在 DBMS 中实现。在概念数据模型中最常用的是 E-R 模型、扩充的 E-R 模型、面向对象模型及谓词模型。

2. 逻辑数据模型

逻辑数据模型（Logical Data Model）简称数据模型，这是用户从数据库所看到的模型，是具体的 DBMS 所支持的数据模型，如网状数据模型（Network Data Model）、层次数据模型（Hierarchical Data Model）等。此模型既要面向用户，又要面向系统，主要用于数据库管理系统（DBMS）的实现。在逻辑数据类型中最常用的是层次模型、网状模型、关系模型。

3. 物理数据模型

物理数据模型（Physical Data Model）简称物理模型，是面向计算机物理表示的模型，描述了数据在储存介质上的组织结构，它不但与具体的 DBMS 有关，而且还与操作系统和硬件有关。每一种逻辑数据模型在实现时都有其对应的物理数据模型。DBMS 为了保证其独立性与可移植性，大部分物理数据模型的实现工作由系统自动完成，而设计者只设计索引、聚集等特殊结构。

7.1.4　常见的数据库管理系统

目前，流行的数据库管理系统有许多种，大致可分为文件、小型桌面数据库、大型商业数据库、开源数据库等。

1. 小型桌面数据库 Access

Access 是 Microsoft Office 办公软件的组件之一，是当前 Windows 环境下非常流行的桌面型数据库管理系统。使用 Microsoft Access 数据库无须编写任何代码，只需通过直观的可视化操作就可以完成大部分的数据库管理工作。

Access 数据库的特点如下。

① 利用窗体可以方便地进行数据库操作。

② 利用查询可以实现信息的检索、插入、删除和修改，可以以不同的方式查看、更改和分析数据。

③ 利用报表可以对查询结果和表中数据进行分组、排序、计算、生成图表和输出信息。

④ 利用宏可以将各种对象连接在一起，提高应用程序的工作效率。

⑤ 利用 Visual Basic for Application 语言，可以实现更加复杂的操作。

⑥ 系统可以自动导入其他格式的数据并建立 Access 数据库。

⑦ 具有名称自动纠正功能，可以纠正因为表的字段名变化而引起的错误。

⑧ 通过设置文本、备注和超级链接字段的压缩属性，可以弥补因为引入双字节字符集支持而对存储空间需求的增加。

⑨ 报表可以通过使用报表快照和快照查看相结合的方式，来查看、打印或以电子方式分发。

⑩ 可以直接打开数据访问页、数据库对象、图表、存储过程和 Access 项目视图。

⑪ 支持记录级锁定和页面级锁定。通过设置数据库选项，可以选择锁定级别。

⑫ 可以从 Microsoft Outlook 或 Microsoft Exchange Server 中导入或链接数据。

后续章节将详细介绍 Access 2013 的相关概念及应用。

2. Microsoft SQL Server

SQL Server 是大型的关系数据库，适合中型企业使用。建立于 Windows NT 的可伸缩性和可管理性之上，提供功能强大的客户/服务器平台，高性能客户/服务器结构的数据库管理系统可以将 Visual Basic、Visual C++作为客户端开发工具，而将 SQL Server 作为存储数据的后台服务器软件。

SQL 语言简单易学、风格统一，利用几个简单的英语单词的组合就可以完成所有的功能。

下面简要介绍 SQL 的常用语句。

（1）创建基本表

创建基本表，即定义基本表的结构。基本表结构的定义可用 CREATE 语句实现，其一般格式为：

```
CREATE TABLE <表名>
            (<列名 1><数据类型 1>[列级完整性约束条件 1]
            [,<列名 2><数据类型 2>[列级完整性约束条件 2]] …
            [,<表级完整性约束条件>]);
```

定义基本表结构，首先须指定表的名字，表名在一个数据库中应该是唯一的。表可以由一个或多个属性组成，属性的类型可以是基本类型，也可以是用户事先定义的域名。建表的同时可以指定与该表有关的完整性约束条件。

定义表的各个属性时需要指定其数据类型及长度。下面是 SQL 提供的一些主要数据类型。

INTEGER	长整数（也可写成 INT）
SMALLIN	短整数
REAL	取决于机器精度的浮点数
FLOAT（n）	浮点数，精度至少为 n 位数字
NUMERIC（p，d）	点数，由 p 位数字(不包括符号、小数点)组成，小数点后面有 d 位数字(也可写成 DECIMAL

（P，d）或 DEC（P，d））

CHAR（n）	n 的定长字符串
VARCHAR（n）	有最大长度为 n 的变长字符串
DATE	包含年、月、日，形式为 YYYY-MM-DD
TIME	含一日的时、分、秒，形式为 HH：MM：SS

（2）创建索引

索引是数据库中关系的一种顺序（升序或降序）的表示，利用索引可以提高数据库的查询速度。创建索引使用 CREATE INDEX 语句，其一般格式如下：

```
CREATE [UNIQUE] [CLUSTER] INDEX <索引名> ON <表名>
     (<列名1>[<次序1>][,<列名2>[<次序2>]]…);
```

其中各部分含义如下。

① 索引名是给建立的索引指定的名字。因为在一个表上可以建立多个索引，所以要用索引名加以区分。

② 表名指定要创建索引的基本表的名字。

③ 索引可以创建在该表的一列或多列上，各列名之间用逗号隔开，还可以用次序指定该列在索引中的排列次序。

次序的取值为：ASC（升序）和 DESC（降序），如省略默认为 ASC。

④ UNIQUE 表示此索引的每一个索引只对应唯一的数据记录。

⑤ CLUSTER 表示索引是聚簇索引。其含义是：索引项的顺序与表中记录的物理顺序一致。这里涉及数据的物理顺序的重新排列，所以建立时要花费一定的时间。用户可以在最常查询的列上建立聚簇索引。一个基本表上的聚簇索引最多只能建立一个。当更新聚簇索引用到的字段时，将会导致表中记录的物理顺序发生改变，代价很大。所以聚簇索引要建立在很少（最好不）变化的字段上。

（3）创建查询

数据库查询是数据库中最常用的操作，也是核心操作。SQL 语言提供了 SELECT 语句进行数据库的查询，该语句具有灵活的使用方式和丰富的功能。其一般格式为：

```
SELECT [ALL|DISTINCT] <目标列表达式1>[,<目标列表达式2>]…
     FROM <表名或视图名1>[,<表名或视图名2>]…
     [WHERE <条件表达式>]
     [GROUP BY <列名3>[HAVING <组条件表达式>]]
     [ORDER BY <列名4>[ASC|DESC],…];
```

整个 SELECT 语句的含义是，根据 WHERE 子句的条件表达式，从 FROM 子句指定的基本表或视图中找出满足条件的元组，再按 SELECT 子句中的目标列表达式，选出元组中的属性值。

如果有 GROUP 子句，则将结果按<列名 4>的值进行分组，该属性列的值相等的元组为一个组。如果 GROUP 子句带 HAVING 短语，则只有满足组条件表达式的组才予输出。如果有 ORDER 子句，则结果要按<列名 3>的值进行升序或降序排序。

（4）插入元组

基本格式为：

```
INSERT INTO <表名>[（<属性列 1>[,<属性列 2>]…）]
        VALUES（<常量 1>[,<常量 2>]…）;
```

其功能是将新元组插入指定表中。VALUES 后的元组值中列的顺序表必须同表的属性列一一对应。如表名后不跟属性列，表示在 VALUES 后的元组值中提供插入元组的每个分量的值，分量的顺序和关系模式中列名的顺序一致。如表名后有属性列，则表示在 VALUES 后的元组值中只提供插入元组对应于属性列中的分量的值，元组的输入顺序和属性列的顺序一致，没有包括进来的属性将采用默认值。基本表后如有属性列表，必须包括关系的所有非空的属性，自然应包括关键码属性。

（5）删除元组

基本格式为：

```
DELETE FROM <表名> [WHERE <条件>];
```

其功能是从指定表中删除满足 WHERE 条件的所有元组。如果省略 WHERE 语句，则删除表中全部元组。

（6）修改元组

基本格式为：

```
UPDATE <表名>
        SET <列名>=<表达式>[,<列名>=<表达式>]…
        [WHERE <条件>];
```

其功能是修改指定表中满足 WHERE 子句条件的元组，用 SET 子句的表达式的值替换相应属性列的值。如果 WHERE 子句省略，则修改表中所有元组。

3. Oracle

Oracle 是一种对象关系数据库管理系统（ORDBMS）。它提供了关系数据库系统和面向对象数据库系统这二者的功能。Oracle 是目前最流行的客户/服务器（Client/Server）体系结构的数据库之一。Oracle 在数据库领域一直处于领先地位。1984 年，首先将关系数据库转到了桌面计算机上。然后，Oracle 的版本 5 率先推出了分布式数据库、客户/服务器结构等崭新的概念。Oracle 是以高级结构化查询语言（SQL）为基础的大型关系数据库，通俗地讲它是用方便逻辑管理的语言操纵大量有规律数据的集合，是目前最流行的客户/服务器体系结构的数据库之一，是目前世界上最流行的大型关系数据库管理系统，具有移植性好、使用方便、性能强大等特点，适合于各类大、中、小、微机和专用服务器环境。

Oracle 的主要特点有如下几条。

① Oracle 7.X 以来引入了共享 SQL 和多线索服务器体系结构。这减少了 Oracle 的资源占用，并增强了 Oracle 的能力，使之在低档软硬件平台上用较少的资源就可以支持更多的用户，而在高档平台上可以支持成百上千个用户。

② 提供了基于角色（Role）分工的安全保密管理。在数据库管理功能、完整性检查、安全性、一致性方面都有良好的表现。

③ 支持大量多媒体数据，如二进制图形、声音、动画以及多维数据结构等。

④ 提供了与第三代高级语言的接口软件 PRO*系列，能在 C、C++等主语言中嵌入 SQL 语句及过程化（PL/SQL）语句，对数据库中的数据进行操纵。加上它有许多优秀的前台开发工具如 Power Builder、SQL*FORMS、Visual Basic 等，可以快速开发生成基于客户端 PC 平台的应用程序，并具有良好的移植性。

⑤ 提供了新的分布式数据库能力。可通过网络较方便地读写远端数据库里的数据，并有对称复制的技术。

4. IBM DB2

DB2 是 IBM 公司的产品，起源于 System R 和 System R*。它支持从 PC 到 UNIX，从中小型机到大型机，从 IBM 到非 IBM（HP 及 SUN UNIX 系统等）各种操作平台。既可以在主机上以主/从方式独立运行，也可以在客户/服务器环境中运行。其中服务器平台可以是 OS/400、AIX、OS/2、HP-UNIX、SUN-Solaris 等操作系统，客户机平台可以是 OS/2 或 Windows、DOS、AIX、HP-UX、SUN Solaris 等操作系统。

DB2 数据库核心又称作 DB2 公共服务器，采用多进程多线索体系结构，可以运行于多种操作系统之上，并分别根据相应平台环境作了调整和优化，以便能够达到较好的性能。

DB2 核心数据库的特色有以下几点。

① 支持面向对象的编程：DB2 支持复杂的数据结构，如无结构文本对象，可以对无结构文本对象进行布尔匹配、最接近匹配和任意匹配等搜索。

② 可以建立用户数据类型和用户自定义函数。

③ 支持多媒体应用程序：DB2 支持大型二进制对象（Binary Large Objects，BLOB），允许在数据库中存取 BLOB 和文本大对象。其中，BLOB 可以用来存储多媒体对象。

④ 备份和恢复能力。

⑤ 支持存储过程和触发器，用户可以在建表时显示定义复杂的完整性规则。

⑥ 支持 SQL 查询。

⑦ 支持异构分布式数据库访问。

⑧ 支持数据复制。

5. Sybase

它是美国 Sybase 公司研制的一种关系型数据库系统，是一种典型的 UNIX 或 Windows NT 平台上客户机/服务器环境下的大型数据库系统。

一般关于网络工程方面都会用到，而且目前在其他方面应用也较广阔。

7.2　Access 2013 入门与实例

Access 作为 Microsoft Office 办公软件的组件之一，是一种关系型数据库系统。Access 是一个面向对象的、采用事件驱动的关系型数据库管理系统，通过 ODBC 可以与其他数据库相连，实现数据交换和数据共享。使用 Microsoft Access 数据库可以无需编写任何代码，只需通过直观的可视化操作就可以完成大部分的数据库管理工作。它不但能存储和管理数据，还能编写数据库管理软件，用户可以通过 Access 提供的开发环境及工具方便地构建数据库应用程序。

7.2.1 Access 2013 的基本功能

Access 2013 的基本功能包括组织数据、创建查询、生成窗体、打印报表、共享数据、支持超级链接和创建应用系统。

1. 组织数据

组织数据是 Access 最主要的作用，一个数据库就是一个容器，Access 用它来容纳自己的数据并提供对对象的支持。

Access 中的表对象是用于组织数据的基本模块，用户可以将每一种类型的数据放在一个表中，可以定义各个表之间的关系，从而将各个表相关的数据有机地联系在一起。表是 Access 数据库最主要的组成部分，一个数据库文件可以包含多个表对象。一个表实际上就是由行、列数据组成的一张二维表格，字段就是表中的列，字段存放不同的数据类型，具有一些相关的属性。

2. 创建查询

查询是按照预先设定的规则有选择地显示一个表或多个表中的数据信息。查询是关系数据库中的一个重要概念，是用户操纵数据库的一种主要方法，也是建立数据库的目的之一。需要注意的是查询对象不是数据的集合，而是操作的集合。可以这样理解，查询是针对数据表中数据源的操作命令。

3. 生成窗体

窗体是用户和数据库应用程序之间的主要接口，Access 2013 提供了丰富的控件，可以设计出丰富美观的用户操作界面。利用窗体可以直接查看、输入和更改表中的数据，而不在数据表中直接操作，极大地提高了数据操作的安全性。Access 2013 提供了一些新工具，可帮助用户快速创建窗体，并提供了新的窗体类型和功能，以提高数据库的可用性。

4. 打印报表

报表是以特定的格式打印显示数据最有效的方法。报表可以将数据库中的数据以特定的格式进行显示和打印，同时可以对有关数据实现汇总、求平均值等计算。利用 Access 2013 的报表设计器可以设计出各种各样的报表。

7.2.2 Access 2013 的基本对象

在一个 Access 2013 数据库文件中，有 7 个基本对象，它们处理所有数据的保存、检索、显示及更新。这 7 个基本对象类型是：表、查询、窗体、报表、页、宏及模块。一个 Access 2013 数据库文件的规格如表 7.1 所示。

表 7.1　　　　　　　　　　　　　Access 2013 数据库文件规格

属　性	最　大　值
Access 数据库文件（.accdb）大小	2GB，减去系统对象所需的空间
数据库中的对象个数	32 768
模块（包括 HasModule 属性设置为 True 的窗体和报表）数	1 000
对象名称中的字符数	64
密码的字符个数	20
用户名或组名的字符个数	20
并发用户的个数	255

表是数据库的源头，Access 2013 的数据表提供一个矩阵，矩阵中的每一行称为一条记录，每一行唯一地定义了一个数据集合，矩阵中的若干列称为字段，字段存放不同的数据类型，具有一些相关的属性。表 7.2 所示为 Access 2013 数据表的规格。

Access 中的查询包括选择查询、计算查询、参数查询、交叉表查询、操作查询和 SQL 查询。选择查询是通过特定的查询条件，从一个或多个表中获取数据并显示结果；计算查询是通过查询操作完成基表内部或各基表之间数据的计算；参数查询是在运行实际查询之前弹出对话框，用户可随意输入查询准则的查询方式；在一个操作中更改许多记录的查询称为操作查询，操作查询可分为删除、追加、更改与生成表 4 种类型；在 SQL 视图中，通过特定的 SQL 命令执行的查询称为 SQL 查询。表 7.3 所示为 Access 2013 中查询的规格。

表 7.2　　　　　　　　　　　　　Access 2013 数据表规格

属　　性	最　大　值
表名的字符个数	64
字段名的字符个数	64
表中字段的个数	255
打开表的个数	2 048，实际可能会少一些，因为 Access 会打开一些内部表
表的大小	2GB，减去系统对象所需的空间
文本字段的字符个数	255
备注字段的字符个数	通过用户界面输入数据为 65 535；以编程方式输入数据为 2GB
OLE 对象字段的大小	1GB
表中的索引个数	32
索引中的字段个数	10
有效性消息的字符个数	255
有效性规则的字符个数	2 048
表或字段说明的字符个数	255
记录中的字符个数（当字段的 UnicodeCompression 属性设置为"是"时）	4 000
字段属性设置的字符个数	255

表 7.3　　　　　　　　　　　　　Access 2013 中查询的规格

属　　性	最　大　值
强制关系的个数	每个表为 32 个，减去表中不包含在关系中的字段或字段组合的索引个数
查询中表的个数	32
查询中链接的个数	16
记录集中字段的个数	255
记录集大小	1GB
排序限制	255 个字符（一个或多个字段）

续表

属　　　性	最　大　值
嵌套查询的层次数	50
查询设计网格一个单元格中的字符个数	1 024
参数查询的参数字符个数	255
WHERE 或 HAVING 子句中 AND 运算符的个数	99
SQL 语句中的字符个数	约为 64 000

报表和窗体都是通过界面设计进行数据定制输出的载体，其在 Access 2013 中的规格如表 7.4 所示。

表 7.4   Access 2013 中报表和窗体的规格

属　　　性	最　大　值
标签中的字符个数	2 048
文本框中的字符个数	65 535
窗体或报表宽度	22 英寸（55.87 cm）
节高度	22 英寸（55.87 cm）
所有节加上页眉的高度	200 英寸（508 cm）
窗体或报表的最大嵌套层数	7
报表中可作为排序或分组依据的字段或表达式的个数	10
报表的显示页数	65 536
在报表或窗体的生命周期中可添加的控件和节的个数	754
SQL 语句中作为窗体、报表或控件的 Recordsource 或 Rowsource 属性的字符个数	32 750

7.2.3　Access 2013 的操作界面

启动"Microsoft Office 2013"程序组中的"Access 2013"程序项，进入 Access 2013 的开始使用界面，如图 7.1 所示。

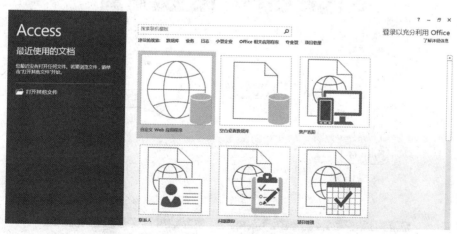

图 7.1　Access 2013 的开始使用界面

Access 2013 提供了功能强大的模板，可以使用系统自带的数据库模板，也可以使用 Microsoft Office Online 下载最新或修改后的模板。使用模板可以快速创建数据库，每个模板都是一个完整的跟踪应用程序，具有预定义的表、窗体、报表、查询、宏和关系，如果模板设计满足用户需要，便可以直接开始工作，否则可以使用模板作为起点来创建符合个人特定需要的数据库。

单击模板"空白桌面数据库"按钮，在打开的"空白桌面数据库"对话框中输入"文件名"，选择文件存放位置，如图 7.2 所示。

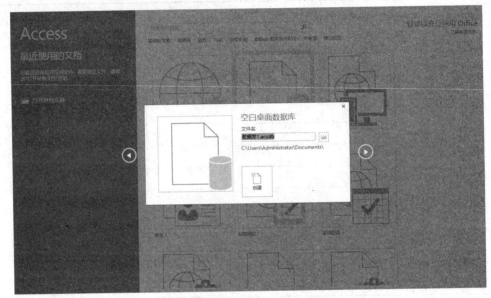

图 7.2 "空白桌面数据库"对话框

单击"创建"图标，可进入 Access 2013 的主窗口界面，有使用 Access 经验的用户可以看出 2013 版本在操作界面上有较大的变化。如图 7.3 所示，整个主界面由快速访问工具栏、命令选项卡、功能区、导航窗格、工作区、状态栏几部分组成。

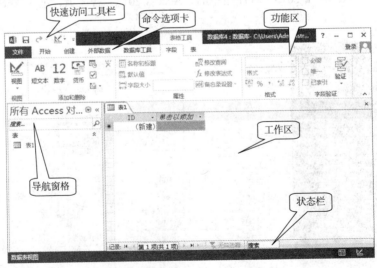

图 7.3 Access 2013 的主窗口界面

命令选项卡是把 Access 2013 的功能操作进行分类，以"开始""创建""外部数据""数据库工具""字段""表"等选项卡形式组织，选项卡的内容随着当前处于活动状态的对象不同而改变。

功能区列出了当前选中的命令选项卡所包含的功能命令，各功能以分组形式组织，如图 7.4 所示的"开始"功能区中就包含"视图""剪贴板""排序和筛选""记录""查找""文本格式" 6 个命令分组。每组中显示了常用命令，若还有其他详细设置，则单击每组右下角的 按钮，可进行详细命令设置。

图 7.4　"开始"功能区

快速访问工具栏可以定义一些常用命令，以方便操作。默认命令集包括 ，即"保存""撤销"和"恢复"。不过用户可以单击右边的下拉按钮自定义快速访问工具栏，如图 7.5 所示。

通过"自定义快速访问工具栏"可以选择或取消显示在快速访问工具栏中的命令，也可以选择"其他命令"打开"Access 选项"进行更高级的快速访问工具栏设置。

导航窗格和状态栏等的含义及设置同 Office 2013 的其他应用程序，在前面章节中已有说明，这里不再赘述。

7.2.4　创建数据库

图 7.5　自定义快速访问工具栏

创建数据库及其操作是 Access 中最基本最普遍的操作，本小节首先介绍使用模板和向导构建数据库的方法，然后再介绍数据库对象的各种必要操作。

1. 使用模板创建数据库

Access 模板是一个文件，打开该文件时会创建一个完整的数据库应用程序。首先单击"建议的搜索：数据库"，提示：在"筛选依据"窗格中单击"教职员"类型，如图 7.6 所示，然后在右边的"文件名"文本框中输入自定义的数据库文件名，并单击后面文件夹按钮设置存储位置，然后单击"创建"，系统则按选中的模板自动创建新数据库，数据库文件扩展名为.accdb。

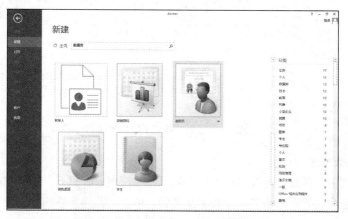

图 7.6　根据"模板"创建数据库

创建完成后，系统进入按模板新创建的"教职员"数据库主界面，如图 7.7 所示。从图中可以看出，系统模板已做好了"教职员列表""教职员详细信息"等相关的数据表以及按类型排列的教职员、按系排列的教职员、教职员电话列表、教职员通信簿等报表的设计。

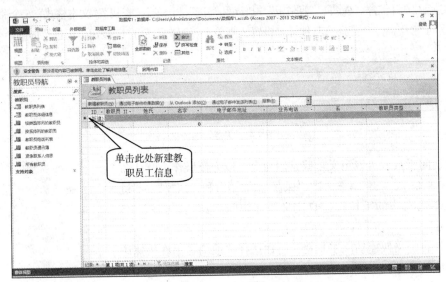

图 7.7　"教职员"数据库主界面

对于任何一个表，用户只需单击"新建"即可添加记录，如对于教职员列表，单击"新建"，即可打开如图 7.8 所示的界面添加教职员工信息。

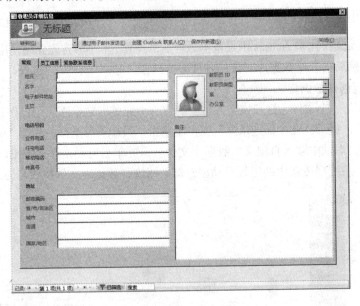

图 7.8　添加教职员工信息界面

2. 创建空白数据库

打开 Access 2013 界面，选择"空白桌面数据库"模板，在打开的"空白桌面数据库"对话框中，设置好要创建数据库存储的路径和文件名后，单击"创建"按钮，即创建了新的数据库。如图 7.9 所示，用户可根据自己的需要任意添加和设置数据库对象。

图 7.9　新建空白桌面数据库

　　系统中默认创建一个空白数据表"表 1"，可在左边导航窗格中，在"表 1"上单击鼠标右键，弹出快捷菜单，然后选择"设计视图"，系统首先提示用户对表 1 进行重命名，这里命名为"学生信息表"，然后打开设计视图进行数据表结构设计，如图 7.10 所示。设置"学号""姓名""性别""出生日期""籍贯""是否党员" 6 个字段，对每个字段可设置文本、日期时间、数字等不同的数据类型，并可在下面部分进行详细字段设置，如字段大小、格式、是否必填、默认值、有效性规则等。

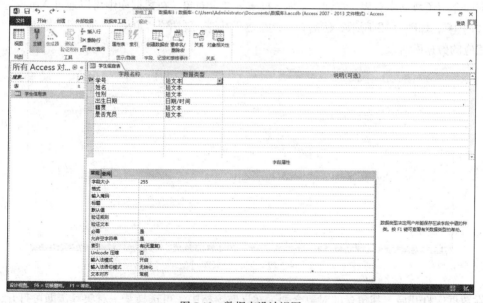

图 7.10　数据表设计视图

　　设计完成后，保存设置，返回数据表打开视图，即可按设计好的字段添加记录，如图 7.11 所示。

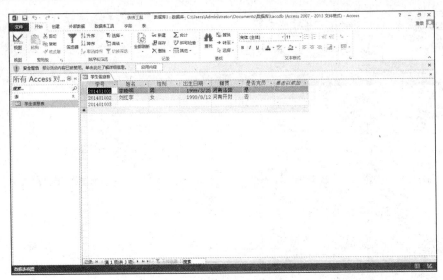

图 7.11　数据表添加记录

3. 打开与关闭数据库

Access 2013 提供了 3 种方法来打开数据库，一是在数据库存放的路径下找到所需要打开的数据库文件，直接用鼠标双击即可打开；二是在 Access 2013 的"文件"选项卡中单击"打开"命令；三是在最近使用过的文档中快速打开。

完成数据库操作后，便可把数据库关闭，可使用"文件"选项卡中的"关闭"命令，或使用要关闭数据库窗口的"关闭"控制按钮关闭当前数据库。

4. 创建数据库对象

前面介绍了数据库有表、查询、窗体、报表等 7 个对象。在数据库中可以通过"命令选项卡"选择"创建"，如图 7.12 所示，然后在"功能区"中选"表格""窗体""报表""查询""宏"等创建相应的数据库对象。

图 7.12　创建数据库对象

在数据库打开后，其包含的对象会列示在导航窗格中，可选择某一对象双击即可打开，也可在某一对象上单击鼠标右键，在快捷菜单中选择"打开"命令。

另外一种创建数据库对象的方式是导入外部数据。单击"外部数据"选项卡，在"导入"功能区中选择要导入对象的类型，如图 7.13 所示，可以是 Access 文件、Excel 文件、文本文件、XML

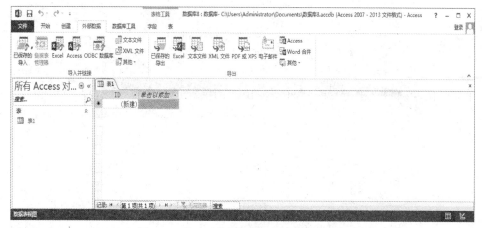

图 7.13　通过"外部数据"导入数据库对象

文件等。双击"Access"图标，打开如图 7.14 所示的"获取外部数据"对话框，在文件名文本框中输入要导入的文件名及其路径，或通过右边的"浏览"按钮获取，然后单击"确定"按钮，即打开"导入对象"对话框，如图 7.15 所示。

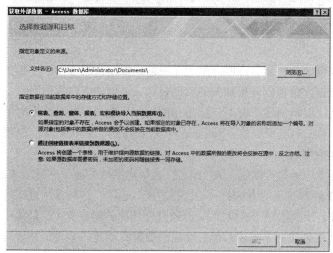

图 7.14　"获取外部数据"对话框

图 7.15　"导入对象"对话框

选择具体要导入的表、报表、查询、窗体等对象后，所选的数据库对象即被添加到了当前数据库中。图 7.16 所示为导入了"教职员"表、"教职员列表"窗体和"教职员详细信息"窗体后的当前数据库。

数据库中的对象类似于 Windows 系统中的文件，可以对其进行复制、移动、删除、重命名等操作。其操作方法也和文件操作类似，首先选中对象，然后可以通过菜单选项、工具栏或快捷菜单进行操作。

7.2.5　创建数据表

表是 Access 中管理数据的基本对象，是数据库中所有数据的载体，一个数据库通常包含若干个数据表对象。本小节首先介绍几种创建表的方法，然后再逐步深入介绍表及其之间相互关系的操作。

图 7.16　导入数据库对象

1. 创建数据表的方法

在前面章节中介绍数据库及数据库创建的时候，已经介绍了 3 种创建数据表的方法：一是在使用模板创建数据库时，系统会根据数据库模板创建出相关的数据表；二是创建空白数据库时，因为表是数据库的基本对象，系统会默认提示创建"表 1"；三是在使用外部数据导入数据库对象时，可通过导入其他数据库的数据表、Excel 电子表格、SharePoint 列表数据、文本文件、XML文件或其他格式的数据文件的方式创建数据表。

除此之外，可以在一个打开的数据库中通过"创建"选项卡的"表"功能区的选项进行创建，如图 7.17 所示。从图中可以看出，有 3 种创建表的方法：一是选择"表"选项，这种方法直接打开表，通过直接输入内容的方式创建表；二是选择"表设计"，即通过设计视图创建表；三是选择"SharePoint 列表"，在 SharePoint 网站上创建一个列表，然后在当前数据库创建一个表，并将其链接到新建的表。

以上多种创建数据表的方式各有特点，用户可根据具体情况选用。如果所设计的数据表近似于系统提供的模板，比如符合联系人或资产的相关结构属性，则选用模板创建较简便；如果是现有数据源，则选用导入外部数据或创建"SharePoint 列表"的方式；如果表结构需要个性化定义，则选用表设计视图自己创建，或通过创建表，先输入数据，再修改表结构。

2. 设计表

设计数据表首先要注意信息的正确性和完整性，在正确的前提下尽可能包含完整的信息。其次特别要注意减少数据冗余，数据冗余即重复信息，重复信息会浪费空间，并会增加出错和数据不一致的可能性。所以设计时应将信息划分到基于主题的表中，不同的主题设计不同的表来存储数据，需要时通过关系创建数据直接的联系。

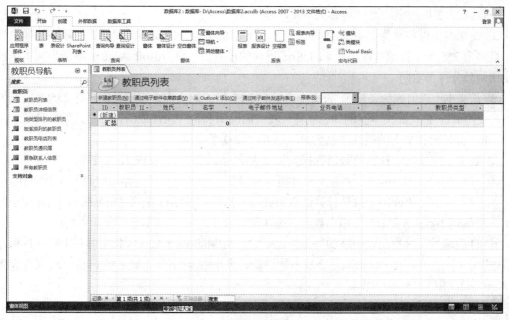

图 7.17　创建表

数据表中，每一列叫作一个"字段"，即关系模型中的属性。每个字段包含某一专题的信息，如在一个"学生信息"数据表中，"学号""姓名"这些都是表中所有行数据共有的属性，所以把这些列称为"学号"字段和"姓名"字段。表中每一行叫作一个"记录"，即关系模型中的元组，如在"学生信息"数据表中，某一个学生的全部信息叫作一个记录。

设计表主要包括字段设计和主键设计。字段设计包含字段类型、字段属性、字段编辑规则等的设计。在创建表时选择"表设计"，或在现有表的快捷菜单中选择"设计视图"即可打开如图 7.18 所示的数据表设计视图，进行设计表结构。

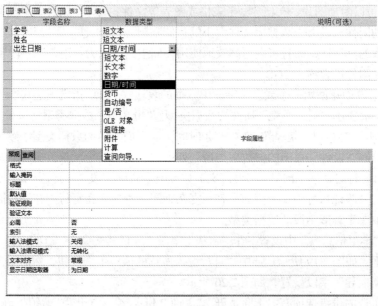

图 7.18　表设计视图

Access 2013 中的字段类型共有 12 种。

① 短文本（以前称为文本）。文本或文本和数字的组合，以及不需要计算的数字，如电话号码。最多为 255 个字符或长度小于 FieldSize 属性的设置值。Microsoft Access 不会为文本字段中未使用的部分保留空间。

② 长文本（以前称为备注）。长文本或具有 RTF 格式的文本。用于长度超过 255 个字符的文本，或使用 RTF 格式的文本。例如，注释、较长的说明和包含粗体或斜体等格式的段落等。最多约 1 GB，但显示长文本的控件限制为显示前 64～000 个字符。

③ 数字。用于数学计算的数值数据。长度大小为 1、2、4、8 或 16 个字节。

④ 日期/时间。从 100 到 9999 年的日期与时间值。可参与计算，存储空间占 8 个字节。

⑤ 货币。货币值或用于数学计算的数值数据。这里的数学计算的对象是带有 1～4 位小数的数据，精确到小数点左边 15 位和小数点右边 4 位，大小占 8 个字节。

⑥ 自动编号。每当向表中添加一条新记录时，由 Microsoft Access 指定的一个唯一的顺序号（每次递增 1）或随机数。自动编号字段不能更新，大小占 4 字节（如果将 FieldSize 属性设置为 Replication ID 则为 16 个字节）。

⑦ 是/否。"是"和"否"值，也叫布尔值，用于包含两个可能的值（如 Yes/No、True/False 或 On/Off），Access 存储数值零 (0) 表示假，-1 表示真，大小占 1 个字节。

⑧ OLE 对象。另一个基于 Windows 的应用程序中的图片、图形或其他 ActiveX 对象，最大约为 2GB（受可用磁盘空间限制）。

⑨ 超链接。Internet、Intranet、局域网 (LAN) 或本地计算机上的文档或文件的链接地址。存储文本或文本和文本型数字的组合用作超链接地址。超链接地址：指向诸如对象、文档或网页等目标的路径。超链接地址可以是 URL（Internet 或 Intranet 网站的地址），也可以是 UNC 网络路径（局域网上的文件的地址）。超链接地址最多包含 3 部分：显示的文本（displaytext）、地址（address）、子地址（subaddress），用以下语法格式编写。displaytext#address#subaddress#。最多 8 192 个字符（超链接数据类型的每个部分最多可包含 2 048 个字符）。

⑩ 附件。可以附加图片、文档、电子表格或图表等文件；每个"附件"字段可以为每条记录包含无限数量的附件，最大为数据库文件大小的存储限制。"附件"字段和"OLE 对象"字段相比，有着更大的灵活性，而且可以更高效地使用存储空间，因为"附件"字段不用创建原始文件的位图图像。附件最大约为 2GB。

⑪ 计算。可以创建使用一个或多个字段中数据的表达式。可以指定表达式产生的不同结果数据类型，其大小取决于"结果类型"属性的数据类型。"短文本"数据类型结果最多可以包含 243 个字符。"长文本""数字""是/否"和"日期/时间"与它们各自的数据类型一致。

⑫ 查阅向导。"设计"视图的"数据类型"列中的"查阅向导"条目实际上并不属于数据类型。选择此条目时将启动一个向导，帮助定义简单或复杂查阅字段。简单查阅字段使用另一个表或值列表的内容来验证每行中单个值的内容。复杂查阅字段允许在每行中存储相同数据类型的多个值。其大小取决于查阅字段的数据类型。

例如，在"学生信息表"中设置一个"班级"字段，选择其类型为"查阅向导..."，进入"查阅向导"对话框，如图 7.19 所示。选中"自行键入所选的值"单选按钮，然后单击"下一步"按钮，进入"查阅向导"字段设置，如图 7.20 所示。

假如学生可选的班级选项有"工商 1 班""工商 2 班""会计 1 班""营销 1 班"4 个，则设置查询列数为"4"，然后在系统产生的"第 1 列""第 2 列"……列表下分别输入 4 个班级选项，单击"下一步"按钮。在下一步设置中需为该查阅指定标签，然后即完成查阅向导类型设置。

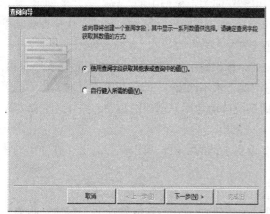

图 7.19　"查阅向导"对话框

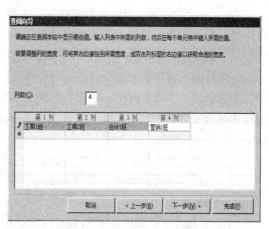

图 7.20　"查阅向导"字段设置

查阅向导类型设置完成后，返回打开"学生信息"表视图，录入学生信息，在录入班级时，字段中的下拉列表提供了班级的可选项，如图 7.21 所示，只需选择某一选项即可，这样既能提高录入速度，又降低了录入错误几率。

图 7.21　查询向导字段录入

设置完字段的数据类型，需要设置字段的属性。字段的属性包括字段的大小、字段格式、字段编辑规则、主键等的设置，主要在设计视图（见图 7.18）中各字段类型下部的"常规"选项卡中设置。不同类型的字段，其包含的属性略有不同，表 7.5 所示为"学生信息"表示例中所设置的几个字段属性，供读者参考。

表 7.5　　　　　　　　　　　　　　　　　"学生信息"表字段属性

	学　号	姓　名	班　级	出生日期	入学成绩	籍　贯	照　片
类型	短文本	短文本	查询向导	日期/时间	数字	短文本	OLE 对象
大小	9	10			整型	50	
格式				短日期	常规数字		
有效性规则	>"201501000"				>=520		
有效性文本	"必须是 15 级新生"				"成绩不过线"		
必填字段	是	是	否	否	否	否	否
允许空串	否	否	是			是	
索引	有（无重复）	有（有重复）	有（有重复）	无	无	无	无

字段"有效性规则"设置用于限制该字段输入值的表达式，"有效性文本"和"有效性规则"结合使用，用于在输入"有效性规则"所不允许的值时弹出出错提示。例如，上例中约定学号的前 4 位表示入学年份，且只输入 15 级新生，则"有效性规则"设置">'201501000'"，当输入错误

时，会提示"有效性文本"设置的信息而无法保存。

在 Access 中，每个表通常都应有一个主键，"主键"即关系模型中的"码"或"关键字"，是可以唯一标识一条记录的。主键可以是表中的一个字段或字段集，设置主键有助于快速查找和排序记录，使用主键可以将多个表中的数据快速关联起来。

一个好的主键应具有如下几个特征：首先，它唯一标识每一行；其次，它从不为空或为 Null，即它始终包含一个值；再次，它几乎不改变（理想情况下永不改变）。如果在表设计时，想不到可能成为优秀主键的一个字段或字段集，则考虑使用系统自动为用户创建的主键，系统为它指定字段名"ID"，类型为"自动编号"。

设置主键的方法很简单，打开数据表，选中要设置主键的字段，单击鼠标右键，在弹出的快捷菜单中选择"主键"命令，即设置完成。

3．创建关系

Access 是关系数据库，数据表之间的联系通过关系建立。表关系也是查询、窗体、报表等其他数据库对象使用的基础，一般情况下，应该在创建其他数据库对象之前创建表关系。打开数据库，选择"数据库工具"选项卡上的"显示/隐藏"功能区，单击"关系"按钮，如图 7.22 所示。

单击"关系"按钮后，出现"设计"选项卡，单击"关系"功能区的"显示表"按钮，弹出"显示表"对话框，如图 7.23 所示。选择要建立关系的表，然后单击"添加"按钮，如图中选择"学生信息"，然后单击"添加"按钮，再选择"成绩表"，再单击"添加"按钮。添加完需要建立关系的数据表后，单击"关闭"按钮，则打开了关系视图，如图 7.24 所示。在这里，要创建"学生信息"表中"学号"字段和"成绩表"中"学号"字段的关系。选定 "学生信息"表中"学号"字段，按住鼠标左键，将其拖动到"成绩表"中的"学号"字段上，弹出"编辑关系"对话框，如图 7.25 所示。

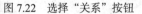

图 7.22　选择"关系"按钮　　　　　　　图 7.23　"显示表"对话框

系统已按照所选字段的属性自动设置了关系类型，因为"学生信息"表中"学号"字段是主键，"成绩表"中"学号"字段不是主键，所以创建的关系类型为"一对多"。如果需要设置多字段关系，只需在选择字段时，按住<Ctrl>键的同时选择多个字段拖动即可。此时单击"创建"按钮，关系即创建完毕，如图 7.26 所示。

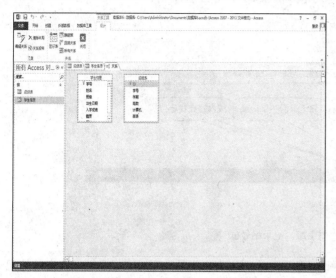

图 7.24　关系视图　　　　　　　　　　　　图 7.25　"编辑关系"对话框

此时，两个表之间多了一条由两个字段连接起来的关系线。关系建立后，如需更改，则用鼠标右键单击关系线，在快捷菜单中单击"编辑关系"命令，回到"编辑关系"对话框，对联接类型、实施参照性完整等属性进行重新设置。

如设置好的关系不再需要，可用鼠标右键单击关系线，在快捷菜单中单击"删除"命令，然后在弹出的对话框中，再次确认即可删除该关系。

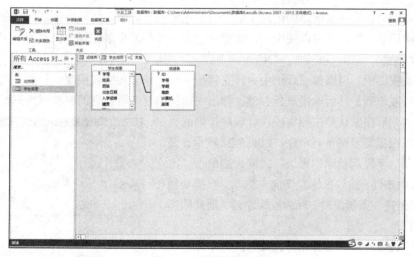

图 7.26　关系创建完成

7.2.6　使用数据表

本小节将介绍数据表的基本使用，如对数据的查看、更新、插入、删除以及排序、筛选等操作。

1. 查看和替换数据表数据

数据表打开后，数据表视图下方的记录编号框可以帮助快速定位查看记录，如图 7.27 所示。

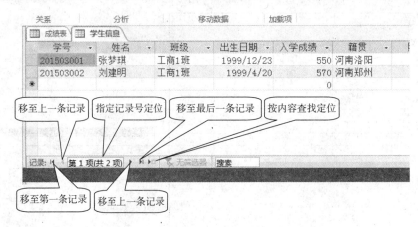

图 7.27　记录编号框

可以通过记录编号框中的按钮进行记录移动，也可以在中间的数字输入框中输入要定位的记录数，比如输入"4"，即可定位到第 4 条记录；另外，也可以在搜索框中输入记录内容，则当前记录会直接定位到与所设定的内容匹配的记录。

通过"开始"选项卡的"查找"功能区可以查找和有选择地替换少量数据，操作方法同 Word，这里不再赘述。

2. 修改记录

在数据表视图中，可以在所需修改处直接修改记录内容，所作改动将直接保存。

单击数据表最后一行，即可直接添加记录。

要删除记录时，可在要删除的记录左侧单击，选中该条记录，然后单击鼠标右键，在快捷菜单中选"删除记录"即可。可以使用<Shift>键配合选中相邻的多条记录一次删除。

3. 修改格式

在数据表视图中，可以像 Excel 中一样直接拖动行、列分界线直接改变行高和列宽。也可以通过选中该行或该列，然后单击鼠标右键，弹出快捷菜单，对行、列的一些属性进行设置。

数据表的列顺序默认是按照字段设计顺序排列的，使用中也可以根据需要调整列顺序。如图 7.27 所示，要将"出生日期"字段调整到"班级"之前，则单击"出生日期"，选中该列，按住鼠标左键向左拖动，当拖动到"班级"左部出现一条黑线时，释放鼠标左键，则列顺序即被重新安排。

图 7.28　"设置数据表格式"对话框

其他格式设置可通过"开始"选项卡的"字体"功能区进行字体格式、网格线、填充及背景色等设置，也可通过单击"字体"功能区右下脚的"设置数据表格式"按钮进行综合设置，打开的"设置数据表格式"对话框如图 7.28 所示。

4. 数据排序和筛选

当用户打开一个数据表时，Access 显示的记录数据是按照用户定义的主键进行排序的，对于未定义主键的表，则按照输入顺序排序。而用户根据需要，经常需要用排序功能进行其他方式的排序显示。

数据排序可先选中要依据排序的列，然后使用"开始"选项卡的"排序和筛选"功能区按钮来完成，如图 7.29 所示。也可以用鼠标右键单击该列，在快捷菜单中选择"升序"或"降序"命令来完成。

图 7.29　数据排序

　　数据筛选，就是按照选定内容筛选一些数据，能够使它们保留在数据表中并被显示出来。在图 7.30 所示的"员工福利表"中，若要筛选出职称为"技师"的员工，则在某一内容为"技师"的字段上单击鼠标右键，在弹出的快捷菜单中可选择"等于'技师'"，或选中"职称"列，然后单击"开始"选项卡的"排序和筛选"功能区的"筛选器"按钮，均可筛选出职称为"技师"的员工福利表，如图 7.31 所示。

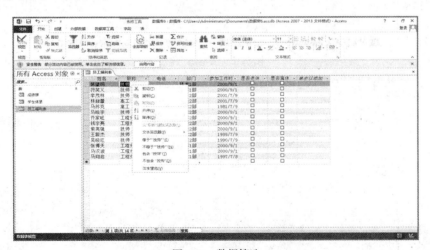

图 7.30　数据筛选

　　另外，还可以使用"文本筛选器"对文字包含信息进行筛选。例如，如图 7.32 所示的数据表视图中，在任意"姓名"列字段上单击鼠标右键，在快捷菜单中选择"文本筛选器"|"开头是…"，

弹出"自定义筛选器"对话框，在编辑栏中输入自定义的筛选条件，如输入"马"，然后单击"确定"按钮，则筛选设置完成。

自定义筛选完成后，数据表视图则只显示出符合条件的数据记录，如图 7.33 所示，只列示出姓马的员工。

图 7.31　筛选结果

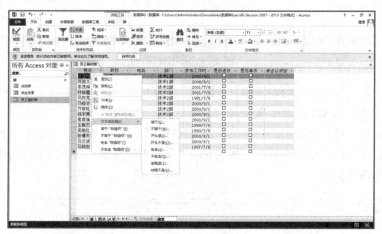

图 7.32　文本筛选器

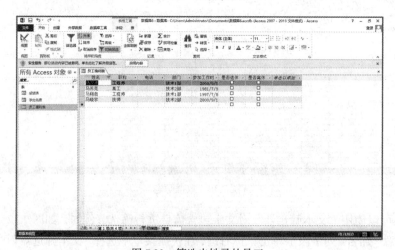

图 7.33　筛选出姓马的员工

对于复杂条件的筛选，可使用"排序和筛选"功能区的"高级筛选"选项完成。

筛选只是有选择地显示记录，并不是真正清除那些不符合筛选条件的记录，因此在筛选完成后，往往还要取消筛选，还原所有记录显示。取消筛选可以通过"排序和筛选"功能区的"取消筛选"按钮完成，或在进行筛选的字段上，单击鼠标右键弹出快捷菜单，选择"清除筛选器"即可。

7.2.7　使用查询

在数据库中，很大一部分工作是对数据进行统计、计算和检索。虽然筛选、排序、浏览等操作可以帮助完成这些工作，但是数据表在执行数据计算和检索多个表时，就显得无能为力了。此时，通过查询就可以轻而易举地完成以上操作。可以使用查询回答简单问题、执行计算、合并不同表中的数据，甚至可以添加、更改或删除表数据。

新建查询通过"创建"选项卡的"查询"功能区的"查询向导"命令按钮，单击后弹出如图 7.34 所示的"新建查询"对话框。

在"新建查询"对话框选项列表中，可以有图示的 4 项选择。简单查询向导引导用户创建简单选择查询，选择查询用于创建可用来回答特定问题的数据子集，它还可用于向其他数据库对象提供数据。创建交叉表查询，可以将数据组成表，并利用累计工具将数值显示为电子报表的格式。交叉表查询可以将数据分为两组显示，一组显示在左边，一组显示在上边，这两组数据在表中的交叉点可以进行求和、求平均值、计数或其他计算。

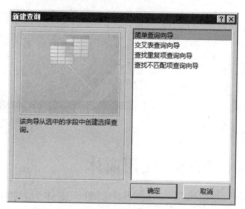

图 7.34　"新建查询"对话框

简单查询的创建比较简单，这里选择"交叉表查询向导"。双击"交叉表查询向导"选项后，要选择指定哪个表或查询中含有交叉表查询所需的字段，这里选择前面例子中的"员工福利表"。单击"下一步"按钮后，需要指定用哪些字段的值作为行标题，如图 7.35 所示。

行标题指定为"职称"，单击"下一步"按钮后，用同样的方法指定用哪些字段的值作为列标题，假设指定"部门"作为交叉查询的列标题。接下来弹出的对话框要求指定为每个列和行的交叉点计算出什么数字，如图 7.36 所示，这里选择"补助金额"字段，计算函数为"平均"，然后单击"下一步"按钮。

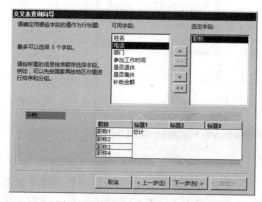

图 7.35　指定交叉查询行标题

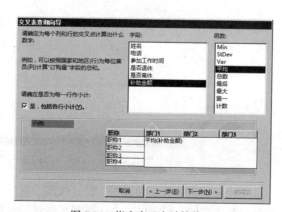

图 7.36　指定交叉点计算值

下一步在对话框中指定创建查询的名称，这里指定名称为"员工福利表－补助金额平均值"，即完成了查询创建。前面的设置以职称为行，以部门为列，对各类职称分部门计算其补助金额的平均值，查询结果如图7.37所示。

前面介绍了单一表的查询，在实际应用中还将用到在多表之间建立查询，以及更复杂的查询条件设置，用查询修改数据，以及创建SQL查询等高级操作，请读者查阅其他资料，自行练习。

图7.37　交叉查询结果

7.2.8　使用窗体

窗体是一个数据库对象。窗体为数据的输入、修改和查看提供了一种灵活简便的方法，可以使用窗体来控制对数据的访问，如显示哪些字段或数据行。Access窗体不使用任何代码就可以绑定到数据，而且该数据可以是来自于表、查询或SQL语句的，在一个数据库系统开发完成以后，对数据库的所有操作都是在窗体这个界面中完成的。

窗体作为Access数据库的重要组成部分，起着联系数据库与用户的桥梁作用。新建窗体通过"创建"选项卡的"窗体"功能区来完成，如图7.38所示。

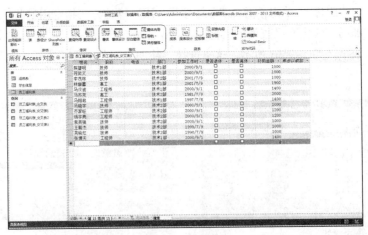

图7.38　创建窗体

Access的窗体有3种视图：设计视图、窗体视图、数据表视图。设计视图是用来创建和修改设计对象（窗体）的窗口；窗体视图是能够同时输入、修改和查看完整的数据的窗口，可显示图片、命令按钮、OLE 对象等；数据表视图以行列方式显示表、窗体、查询中的数据，可用于编辑字段、添加和删除数据以及查找数据。

Access 中的窗体可分为以下 3 种。

① 数据交互型窗体。主要用于显示和编辑数据，接受数据的输入、删除、编辑、修改等操作。数据交互型窗体的特点是必须有数据源。

② 命令选择型窗体。命令选择型窗体一般是主界面窗体，通过在窗体上添加命令按钮并编程，可以控制应用程序完成相应的操作，也可以实现对其他窗体的调用，从而达到控制应用程序流程的目的。

③ 分割窗体。分割窗体是传统"单一窗体"和"数据表窗体"类型的结合，可以同时提供窗体视图和数据表视图。这两种视图连接到同一数据源，并且总是保持相互同步。图 7.39 所示为对"员工福利表"创建的一个分割窗体示例。

单击"创建"选项卡，单击"窗体"工作区中的"其他窗体"下拉按钮，选择"分割窗体"选项即可。

图 7.39　分割窗体示例

7.2.9　使用报表

报表是以打印的格式表现用户数据的一种有效方式。设计报表时，应首先考虑如何在页面上排列数据以及如何在数据库中存储数据。本小节介绍利用报表工具等创建报表的 5 种方法，简单概括报表设计和打印输出操作。

创建报表使用"创建"选项卡的"报表"功能区按钮来完成，如图 7.40 所示。

图 7.40　创建报表

在"报表"功能区共有5个功能按钮，单击"报表"按钮，它会立即生成报表而不向用户提示任何信息。报表将显示基础表或查询中的所有字段，图7.41所示为在当前打开的"员工福利表"下直接单击"报表"按钮，系统所创建的报表。用户可以迅速查看基础数据，可以保存该报表，也可以直接打印报表。如果系统所创建的报表不是用户最终需要的完美报表，用户可以通过布局视图或设计视图进行修改。

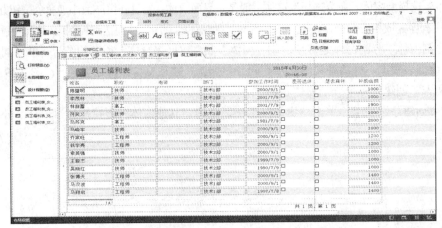

图7.41　使用报表工具创建报表

使用"报表向导"可以先选择在报表上显示哪些字段，还可以指定数据的分组和排序方式，如果用户事先指定了表与查询之间的关系，还可以使用来自多个表或查询的字段。

使用"空白报表"工具可以从头生成报表，这是计划只在报表上放置很少几个字段时使用的一种非常快捷的报表生成方式。

使用"报表设计"是先设计报表布局和格式，再引入数据源，在对版面设计有较高要求中使用。

使用"标签"适用于创建页面尺寸较小、只需容纳所需标签的报表。

报表创建完成后，可以使用"格式"和"排列"选项卡进行字体、格式、数据分类和汇总、网格线、控件布局等的详细设计。最终通过"页面设置"选项卡进行页面布局和打印设置，然后可以打印输出。

习　题　7

1. 解释数据库、数据库管理系统、数据库系统的概念。

2. 关系模型中关系、元组、属性、码的概念。

3. Access 2013 的基本功能有_____、_____、_____、_____、_____、_____和_____。

4. 在数据管理技术的发展过程中，经历了人工管理阶段、文件系统阶段和数据库系统阶段。在这几个阶段中，数据独立性最高的是（　　　）阶段。

　　A. 数据库系统　　　　　　B. 文件系统　　　　　C. 人工管理　　　　　　D. 数据项管理

5. 数据库的概念模型独立于（　　　）。

　　A. 具体的机器和DBMS　　　　　　　　　B. E-R 图

    C．信息世界　　　　　　　　　　　　D．现实世界

6．支持数据库各种操作的软件是（　　　）。

    A．数据库系统　　　　　　　　　　　B．操作系统

    C．数据库管理系统　　　　　　　　　D．数据库操作系统

7．文件系统与数据库系统的主要区别是（　　　）。

    A．文件系统简单，而数据库系统复杂

    B．文件系统不能解决数据冗余和数据独立性问题，而数据库系统可以解决

    C．文件系统管理的数据量少，而数据库系统可以管理大量数据

    D．文件系统只能管理数据文件，而数据库系统可以管理各种类型文件

8．不同实体之所以不同是根据（　　　）的不同加以区分的。

    A．主键　　　　　　　　　　　　　　B．外键

    C．属性的语义、类型和个数　　　　　D．名称

9．数据库中存储的是（　　　）。

    A．数据　　　　　　　　　　　　　　B．数据模型

    C．数据以及数据之间的联系　　　　　D．信息

10．在数据库中，产生数据不一致的根本原因是（　　　）。

    A．数据存储量太大　　　　　　　　　B．没有严格保护数据

    C．未对数据进行完整性控制　　　　　D．数据冗余

11．（　　　）是存储在计算机内有结构的数据的集合。

    A．数据库系统　　　　B．数据库　　　　C．数据库管理系统　　　D．数据项管理

12．按照传统的数据模型分类，数据库系统可以分为（　　　）3 种类型。

    A．大型、中型和小型　　　　　　　　B．西文、中文和兼容

    C．层次、网状和关系　　　　　　　　D．数据、图形和多媒体

第8章
计算机网络与 Internet 应用基础

本章首先对计算机网络的定义、发展做了简单的说明；然后对网络的组成、功能与分类做了比较详细的阐述；对网络的硬件组成以及常见的网络设备做了介绍；最后，以 Internet 网为例，讲述相关的理论知识，并介绍 Internet 网的 WWW 服务、文件传输、搜索引擎等应用及相关操作。

【知识要点】
- 计算机网络的基本概念；
- 计算机网络的组成；
- 计算机网络的功能与分类；
- 网络协议和体系结构；
- 计算机网络硬件；
- Internet 基础知识；
- Internet 应用。

8.1　计算机网络概述

8.1.1　计算机网络的定义

计算机网络是指将地理位置不同的具有独立功能的多台计算机及其外部设备，通过通信线路连接起来，在网络操作系统、网络管理软件及网络通信协议的管理和协调下，实现资源共享和信息传递的计算机系统。

在理解计算机网络定义的时候，要注意以下 3 点。

① 自主：计算机之间没有主从关系，所有计算机都是平等独立的。

② 互连：计算机之间由通信信道相连，并且相互之间能够交换信息。

③ 集合：网络是计算机的群体。

计算机网络是计算机技术和通信技术紧密融合的产物，它涉及通信与计算机两个领域。它的诞生使计算机体系结构发生了巨大变化，在当今社会经济中起着非常重要的作用，它对人类社会的进步做出了巨大贡献。

8.1.2　计算机网络的发展

计算机网络出现的 40 多年的时间里，它经历了一个从简单到复杂、从单机到多机、从地区到全球的发展过程。发展过程大致可概括为 4 个阶段：具有通信功能的单机系统阶段；具有通信功能的多机系统阶段；以共享资源为主的计算机网络阶段；以局域网及其互连为主要支撑环境的分布式计算阶段。

1. 具有通信功能的单机系统

该系统又称终端-计算机网络，是早期计算机网络的主要形式。它是由一台中央主计算机连接大量的地理位置上分散的终端。20 世纪 60 年代中期，典型应用是由一台计算机和全美范围内 2 000 多个终端组成的飞机定票系统，通过通信线路汇集到一台中心计算机进行集中处理，从而首次实现了计算机技术与通信技术的结合。

2. 具有通信功能的多机系统

在单机通信系统中，中央计算机负担较重，既要进行数据处理，又要承担通信控制，实际工作效率下降；而且主机与每一台远程终端都用一条专用通信线路连接，线路的利用率较低。由此出现了数据处理和数据通信的分工，即在主机前增设一个前端处理机负责通信工作，并在终端比较集中的地区设置集中器。这种具有通信功能的多机系统，构成了计算机网络的雏形。20 世纪 60 年代至 70 年代，此网络在军事、银行、铁路、民航、教育等部门都有应用。

3. 计算机网络

20 世纪 70 年代末至 90 年代，出现了由若干个计算机互连的系统，开创了"计算机-计算机"通信的时代，并呈现出多处理中心的特点，即利用通信线路将多台计算机连接起来，实现了计算机之间的通信。

4. 局域网的兴起和分布式计算的发展

自 20 世纪 90 年代末至今，随着大规模集成电路技术和计算机技术的飞速发展，局域网技术得到迅速发展。早期的计算机网络是以主计算机为中心的，计算机网络控制和管理功能都是集中式的，但随着个人计算机（PC）功能的增强，PC 方式呈现出的计算能力已逐步发展成为独立的平台，这就导致了一种新的计算结构——分布式计算模式的诞生。

目前，计算机网络的发展正处于第 4 阶段。这一阶段计算机网络发展的特点是：综合、高效、智能与更为广泛的应用。

8.1.3　计算机网络的组成

计算机网络由 3 部分组成：网络硬件、通信线路和网络软件。其组成结构图如图 8.1 所示。

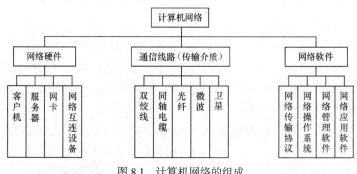

图 8.1　计算机网络的组成

1. 网络硬件

网络硬件包括客户机、服务器、网卡和网络互连设备。

客户机指用户上网使用的计算机，也可理解为网络工作站、节点机、主机。

服务器是提供某种网络服务的计算机，由运算功能强大的计算机担任。

网卡即网络适配器，是计算机与传输介质连接的接口设备。

网络互连设备包括集线器、中继器、网桥、交换机、路由器、网关等，其详细说明在后续章节中介绍。

2. 传输介质

物理传输介质是计算机网络最基本的组成部分，任何信息的传输都离不开它。传输介质分为有线介质和无线介质两种。

有线介质包括双绞线、同轴电缆、光纤；微波和卫星为无线传输介质。

3. 网络软件

网络软件是在计算机网络环境中，用于支持数据通信和各种网络活动的软件。网络软件由网络传输协议、网络操作系统、网络管理软件和网络应用软件4个部分组成。

（1）网络传输协议。网络传输协议就是连入网络的计算机必须共同遵守的一组规则和约定，以保证数据传送与资源共享能顺利完成。

（2）网络操作系统。网络操作系统是控制、管理、协调网络上的计算机，使之能方便有效地共享网络上硬件、软件资源，为网络用户提供所需的各种服务的软件和有关规程的集合。网络操作系统除具有一般操作系统的功能外，还具有网络通信能力和多种网络服务功能。目前，常用的网络操作系统有 Windows、UNIX、Linux 和 IOS。

（3）网络管理软件。网络管理软件的功能是对网络中大多数参数进行测量与控制，以保证用户安全、可靠、正常地得到网络服务，使网络性能得到优化。

（4）网络应用软件。网络应用软件就是能够使用户在网络中完成相应功能的一些工具软件。例如，能够实现网上漫游的 IE 或 Google chrome 浏览器，能够收发电子邮件的 Outlook Express 等。随着网络应用的普及，将会有越来越多的网络应用软件，为用户带来很大的方便。

8.1.4　计算机网络的功能与分类

计算机网络的种类繁多，性能各不相同，根据不同的分类原则，可以得到各种不同类型的计算机网络。

1. 按照网络的分布范围分类

计算机网络按照其覆盖的地理范围进行分类，可以很好地反映不同类型网络的技术特征。按地理分布范围来分类，计算机网络可以分为局域网、城域网和广域网3种。

（1）局域网。局域网（Local Area Network，LAN）是人们最常见、应用最广的一种网络。所谓局域网，是在一个局部的地理范围内（如一个学校、工厂和机关内），一般是方圆几千米以内，将各种计算机、外部设备和数据库等互相连接起来组成的计算机通信网，用于连接个人计算机、工作站和各类外围设备以实现资源共享和信息交换。它的特点是分布距离近，传输速度高，连接费用低，数据传输可靠，误码率低等。

（2）城域网。城域网（Metropolitan Area Network，MAN）的分布范围介于局域网和广域网之间，这种网络的连接距离可以在 10 km ~ 100 km。MAN 与 LAN 相比扩展的距离更长，连接的计算机数量更多，在地理范围上可以说是 LAN 的延伸。在一个大型城市或都市地区，一个 MAN 通常连接着多个 LAN。

（3）广域网。广域网（Wide Area Network，WAN）也称远程网，它的联网设备分布范围广，一般从几千米到几百至几千千米。广域网通过一组复杂的分组交换设备和通信线路将各主机与通信子网连接起来，因此网络所涉及的范围可以是市、地区、省、国家，乃至世界范围。由于它的这一特点使得单独建造一个广域网是极其昂贵和不现实的，所以，常常借用传统的公共传输（电报、电话）网来实现。此外，由于传输距离远，又依靠传统的公共传输网，所以错误率较高。

2. 按网络的拓扑结构分类

抛开网络中的具体设备，把网络中的计算机等设备抽象为点，把网络中的通信介质抽象为线，这样从拓扑学的观点去看计算机网络，就形成了由点和线组成的几何图形，从而抽象出网络系统的具体结构。这种采用拓扑学方法描述各个节点机之间的连接方式称为网络的拓扑结构。计算机网络常采用的基本拓扑结构有总线结构、环形结构、星形结构。具体介绍可见 8.3 节计算机局域网。

8.1.5 计算机网络体系结构和 TCP/IP 参考模型

1. 计算机网络体系结构

1974 年，IBM 公司首先公布了世界上第一个计算机网络体系结构（System Network Architecture，SNA），凡是遵循 SNA 的网络设备都可以很方便地进行互连。1977 年 3 月，国际标准化组织（ISO)的技术委员会 TC97 成立了一个新的技术分委会 SC16 专门研究"开放系统互连"，并于 1983 年提出了开放系统互连参考模型，即著名的 ISO 7498 国际标准（我国相应的国家标准是 GB 9387），记为 OSI/RM。在 OSI 中采用了三级抽象：参考模型（即体系结构）、服务定义和协议规范（即协议规格说明），自上而下逐步求精。OSI/RM 并不是一般的工业标准，而是一个为制定标准用的概念性框架。

经过各国专家的反复研究，在 OSI/RM 中，采用了表 8.1 所示的 7 个层次的体系结构。

表 8.1   OSI/RM 7 层协议模型

层 号	名 称	主要功能简介
7	应用层	作为与用户应用进程的接口，负责用户信息的语义表示，并在两个通信者之间进行语义匹配，它不仅要提供应用进程所需要的信息交换和远地操作，而且还要作为互相作用的应用进程的用户代理来完成一些为进行语义上有意义的信息交换所必须的功能
6	表示层	对源站点内部的数据结构进行编码，形成适合于传输的比特流，到了目的站再进行解码，转换成用户所要求的格式并保持数据的意义不变。该层主要用于数据格式转换
5	会话层	提供一个面向用户的连接服务,它给合会话用户之间的对话和活动提供组织和同步所必须的手段，以便对数据的传送提供控制和管理。主要用于会话的管理和数据传输的同步
4	传输层	从端到端经网络透明地传送报文，完成端到端通信链路的建立、维护和管理
3	网络层	分组传送、路由选择和流量控制，主要用于实现端到端通信系统中中间节点的路由选择
2	数据链路层	通过一些数据链路层协议和链路控制规程，在不太可靠的物理链路上实现可靠的数据传输
1	物理层	实现相邻计算机节点之间比特数据流的透明传送，尽可能屏蔽掉具体传输介质和物理设备的差异

它们由低到高分别是物理层、数据链路层、网络层、传输层、会话层、表示层、应用层。每层完成一定的功能，每层都直接为其上层提供服务，并且所有层次都互相支持。第4层到第7层主要负责互操作性，而第1层到第3层则用于创造两个网络设备间的物理连接。

OSI/RM 参考模型对各个层次的划分遵循下列原则：

① 网中各节点都有相同的层次，相同的层次具有同样的功能；

② 同一节点内相邻层之间通过接口通信；

③ 每一层使用下层提供的服务，并向其上层提供服务；

④ 不同节点的同等层按照协议实现对等层之间的通信。

2. TCP/IP 参考模型

TCP/IP 是目前异种网络通信使用的唯一协议体系，使用范围极广，既可用于局域网，又可用于广域网，许多厂商的计算机操作系统和网络操作系统产品都采用或含有 TCP/IP。TCP/IP 已成为目前事实上的国际标准和工业标准。TCP/IP 也是一个分层的网络协议，不过它与 OSI 模型所分的层次有所不同。TCP/IP 从底至顶分为网络接口层、网际层、传输层、应用层共 4 个层次，各层的功能如下。

（1）网络接口层。这是 TCP/IP 的最低一层，包括有多种逻辑链路控制和媒体访问协议。网络接口层的功能是接收 IP 数据报并通过特定的网络进行传输，或从网络上接收物理帧，抽取出 IP 数据报并转交给网际层。

（2）网际层（IP 层）。该层包括以下协议：网际协议（IP）、因特网控制报文协议（Internet Control Message Protocol，ICMP）、地址解析协议（Address Resolution Protocol，ARP）、反向地址解析协议（Reverse Address Resolution Protocol，RARP）。该层负责相同或不同网络中计算机之间的通信，主要处理数据报和路由。在 IP 层中，ARP 用于将 IP 地址转换成物理地址，RARP 用于将物理地址转换成 IP 地址，ICMP 用于报告差错和传送控制信息。IP 在 TCP/IP 中处于核心地位。

（3）传输层。该层提供传输控制协议（Transport Control Protocol，TCP）和用户数据协议（User Datagram Protocol，UDP）两个协议。它们都建立在 IP 的基础上，其中，TCP 提供可靠的面向连接服务，UDP 提供简单的无连接服务。传输层提供端到端，即应用程序之间的通信，主要功能是数据格式化、数据确认和丢失重传等。

（4）应用层。TCP/IP 的应用层相当于 OSI 模型的会话层、表示层和应用层，它向用户提供一组常用的应用层协议，其中包括 Telnet、SMTP、DNS 等。此外，在应用层中还包含用户应用程序，它们均是建立在 TCP/IP 之上的专用程序。

OSI 参考模型与 TCP/IP 都采用了分层结构，都是基于独立的协议栈的概念。OSI 参考模型有 7 层，而 TCP/IP 只有 4 层，即 TCP/IP 没有表示层和会话层，并且把数据链路层和物理层合并为网络接口层。

8.2　计算机网络硬件

8.2.1　网络传输介质

传输介质是网络连接设备间的中间介质，也是信号传输的媒体。常用的介质有双绞线、同轴电缆、光纤（见图8.2）以及微波和卫星等。

同轴电缆

光纤

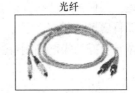

非屏蔽双绞线

图 8.2 几种传输介质外观

1. 双绞线

双绞线（twisted-pair）是现在最普通的传输介质，它由两条相互绝缘的铜线组成，典型直径为 1mm。两根线绞接在一起是为了防止其电磁感应在邻近线对中产生干扰信号。现行双绞线电缆中一般包含 4 个双绞线对，如图 8.3 所示，具体为橙 1/橙 2、蓝 4/蓝 5、绿 6/绿 3、棕 3/棕白 7。计算机网络使用 1-2、3-6 两组线对分别来发送和接收数据。双绞线接头为具有国际标准的 RJ-45 插头（见图 8.4）和插座。双绞线分为屏蔽（shielded）双绞线（STP）和非屏蔽（unshielded）双绞线（UTP）。非屏蔽双绞线利用线缆外皮作为屏蔽层，适用于网络流量不大的场合中；屏蔽式双绞线具有一个金属甲套（sheath），对电磁干扰（Electromagnetic Interference，EMI）具有较强的抵抗能力，适用于网络流量较大的高速网络协议应用。

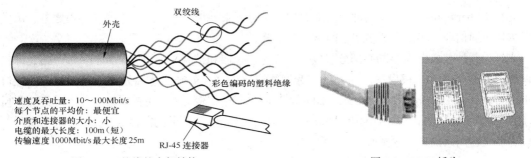

图 8.3 双绞线的内部结构 图 8.4 RJ-45 插头

双绞线最多应用于基于载波侦听多路访问/冲突检测（Carrier Sense Multiple Access/Collission Detection，CMSA/CD）技术，即 10Base-T（10 Mbit/s）和 100Base-T（100 Mbit/s）的以太网（Ethernet）中，具体规定有：

① 一段双绞线的最大长度为 100m，只能连接一台计算机；

② 双绞线的每端需要一个 RJ-45 插件（头或座）；

③ 各段双绞线通过集线器（Hub 的 10Base-T 重发器）互连，利用双绞线最多可以连接 64 个站点到重发器（Repeater）；

④ 10Base-T 重发器可以利用收发器电缆连到以太网同轴电缆上。

2. 同轴电缆

广泛使用的同轴电缆（coaxial）有两种：一种为 50Ω（指沿电缆导体各点的电磁电压对电流

之比）同轴电缆，用于数字信号的传输，即基带同轴电缆；另一种为75Ω同轴电缆，用于宽带模拟信号的传输，即宽带同轴电缆。同轴电缆以单根铜导线为内芯，外裹一层绝缘材料，外覆密集网状导体，最外面是一层保护性塑料，根据直径的不同，分为粗缆和细缆，如图8.5所示。同轴电缆的金属屏蔽层能将磁场反射回中心导体，同时也使中心导体免受外界干扰，故同轴电缆比双绞线具有更高的带宽和更好的噪声抑制特性。

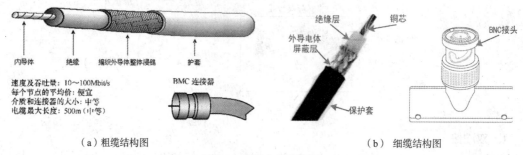

（a）粗缆结构图　　　　　　　　　　　　　　（b）细缆结构图

图8.5　同轴电缆结构图

现行以太网同轴电缆的接法有两种：直径为0.4cm的RG-11粗缆采用凿孔接头接法；直径为0.2cm的RG-58细缆采用T型头接法。粗缆要符合10Base5介质标准，采用AVI接头，使用时需要一个外接收发器和收发器电缆，单根最大标准长度为500m，可靠性强，最多可接100台计算机，两台计算机的最小间距为2.5m。细缆按10Base2介质标准直接连到网卡的T型头连接器（即BNC连接器）上，单段最大长度为185m，最多可接30个工作站，最小站间距为0.5m，室内的支线一般采用细缆。

3．光纤

光纤（fiber optic）是利用内部全反射原理来传导光束的传输介质，有单模和多模之分。单模光纤多用于通信业，多模光纤多用于网络布线系统。

光纤为圆柱状，由3个同心部分组成——纤芯、包层和护套，如图8.6所示。每一路光纤包括两根，一根接收，一根发送。用光纤作为网络介质的LAN技术主要是光纤分布式数据接口（Fiber-optic Data Distributed Interface，FDDI）。与同轴电缆比较，光纤可提供极宽的频带且功率损耗小，传输距离长（2km以上）、传输率高（可达数千Mbit/s）、抗干扰性强（不会受到电子监听），是构建安全性网络的理想选择。

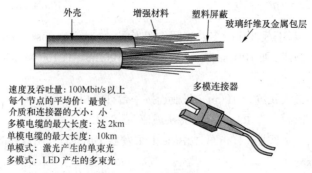

图8.6　光纤的结构图

4．微波传输和卫星传输

微波传输和卫星传输都是属于无线通信。传输方式均以空气为传输介质，以电磁波为传输载体，联网方式较为灵活，适合应用在不易布线、覆盖面积大的地方。通过一些硬件的支持，可实现点对点或点对多点的数据通信和语音通信。通信方式如图 8.7 和图 8.8 所示。

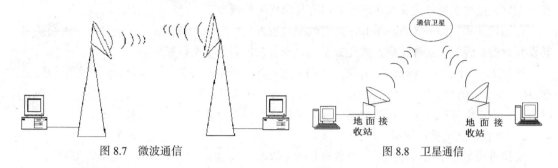

图 8.7　微波通信　　　　　　　　　　　　　图 8.8　卫星通信

8.2.2　网卡

网卡也称网络适配器或网络接口卡（Network Interface Card，NIC），在局域网中用于将用户计算机与网络相连，大多数局域网采用以太（Ethernet）网卡，如 ISA 网卡、PCI 网卡、PCMCIA 卡（应用于笔记本）、USB 网卡等。

网卡是一块插入微机 I/O 槽中，发出和接收不同的信息帧、计算帧检验序列、执行编码译码转换等以实现微机通信的集成电路卡。网卡主要完成如下功能：

① 读入由其他网络设备（路由器、交换机、集线器或其他 NIC）传输过来的数据包（一般是帧的形式），经过拆包，将其变成客户机或服务器可以识别的数据，通过主板上的总线将数据传输到所需 PC 设备中（CPU、内存或硬盘）；

② 将 PC 设备发送的数据，打包后输送至其他网络设备中。

它按总线类型可分为 ISA 网卡、PCI 网卡、USB 网卡等，如图 8.9 所示。其中，ISA 网卡的数据传送以 16 位进行，PCI 网卡的数据传送量为 32 位，速度较快，USB 网卡传输速率远远大于传统的并行接口和串行接口，并且其安装简单，即插即用，越来越受到厂商和用户的欢迎。

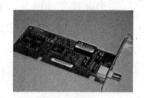

网卡的接口大小不一，其旁边还有红、绿两个小灯。网卡的接口有 3 种规格：粗同轴电缆接口（AUI 接口）；细同轴电缆接口（BNC 接口）；无屏蔽双绞线接口（RJ-45 接口）。一般的网卡仅一种接口，但也有两种甚至 3 种接口的，称为二合一或三合一卡。红、绿小灯是网卡的工作指示灯，红灯亮时表示正在发送或接收数据，绿灯亮则表示网络连接正常，否则就不正常。值得说明的是，倘若连接两台计算机线路的长度大于规定长度（双绞线为 100 m，细电缆是 185 m），即使连接正常，绿灯也不会亮。

图 8.9　各种网卡外观图

8.2.3　交换机

交换机可以根据数据链路层信息做出帧转发决策，同时构造自己的转发表。交换机运行在数据链路层，可以访问 MAC 地址，并将帧转发至该地址。交换机的出现，导致了网络带宽的增加。

1. 3种方式的数据交换

直通式（Cut through）：封装数据包进入交换引擎后，在规定时间内丢到背板总线上，再送到目的端口，这种交换方式交换速度快，但容易出现丢包现象。

存储转发式（Store & Forward）：封装数据包进入交换引擎后被存在一个缓冲区，由交换引擎转发到背板总线上，这种交换方式克服了丢包现象，但降低了交换速度。

碎片隔离（Fragment Free）：介于上述两者之间的一种解决方案。它需检查数据包的长度是否够64个字节，如果小于64字节，说明是假包，则丢弃该包；如果大于64字节，则发送该包。这种方式也不提供数据校验。它的数据处理速度比存储转发方式快，但比直通式慢。

2. 背板带宽与端口速率

交换机将每一个端口都挂在一条背板总线（CoreBus）上，背板总线的带宽即背板带宽，端口速率即端口每秒吞吐多少数据包。

3. 模块化与固定配置

交换机从设计理念上讲只有两种：一种是机箱式交换机（也称为模块化交换机），另一种是独立式固定配置交换机。

机箱式交换机最大的特色就是具有很强的可扩展性，它能提供一系列扩展模块，如吉比特以太网模块、FDDI模块、ATM模块、快速以太网模块、令牌环模块等，所以能够将具有不同协议、不同拓扑结构的网络连接起来。它最大的缺点就是价格昂贵。机箱式交换机一般作为骨干交换机来使用。

固定配置交换机，一般具有固定端口的配置，如图8.10所示。固定配置交换机的可扩充性不如机箱式交换机，但是成本低得多。

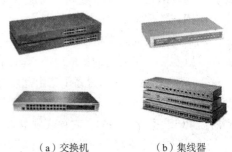

（a）交换机　　（b）集线器

图8.10　集线器与交换机

8.2.4　路由器

路由器（Router）是工作在OSI第3层（网络层）上、具有连接不同类型网络的能力并能够选择数据传送路径的网络设备，如图8.11所示。路由器有3个特征：工作在网络层上；能够连接不同类型的网络；具有路径选择能力。

图8.11　路由器

1. 路由器工作在第3层上

路由器是第3层网络设备，这样说比较难以理解。为此先介绍一下集线器和交换机，集线器工作在第1层（即物理层），它没有智能处理能力，对它来说，数据只是电流而已。当一个端口的电流传到集线器中时，它只是简单地将电流传送到其他端口，至于其他端口连接的计算机接收不接收这些数据，它就不管了。交换机工作在第2层（即数据链路层），它要比集线器智能一些，对它来说，网络上的数据就是MAC地址的集合，它能分辨出帧中的源MAC地址和目的MAC地址，因此可以在任意两个端口间建立联系。但是交换机并不懂得IP地址，它只知道MAC地址。路由器工作在第3层（即网络层），它比交换机还要"聪明"一些，它理解数据中的IP地址。如果它接收到一个数据包，就检查其中的IP地址，如果目标地址是本地网络的就不理会；如果是其他网络的，就将数据包转发出本地网络。

2. 路由器能连接不同类型的网络

常见的集线器和交换机一般都是用于连接以太网的，但是如果将两种网络类型连接起来，比如以太网与 ATM 网，集线器和交换机就派不上用场了。路由器能够连接不同类型的局域网和广域网，如以太网、ATM 网、FDDI 网、令牌环网等。不同类型的网络，其传送的数据单元——帧（Frame）的格式和大小是不同的，就像公路运输是汽车为单位装载货物，而铁路运输是以车皮为单位装载货物一样，从汽车运输改为铁路运输，必须把货物从汽车上放到火车车皮上，网络中的数据也是如此，数据从一种类型的网络传输至另一种类型的网络，必须进行帧格式转换。路由器就有这种能力，而交换机和集线器就没有这种能力。实际上，我们所说的"互联网"，就是由各种路由器连接起来的，因为互联网上存在各种不同类型的网络，集线器和交换机根本不能胜任这个任务，所以必须由路由器来担当这个角色。

3. 路由器具有路径选择能力

在互联网中，从一个节点到另一个节点，可能有许多路径，路由器可以选择通畅快捷的近路，会大大提高通信速度，减轻网络系统通信负荷，节约网络系统资源，这是集线器和交换机所不具备的性能。

8.3　计算机局域网

8.3.1　局域网概述

自 20 世纪 70 年代末以来，微机由于价格不断下降而获得了日益广泛的使用，这就促使计算机局域网技术得到了飞速发展，并在计算机网络中占有非常重要的地位。

1. 局域网的特点

局域网最主要的特点是，网络为一个单位所拥有，且地理范围和站点数目均有限。在局域网刚刚出现时，局域网比广域网具有较高的数据率、较低的时延和较小的误码率。但随着光纤技术在广域网中普遍使用，现在广域网也具有很高的数据率和很低的误码率。

一个工作在多用户系统下的小型计算机，也基本上可以完成局域网所能做的工作，二者相比，局域网具有如下一些主要优点：

① 能方便地共享昂贵的外部设备、主机以及软件、数据，从一个站点可访问全网；
② 便于系统的扩展和逐渐演变，各设备的位置可灵活调整和改变；
③ 提高了系统的可靠性、可用性和残存性。

2. 局域网拓扑结构

网络拓扑结构是指一个网络中各个节点之间互连的几何形状。局域网的拓扑结构通常是指局域网的通信链路和工作节点在物理上连接在一起的布线结构，局域网的网络拓扑结构通常分为 3 种：总线形拓扑结构、星形拓扑结构和环形拓扑结构。

（1）总线形拓扑结构

所有节点都通过相应硬件接口连接到一条无源公共总线上，任何一个节点发出的信息都可沿着总线传输，并被总线上其他任何一个节点接收。它的传输方向是从发送点向两端扩散传送，是一种广播式结构。在 LAN 中，采用带有冲突检测的载波侦听多路访问控制方式，即 CSMA／CD

方式。每个节点的网卡上有一个收发器，当发送节点发送的目的地址与某一节点的接口地址相符，该节点即接收该信息。总线结构的优点是安装简单，易于扩充，可靠性高，一个节点损坏不会影响整个网络工作；缺点是一次仅能一个端用户发送数据，其他端用户必须等到获得发送权才能发送数据，介质访问获取机制较复杂。总线形拓扑结构如图 8.12 所示。

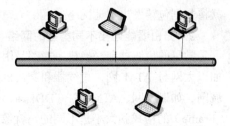

图 8.12　总线形拓扑结构示意图

（2）星形拓扑结构

星形拓扑结构也称为辐射网，它将一个点作为中心节点，该点与其他节点均有线路连接。具有 N 个节点的星形网至少需要 $N-1$ 条传输链路。星形网的中心节点就是转接交换中心，其余 $N-1$ 个节点间相互通信都要经过中心节点来转接。中心节点可以是主机或集线器。因而该设备的交换能力和可靠性会影响网内所有用户。星形拓扑的优点是：利用中心节点可方便地提供服务和重新配置网络；单个连接点的故障只影响一个设备，不会影响全网，容易检测和隔离故障，便于维护；任何一个连接只涉及中心节点和一个站点，因此介质访问控制的方法很简单，从而访问协议也十分简单。星形拓扑的缺点是：每个站点直接与中心节点相连，需要大量电缆，因此费用较高；如果中心节点产生故障，则全网不能工作，所以对中心节点的可靠性和冗余度要求很高，中心节点通常采用双机热备份来提高系统的可靠性。星形拓扑结构如图 8.13 所示。

（3）环形网络拓扑结构

环形结构中的各节点通过有源接口连接在一条闭合的环形通信线路中，是点对点结构。环形网中每个节点发送的数据流按环路设计的流向流动。为了提高可靠性，可采用双环或多环等冗余措施来解决。目前的环形结构中，采用了一种多路访问部件 MAU，当某个节点发生故障时，可以自动旁路，隔离故障点，这也使可靠性得到了提高。环形结构的优点是实时性好，信息吞吐量大，网的周长可达 200km，节点可达几百个。但因环路是封闭的，所以扩充不便。IBM 于 1985 年率先推出令牌环网，目前的 FDDI 网就使用这种双环结构。环形拓扑结构如图 8.14 所示。

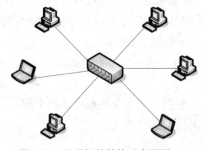

图 8.13　星形拓扑结构示意图图

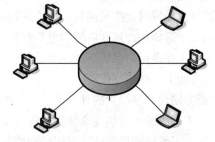

图 8.14　环形拓扑结构示意图

8.3.2　载波侦听多路访问/冲突检测协议

载波侦听多路访问/冲突检测协议（CSMA/CD）是一种介质访问控制技术，也就是计算机访问网络的控制方式。介质访问控制技术是局域网最重要的一项基本技术，也是网络设计和组成的最根本问题，因为它对局域网体系结构、工作过程和网络性能产生决定性的影响。

局域网的介质访问控制包括两个方面的内容：一是要确定网络的每个节点能够将信息发送到介质上去的特定时刻；二是如何对公用传输介质进行访问，并加以利用和控制。常用的局域网介质访问控制方法主要有以下 3 种：CSMA/CD、令牌环（Token Ring）和令牌总线（Token Bus）。后两种现在已经逐渐退出历史舞台。

CSMA/CD 是一种争用型的介质访问控制协议，同时也是一种分布式介质访问控制协议。网内的所有节点都相互独立地发送和接收数据帧。在每个节点发送数据帧前，先要对网络进行载波侦听，如果网络上正有其他节点进行数据传输，则该节点推迟发送数据，继续进行载波侦听，直到发现介质空闲，才允许发送数据。如果两个或者两个以上节点同时检测到介质空闲并发送数据，则发生冲突。在 CSMA/CD 中，采取一边发送一边侦听的方法对数据进行冲突检测。如果发现冲突，将会立即停止发送，并向介质上发出一串阻塞脉冲信号来加强冲突，以便让其他节点都知道已经发生冲突。冲突发生后，要发送信号的节点将随机延时一段时间，再重新争用介质，直到发送成功。图 8.15 所示为 CSMA/CD 发送数据帧的工作原理。

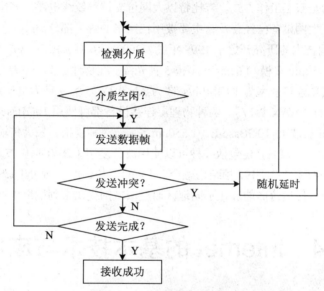

图 8.15　CSMA/CD 发送数据帧的工作原理

8.3.3　以太网

以太网（Ethernet）是最早的局域网，最初由美国施乐（Xerox）公司研制成功，当时的传输速率只有 2.94Mbit/s。1981 年，施乐公司与数字设备公司（DEC）及英特尔公司（Intel）合作，联合提出了 Ethernet 的规约，即 DIX 1.0 规范。后来以太网的标准由 IEEE 来制定，DIX Ethernet 就成了 IEEE 802.3 协议标准的基础。IEEE 802.3 标准是 IEEE 802 系列中的一个标准，由于是从 DIX Ethernet 标准演变而来，通常又叫作以太网标准。

早期的以太网采用同轴电缆作为传输介质，传输速率为 10 Mbit/s。使用粗同轴电缆的以太网标准被称为 10Base-5 标准以太网。Base 是指传输信号是基带信号，它采用的是 0.5 英寸的 50Ω 同轴电缆作为传输介质，最远传输距离为 500m，最多可连接 100 台计算机。使用细同轴电缆的以太网称为 10Base-2 标准以太网，它采用 0.2 英寸 50Ω 同轴电缆作为传输介质，最远传输距离为 200m，最多可连接 30 台计算机。

双绞线以太网 10Base-T，采用双绞线作为传输介质。10Base-T 网络中引入集线器（Hub），网络采用树形拓扑或总线形和星形混合拓扑。这种结构具有良好的故障隔离功能，当网络任一线路或某工作站点出现故障时，均不影响网络其他站点，使得网络更加易于维护。

随着数据业务的增加，10 Mbit/s 网络已经不能满足业务需求。1993 年诞生了快速以太网 100Base-T，在 IEEE 标准里为 IEEE 802.3u。快速以太网的出现大大提升了网络速度，再加上快速以太网设备价格低廉，快速以太网很快成为局域网的主流。快速以太网从传统以太网上发展起来，保持了相同的数据格式，也保留了 CSMA/CD 介质访问控制方式。目前，正式的 100Base-T 标准定义了 3 种物理规范以支持不同介质：100Base-T 用于使用两对线的双绞线电缆，100Base-T4 用于使用四对线的双绞线电缆，100Base-FX 用于光纤。

吉比特以太网是 IEEE 802.3 标准的扩展，在保持与以太网和快速以太网设备兼容的同时，提供 1 000Mbit/s 的数据带宽。IEEE 802.3 工作组建立了 IEEE 802.3z 以太网小组来建立吉比特以太网标准。吉比特以太网继续沿袭了以太网和快速以太网的主要技术，并在线路工作方式上进行了改进，提供了全新的全双工工作方式。吉比特以太网可支持双绞线电缆、多模光纤、单模光纤等介质。目前吉比特以太网设备已经普及，主要被用在网络的骨干部分。

10 吉比特以太网技术的研究开始于 1999 年底。2002 年 6 月，IEEE 802.3ae 标准正式发布。目前支持 9μm 单模、50μm 多模和 62.5μm 多模 3 种光纤。在物理层上，主要分为两种类型，一种为可与传统以太网实现连接速率为 10GMbit/s 的"LAN PHY"，另一种为可连接 SDH/SONET、速率为 9.584 64Gbit/s 的"WAN PHY"。两种物理层连接设备都可使用 10GBase-S（850nm 短波）、10GBase-L（1 310nm 长波）、10GBase-E（1 550nm 长波）3 种规格，最大传输距离分别为 300m、10km、40km，另外，LAN PHY 还包括一种可以使用波分复用（DWDM）技术的"10Gase-LX4"规格。WAN PHY 与 SONET OC-192 帧结构融合，可与 OC-192 电路、SONET/SDH 设备一起运行，可保护传统基础投资，使运营商能够在不同地区通过城域网提供端到端以太网。

8.4　Internet 的基本技术与应用

8.4.1　Internet 概述

1. 什么是 Internet

Internet 是一个全球性的"互联网"，中文名称为"因特网"。它并非一个具有独立形态的网络，而是将分布在世界各地的、类型各异的、规模大小不一的、数量众多的计算机网络互连在一起而形成的网络集合体，成为当今最大的和最流行的国际性网络。

Internet 采用 TCP/IP 作为共同的通信协议，将世界范围内，许许多多计算机网络连接在一起。用户只要与 Internet 相连，就能主动地利用这些网络资源，还能以各种方式和其他 Internet 用户交流信息。但 Internet 又远远超出一个提供丰富信息服务机构的范畴。它更像一个面对公众的自由松散的社会团体，一方面有许多人通过 Internet 进行信息交流和资源共享，另一方面又有许多人和机构资源将时间和精力投入到 Internet 中进行开发、运用和服务。Internet 正逐步深入到社会生活的各个角落，成为人们生活中不可缺少的部分。网民对 Internet 的正面作用评价很高，认为 Internet 对工作、学习有很大帮助的网民占 93.1%，尤其是娱乐方面，认为 Internet 丰富了网民的娱乐生活的比例高达 94.2%。前 7 类网络应用的使用率按高低排序依次是：网络音乐、即时通信、网络影视、网络新闻、搜索引擎、网络游戏、电子邮件。Internet 除了上述 7 种用途外，还常用于电子政务、网络购物、网上支付、网上银行、网上求职、网络教育等。

2. Internet 的起源和发展

Internet 是由美国国防部高级研究计划署（Defence Advance Research Projects Agency）1969 年 12 月建立的实验性网络 ARPAnet 发展演化而来的。ARPAnet 是全世界第一个分组交换网，是一个实验性的计算机网，用于军事目的。其设计要求是支持军事活动，特别是研究如何建立网络才能经受如核战争那样的破坏或其他灾害性破坏，当网络的一部分（某些主机或部分通信线路）受损时，整个网络仍然能够正常工作。与此不同，Internet 是用于民用目的，最初它主要是面向科学与教育界的用户，后来才转到其他领域，为一般用户服务，成为非常开放性的网络。ARPAnet 模型为网络设计提供了一种思想：网络的组成成分可能是不可靠的，当从源计算机向目标计算机发送信息时，应该对承担通信任务的计算机而不是对网络本身赋予一种责任——保证把信息完整无误地送达目的地，这种思想始终体现在以后计算机网络通信协议的设计以至 Internet 的发展过程中。

Internet 的真正发展是从 NSFnet 的建立开始的。最初，美国国家自然科学基金会（National Science Foundation，NSF）曾试图用 ARPAnet 作为 NSFnet 的通信干线，但这个决策没有取得成功。20 世纪 80 年代是网络技术取得巨大进展的年代，不仅大量涌现出诸如以太网电缆和工作站组成的局域网，而且奠定了建立大规模广域网的技术基础。正是在这时提出了发展 NSFnet 的计划。1988 年底，NSF 把在全国建立的五大超级计算机中心用通信干线连接起来，组成全国科学技术网 NSFnet，并以此作为 Internet 的基础，实现同其他网络的连接。现在，NSFnet 连接了全美上百万台计算机，拥有几百万用户，是 Internet 最主要的成员网。采用 Internet 的名称是在 MILnet（由 ARPAnet 分离出来）实现和 NSFnet 连接后开始的。此后，其他联邦部门的计算机网相继并入 Internet，如能源科学网 Esnet、航天技术网 NASAnet、商业网 COMnet 等。之后，NSF 巨型计算机中心一直肩负着扩展 Internet 的使命。

3. Internet 在我国的发展

中国已作为第 71 个国家级网加入 Internet，1994 年 5 月，以"中科院-北大-清华"为核心的"中国国家计算机网络设施"（The National Computing and Network Facility Of China，NCFC，国内也称中关村网）已与 Internet 连通。目前，Internet 已经在我国开放，通过中国公用互连网络（ChinaNet）或中国教育科研计算机网（CERNet）都可与 Internet 连通。只要有一台 486 计算机、一部调制解调器和一部国内直拨电话就能与 Internet 网相连。

Internet 在中国的发展历程可以大略地划分为 3 个阶段。

（1）第一阶段为 1986 年 6 月—1993 年 3 月，是研究试验阶段（E-mail Only）。

在此期间中国一些科研部门和高等院校开始研究 Internet 联网技术，并开展了科研课题和科技合作工作。这个阶段的网络应用仅限于小范围内的电子邮件服务，而且仅为少数高等院校、研究机构提供电子邮件服务。

（2）第二阶段为 1994 年 4 月—1996 年，是起步阶段（Full Function Connection）。

1994 年 4 月，中关村地区教育与科研示范网络工程进入 Internet，实现和 Internet 的 TCP/IP 连接，从而开通了 Internet 全功能服务。从此中国被国际上正式承认为有 Internet 的国家。之后，ChinaNet、CERnet、CSTnet、ChinaGBnet 等多个 Internet 络项目在全国范围相继启动，Internet 开始进入公众生活，并在中国得到了迅速的发展。1996 年底，中国 Internet 用户数已达 20 万，利用 Internet 开展的业务与应用逐步增多。

（3）第三阶段从 1997 年至今，是快速增长阶段。

国内 Internet 用户自 1997 年以后基本保持每半年翻一番的增长速度，中国网民数增长迅速，在过去一年中平均每天增加网民 20 万人。据中国互联网络信息中心（CNNIC）公布的统计报告显示，截至 2014 年 12 月底，中国网民规模达 6.49 亿。互联网普及率较 2013 年提升 2.1 个百分点，达到 47.9%。相比 2007 年以来平均每年 5 个百分点的提升。

2014 年下半年，网站规模显现出稳步上升的势头，截至 2014 年年底，中国网站规模达到 335 万，年增长 4.6%。国家顶级域名.CN 的注册量也开始转身向上：2014 年年底.CN 域名注册量达到 1 109 万个较 2013 年中增长 26 000 余个。

4．下一代网络

随着网络应用的广泛与深入，通信业呈现 3 个重要的发展趋势。移动通信业务超载了固定通信业务；数据通信业务超越了语音通信业务；分组交换业务超越了数据交换业务。由此引发了 3 项技术的基本形成：计算机网络的 IP 技术可将传统电信业的所有设备都变成互联网的终端；软交换技术可使各种新的电信业务方便的加载到电信网络中，加快电话网、移动通信网与互联网的融合；第三代、第四代的移动通信技术，将数据业务带入移动通信时代。

由此，计算机网络出现了两个重要的发展趋势：一是计算机网络、电信网络与有线电视网实现"三网融合"，即未来将会以一个网络完成上述三网的功能；二是基于 IP 技术的新型公共电信网的快速发展。这就是下一代网络（Next Generation Network，NGN），同时也发展了下一代互联网（Next Generation Internet，NGI）。

NGI 是指"下一代的互联网技术"，而 NGN 指的是互联网应用给传输网带来的技术演变，导致新一代电信网的出现。通常认为，NGN 的主要特征是：建立在 IP 技术基础上的新型公共电信网络上，容纳各种类型的信息，提供可靠地服务质量保证，支持语音、数据与视频的多媒体通信业务，并且具备快速灵活的生成新业务的机制与能力。

5．物联网

物联网（Internet of Things）是 MIT Auto-ID 中心 Ashton 教授 1999 年在研究 RFID 时最早提出来的，当时叫传感网；其定义是通过射频识别（RFID）、红外感应器、全球定位系统、激光扫描器等信息传感设备，按约定的协议，把任何物品与互联网相连接，进行信息交换和通信，以实现智能化识别、定位、跟踪、监控和管理的一种网络概念。

2005 年，国际电信联盟（ITU）发布了《ITU 互联网报告 2005：物联网》，正式提出了物联网的概念；此时物联网的定义和范围已经发生了变化，覆盖范围有了较大的拓展，不再只是指基于 RFID 技术的物联网。物联网是一个基于互联网、传统电信网等信息承载体，让所有能够被独立寻址的普通物理对象实现互联互通的网络。它具有普通对象设备化、自治终端互联化和普适服务智能化 3 个重要特征。物联网实现全球亿万种物品之间的互连，将不同领域、不同地域、不同应用、不同物理实体按其内在关系紧密关联，可能对小到电子元器件，大到飞机、轮船等巨量物体的信息实现联网与互动。

在国家大力推动工业化与信息化两化融合的大背景下，物联网会是工业乃至更多行业信息化过程中，一个比较现实的突破口。这几年推行的智能家居其实就是把家中的电器通过网络控制起来。物联网技术在家庭中的应用主要包括智能家居和智能医疗。

目前，物联网技术已经开始应用。上海移动已经采用物联网技术为多个行业客户度身打造了集数据采集、传输、处理和业务管理于一体的整套无线综合应用解决方案。在上海世博会期间，"车务通"全面应用于上海公共交通系统，以最先进的技术来保障世博园区周边大流量交通的顺畅；面向物流企业运输管理的"E 物流"，将为用户提供实时准确的货况信息、车辆跟踪定位、运输路径选择、物流网络设计与优化等服务，大大提升物流企业综合竞争能力。此外，在物联网普及后，用于动物、植物、机器等的传感器与电子标签及配套接口装置的数量将大大超过手机的数量。

6. 云计算与海计算

2006 年 8 月 9 日，Google 首席执行官埃里克·施密特（Eric Schmidt）在搜索引擎大会（SES San Jose 2006）首次提出"云计算"（Cloud Computing）的概念。云计算是继 1980 年大型计算机到客户端-服务器的大转变之后的又一种巨变；云计算是网格计算、分布式计算、并行计算、效用计算、网络存储、虚拟化、负载均衡等传统计算机和网络技术发展融合的产物，是一种基于因特网的超级计算模式，在远程的数据中心，几万甚至几千万台计算机和服务器连接成一片。因此，云计算甚至可以让用户体验每秒超过 10 万亿次的运算能力，如此强大的运算能力几乎无所不能。用户通过计算机、笔记本电脑、手机等方式接入数据中心，按各自的需求进行存储和运算。

2009 年，美国通用汽车金融服务公司在技术创新大会上提出了海计算的全新概念。海计算是通过在物理世界的物体中融入计算与通信设备及智能算法，让物与物间能互连，在事先无法预知的场景中进行判断，实现物与物之间的交互作用。与云计算的后端处理相比，海计算指智能设备的前端处理。它一方面通过强化融入在各物体中的信息装置，实现物体与信息装置的紧密融合，有效获取物质世界的信息，另一方面通过强化海量的独立个体之间的局部即时交互和分布式智能，使物体具备自组织、自计算、自反馈的计算功能。

IPv6"地球沙粒"海量地址的容量设计，若按地址量收集的信息量会非常巨大，把信息量全部放在云端计算则完全不现实。海计算概念的提出，就是先让各种终端进行简单的信息处理，使 90% 以上基础信息在传感器的海中处理完成，再汇集云端，云只负责处理从海中提取的复杂信息。海计算为用户提供基于互联网的一站式服务，可依赖需求交互模式，其实现关键在于针对庞大网络、共享机制及协调（优化分配）机制的建立。海是安全和公共的。海的接入有一定要求与门槛（如 CPU 与存储器要求），审核接入。

无论云计算还是海计算，互联网涉及全球物体的规模及应用需求和感知层数的特性，决定了物联网的架构需"云海"结合。在局部应用场景，感知数据存储在局部现场，智能前端在协同感知基础上，通过实时交互共同完成事件的判断、决策等处理，及时做出反应；云计算端提供面向全球的存储和处理服务，各种前端把处理的中间或最后结果存储到云后端，前端在本地处理过程中，必须需要后端存储信息和处理能力的支持。

8.4.2　Internet 的接入

Internet 是"网络的网络"，它允许用户随意访问任何连入其中的计算机，但如果要访问其他计算机，首先要把你的计算机系统连接到 Internet 上。

与 Internet 的连接方法大致有 4 种，简单介绍如下。

1. ISDN

该接入技术俗称"一线通"。综合业务数字网（Integrated Service Digital Network，ISDN）采用数字传输和数字交换技术，将电话、传真、数据、图像等多种业务综合在一个统一的数字网络中进行传输和处理。用户利用一条 ISDN 用户线路，可以在上网的同时拨打电话、收发传真，就像两条电话线一样。ISDN 基本速率接口有两条 64kbit/s 的信息通路和一条 16kbit/s 的信令通路，简称 2B+D。当有电话拨入时，它会自动释放一个 B 信道来进行电话接听。

就像普通拨号上网要使用 Modem 一样，用户使用 ISDN 也需要专用的终端设备，主要由网络终端 NT1 和 ISDN 适配器组成。网络终端 NT1 好像有线电视上的用户接入盒一样必不可少，它为 ISDN 适配器提供接口和接入方式。ISDN 适配器和 Modem 一样又分为内置和外置两类，内置的一般称为 ISDN 内置卡或 ISDN 适配卡；外置的 ISDN 适配器则称之为 TA。

用户采用 ISDN 拨号方式接入需要申请开户，各种测试数据表明，双线上网速度并不能翻番，从发展趋势来看，窄带 ISDN 也不能满足高质量的 VOD 等宽带应用。

2. DDN

数字数据网（Digital Data Network，DDN）这是随着数据通信业务发展而迅速发展起来的一种新型网络。DDN 的主干网传输介质有光纤、数字微波、卫星信道等，用户端多使用普通电缆和双绞线。DDN 将数字通信技术、计算机技术、光纤通信技术以及数字交叉连接技术有机地结合在一起，提供了高速度、高质量的通信环境，可以向用户提供点对点、点对多点透明传输的数据专线出租电路，为用户传输数据、图像、声音等信息。DDN 的通信速率可根据用户需要在 $N\times64$kbit/s（N=1～32）之间进行选择，当然速度越快租用费用也越高。DDN 主要面向集团公司等需要综合运用的单位。

3. ADSL

非对称数字用户环路（Asymmetrical Digital Subscriber Line，ADSL）是一种能够通过普通电话线提供宽带数据业务的技术，也是目前极具发展前景的一种接入技术。ADSL 素有"网络快车"之美誉，因其下行速率高、频带宽、性能优、安装方便、不需交纳电话费等特点而深受广大用户喜爱，成为继 Modem、ISDN 之后的又一种全新的高效接入方式。

ADSL 接入方式如图 8.16 所示。ADSL 方案的最大特点是不需要改造信号传输线路，完全可以利用普通铜质电话线作为传输介质，配上专用的 Modem 即可实现数据高速传输。ADSL 支持上行速率 640 kbit/s～1 Mbit/s，下行速率 1～8 Mbit/s，其有效的传输距离在 3～5km。在 ADSL 接入方案中，每个用户都有单独的一条线路与 ADSL 端局相连，它的结构可以看作是星形结构，数据传输带宽是由每一个用户独享的。

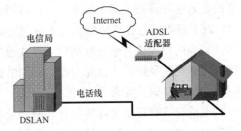

图 8.16　ADSL 接入方式

4. 光纤入户

PON（无源光网络）技术是一种点对多点的光纤传输和接入技术，下行采用广播方式，上行采用时分多址方式，可以灵活地组成树形、星形、总线形等拓扑结构，在光分支点不需要节点设备，只需要安装一个简单的光分支器即可，具有节省光缆资源、带宽资源共享、节省机房投资、设备安全性高、建网速度快、综合建网成本低等优点。

随着 Internet 的爆炸式发展，在 Internet 上的商业应用和多媒体等服务也得以迅猛推广，宽带网络一直被认为是构成信息社会最基本的基础设施。要享受 Internet 上的各种服务，用户必须以某种方式接入网络。为了实现用户接入 Internet 的数字化、宽带化，提高用户上网速度，光纤到户是用户网今后发展的必然方向。

8.4.3　IP 地址与 MAC 地址

1. 网络 IP 地址

由于网际互连技术是将不同物理网络技术统一起来的高层软件技术，因此在统一的过程中，首先要解决的就是地址的统一问题。

TCP/IP 对物理地址的统一是通过上层软件完成的，确切地说，是在网际层中完成的。IP 提供一种在 Internet 中通用的地址格式，并在统一管理下进行地址分配，保证一个地址对应网络中的一台主机，这样物理地址的差异被网际层所屏蔽。网际层所用到的地址就是经常所说的 IP 地址。

IP 地址是一种层次型地址，携带关于对象位置的信息。它所要处理的对象比广域网要庞杂得多，无结构的地址是不能担此重任的。Internet 在概念上分 3 个层次，如图 8.17 所示。

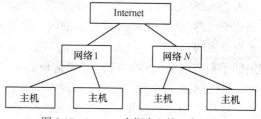

图 8.17　Internet 在概念上的 3 个层次

IP 地址正是对上述结构的反映，Internet 是由许多网络组成，每一网络中有许多主机，因此必须分别为网络主机加以标识，以示区别。这种地址模式明显地携带位置信息，给出一主机的 IP 地址，就可以知道它位于哪个网络。

IP 地址是一个 32 位的二进制数，是将计算机连接到 Internet 的网际协议地址，它是 Internet 主机的一种数字型标识，一般用小数点隔开的十进制数表示，如 168.160.66.119，而实际上并非如此。IP 地址由网络标识（netid）和主机标识（hostid）两部分组成，网络标识用来区分 Internet 上互连的各个网络，主机标识用来区分同一网络上的不同计算机（即主机）。

IP 地址由 4 部分数字组成，每部分都不大于 255，各部分之间用小数点分开。例如，某 IP 地址的二进制表示为：

$$11001010 \quad 11000100 \quad 00000100 \quad 01101010$$

表示为十进制为：202.196.4.106。

IP 地址通常分为以下 3 类。

① A 类：IP 地址的前 8 位为网络号，其中第 1 位为"0"，后 24 位为主机号，其有效范围为：1.0.0.1~126.255.255.254。此类地址的网络全世界仅可有 126 个，每个网络可接 $2^8 \times 2^8 \times (2^8 - 2)$ =16 777 214 个。

主机节点，所以通常供大型网络使用。

② B 类：IP 地址的前 16 位为网络号，其中第 1 位为"1"，第 2 位为"0"，后 16 位为主机号，其有效范围为：128.0.0.1~191.255.255.254。该类地址全球共有 $2^6 \times 2^8$=16 384 个。每个可连接的主机数为 $2^8 \times (2^8 - 2)$ =65 024 个所以通常供中型网络使用。

③ C 类：IP 地址的前 24 位为网络号，其中第 1 位为"1"，第 2 位为"1"，第 3 位为"0"，后 8 位为主机号，其有效范围为：192.0.0.1~223.255.255.254。该类地址全球共有 $2^5 \times 2^8 \times 2^8$=2 097 152 个。每个可连接的主机数为 254 台，所以通常供小型网络使用。

2. 子网掩码

从 IP 地址的结构中可知，IP 地址由网络地址和主机地址两部分组成。这样 IP 地址中具有相同网络地址的主机应该位于同一网络内，同一网络内的所有主机的 IP 地址中网络地址部分应该相同。不论是在 A、B 或 C 类网络中，具有相同网络地址的所有主机构成了一个网络。

通常一个网络本身并不只是一个大的局域网，它可能是由许多小的局域网组成。因此，为了维持原有局域网的划分便于网络的管理，允许将 A、B 或 C 类网络进一步划分成若干个相对独立的子网。A、B 或 C 类网络通过 IP 地址中的网络地址部分来区分。在划分子网时，将网络地址部分进行扩展，占用主机地址的部分数据位。在子网中，为识别其网络地址与主机地址，引出一个新的概念：子网掩码（Subnet Mask）或网络屏蔽字（Netmask）。

子网掩码的长度也是 32 位，其表示方法与 IP 地址的表示方法一致。其特点是，它的 32 位二进制可以分为两部分，第一部分全部为"1"，而第二部分则全部为"0"。子网掩码的作用在于，利用它来区分 IP 地址中的网络地址与主机地址。其操作过程为，将 32 位的 IP 地址与子网掩码进行二进制的逻辑与操作，得到的便是网络地址。比如，IP 地址为 166.111.80.16，子网掩码为 255.255.128.0，则该 IP 地址所属的网络地址为 166.111.0.0，而 166.111.129.32 子网掩码为 255.255.128.0，则该 IP 地址所属的网络地址为 166.111.128.0，原本为一个 B 类网络的两种主机被划分为两个子网。由 A、B 以及 C 类网络的定义中可知，它们具有缺省的子网掩码。A 类地址的子网掩码为 255.0.0.0，B 类地址的子网掩码为 255.255.0.0，而 C 类地址的子网掩码为 255.255.255.0。

这样，便可以利用子网掩码来进行子网的划分。例如，某单位拥有一个 B 类网络地址 166.111.0.0，其缺省的子网掩码为 255.255.0.0。如果需要将其划分成 256 个子网，则应该将子网掩码设置为 255.255.255.0。于是，就产生了从 166.111.0.0 到 166.111.255.0 总共 256 个子网地址，而每个子网最多只能包含 254 台主机。此时，便可以为每个部门分配一个子网地址。

子网掩码通常是用来进行子网的划分，它还有另外一个用途，即进行网络的合并，这一点对于新申请 IP 地址的单位很有用处。由于 IP 地址资源的匮乏，如今 A、B 类地址已分配完，即使具有较大的网络规模，所能够申请到的也只是若干个 C 类地址（通常会是连续的）。当用户需要将这几个连续的 C 类地址合并为一个网络时，就需要用到子网掩码。例如，某单位申请到连续 4 个 C 类网络合并成为一个网络，可以将子网掩码设置为 255.255.252.0。

3. IP 地址的申请组织及获取方法

IP 地址必须由国际组织统一分配。IP 组织分 A、B、C、D、E 5 类，A 类为最高级 IP 地址。

① 分配最高级 IP 地址的国际组织——NIC。Network Information Center（国际网络信息中心）负责分配 A 类 IP 地址、授权分配 B 类 IP 地址的组织——自治区系统、有权重新刷新 IP 地址。

② 分配 B 类 IP 地址的国际组织 InterNIC、APNIC 和 ENIC。目前全世界有 3 个自治区系统组织：ENIC 负责欧洲地区的分配工作，InterNIC 负责北美地区，APNIC 负责亚太地区（设在日本东京大学）。我国属 APNI，被分配 B 类地址。

③ 分配 C 类地址：由各国和地区的网管中心负责分配。

4. MAC 地址

在局域网中，硬件地址又称为物理地址或 MAC 地址（因为这种地址用在 MAC 帧中）。

在所有计算机系统的设计中，标识系统（identification system）是一个核心问题。在标识系统中，地址就是为识别某个系统的一个非常重要的标识符。

严格地讲，名字应当与系统的所在地无关。这就像每一个人的名字一样，不随所处的地点而改变。但是 802 标准为局域网规定了一种 48bit 的全球地址（一般都简称为"地址"），是指局域网上的每一台计算机所插入的网卡上固化在 ROM 中的地址。

① 假定连接在局域网上的一台计算机的网卡坏了而更换了一个新的网卡，那么这台计算机的局域网的"地址"也就改变了，虽然这台计算机的地理位置一点也没变化，所接入的局域网也没有任何改变。

② 假定将位于南京的某局域网上的一台笔记本电脑转移到北京，并连接在北京的某局域网。虽然这台笔记本电脑的地理位置改变了，但只要笔记本电脑中的网卡不变，那么该笔记本电脑在北京的局域网中的"地址"仍然和它在南京的局域网中的"地址"一样。

现在 IEEE 的注册管理委员会（Registration Authority Committee，RAC）是局域网全球地址的法定管理机构，它负责分配地址字段的 6 个字节中的前 3 个字节（即高位 24bit）。世界上凡要生产局域网网卡的厂家都必须向 IEEE 购买由这 3 个字节构成的一个号（即地址块），这个号的正式名称是机构唯一标识符（Organizationally Unique Identifier，OUI），通常也叫作公司标识符（company_id）。例如，3Com 公司生产的网卡的 MAC 地址的前 6 个字节是 02-60-8C；地址字段中的后 3 个字节（即低位 24bit）则是由厂家自行指派，称为扩展标识符（extended identifier），只要保证生产出的网卡没有重复地址即可。可见用一个地址块可以生成 2^{24} 个不同的地址。用这种方式得到的 48bit 地址称为 MAC-48，它的通用名称是 EUL-48。这里 EUI 表示扩展的唯一标识符（Extended Unique Identifier）。EUI-48 的使用范围更广，不限于硬件地址，如用于软件接口。但应注意，24bit 的 OUI 不能够单独用来标志一个公司，因为一个公司可能有几个 OUI，也可能有几个小公司合起来购买一个 OUI。在生产网卡时这种 6 字节的 MAC 地址已被固化在网卡的只读存储器（ROM）中。因此，MAC 地址也常常叫作硬件地址（hardware address）或物理地址。可见"MAC 地址"实际上就是网卡地址或网卡标识符 EUI-48。当这块网卡插入到某台计算机后，网卡上的标识符 EUI-48 就成为这个计算机的 MAC 地址了。

5. IPv6

IP 是 Internet 的核心协议。现在使用的 IP（即 IPv4）是在 20 世纪 70 年代末期设计的。无论从计算机本身发展还是从 Internet 规模和网络传输速率来看，现在 IPv4 已很不适用了。这里最主要的问题就是 32bit 的 IP 地址不够用。

要解决 IP 地址耗尽的问题，可以采用以下 3 个措施：

① 采用无分类编址 CIDR，使 IP 地址的分配更加合理；

② 采用网络地址转换 NAT 方法，可节省许多全球 IP 地址；

③ 采用具有更大地址空间的新版本的 IP，即 IPv6。

尽管上述前两项措施的采用使得 IP 地址耗尽的日期退后了不少，但却不能从根本上解决 IP 地址即将耗尽的问题。因此，治本的方法应当是上述的第 3 种方法。

及早开始过渡到 IPv6 的好处是：有更多的时间来规划平滑过渡；有更多的时间培养 IPv6 的专门人才；及早提供 IPv6 服务比较便宜。因此现在有些 ISP 已经开始进行 IPv6 的过渡。

IETF 早在 1992 年 6 月就提出要制定下一代的 IP，即 IPng（IP Next Generation）。IPng 现在正式称为 IPv6。1998 年 12 月发表的 "RFC 2460-2463" 已成为 Internet 草案标准协议。应当指出，换一个新版的 IP 并非易事。世界上许多团体都从 Internet 的发展中看到了机遇，因此在新标准的制订过程中出于自身的经济利益而产生了激烈的争论。

IPv6 仍支持无连接的传送，但将协议数据单元 PDU 称为分组，而不是 IPv4 的数据报。为方便起见，本书仍采用数据报这一名词。

IPv6 所引进的主要变化如下。

① 更大的地址空间。Pv6 将地址从 IPv4 的 32bit 增大到了 128bit，使地址空间增大了 2^{96} 倍。这样大的地址空间在可预见的将来是不会用完的。

② 扩展的地址层次结构。IPv6 由于地址空间很大，因此可以划分为更多的层次。

③ 灵活的首部格式。IPv6 数据报的首部和 IPv4 的并不兼容。IPv6 定义了许多可选的扩展首部，不仅可提供比 IPv4 更多的功能，而且还可提高路由器的处理效率，这是因为路由器对扩展首部不进行处理。

④ 改进的选项。IPv6 允许数据报包含有选项的控制信息，因而可以包含一些新的选项，IPv4 所规定的选项是固定不变的。

⑤ 允许协议继续扩充。这一点很重要，因为技术总是在不断地发展的（如网络硬件的更新），而新的应用也还会出现，但 IPv4 的功能是固定不变的。

⑥ 支持即插即用（即自动配置）。

⑦ 支持资源的预分配。IPv6 支持实时视像等要求保证一定的带宽和时延的应用。

IPv6 将首部长度变为固定的 40bit，称为基本首部（Base Header）。将不必要的功能取消了，首部的字段数减少到只有 8 个（虽然首部长度增大一倍）。此外，还取消了首部的检验和字段（考虑到数据链路层和运输层部有差错检验功能）。这样就加快了路由器处理数据报的速度。

IPv6 数据报在基本首部的后面允许有零个或多个扩展首部（Extension Header），再后面是数据。但请注意，所有的扩展首部都不属于数据报的首部。所有的扩展首部和数据合起来叫作数据报的有效载荷（payload）或净负荷。

6. IPv4 向 IPv6 的过渡

由于现在整个因特网上使用老版本 IPv4 的路由器的数量太大，因此，"规定一个日期，从这一天起所有的路由器一律都改用 IPv6"，显然是不可行的。这样，向 IPv6 过渡只能采用逐步演进的办法，同时，还必须使新安装的 IPv6 系统能够向后兼容，这就是说，IPv6 系统必须能够接收和转发 IPv4 分组，并且能够为 IPv4 分组选择路由。

下面介绍两种向 IPv6 过渡的策略，即使用双协议栈和使用隧道技术。

双协议栈（dual stack）是指在完全过渡到 IPv6 之前，使一部分主机（或路由器）装有两个协议栈，一个 IPv4 和一个 IPv6。因此，双协议栈主机（或路由器）既能够和 IPv6 的系统通信，又能够和 IPv4 的系统进行通信。双协议栈的主机（或路由器）记为 IPv6/IPv4，表明它具有两种 IP 地址：一个 IPv6 地址和一个 IPv4 地址。

双协议栈主机在和 IPv6 主机通信时采用 IPv6 地址，而和 IPv4 主机通信时就采用 IPv4 地址。但双协议栈主机怎样知道目的主机是采用哪一种地址呢？它是使用域名系统 DNS 来查询。若 DNS 返回的是 IPv4 地址，双协议栈的源主机就使用 IPv4 地址。但当 DNS 返回的是 IPv6 地址，源主机就使用 IPv6 地址。需要注意的是，IPv6 首部中的某些字段无法恢复。例如，原来 IPv6 首部中的流标号 X 在最后恢复出的 IPv6 数据报中只能变为空缺。这种信息的损失是使用首部转换方法所不可避免的。

向 IPv6 过渡的另一种方法是隧道技术（Tunneling）。这种方法的要点就是在 IPv6 数据报要进入 IPv4 网络时，将 IPv6 数据报封装成为 IPv4 数据报（整个的 IPv6 数据报变成了 IPv4 数据报的数据部分），然后 IPv6 数据报就在 IPv4 网络的隧道中传输，当 IPv4 数据报离开 IPv4 网络中的隧道时再将其数据部分（即原来的 IPv6 数据报）交给主机的 IPv6 协议栈。要使双协议栈的主机知道 IPv4 数据报里面封装的数据是一个 IPv6 数据报，就必须将 IPv4 首部的协议字段的值设置为 41（41 表示数据报的数据部分是 IPv6 数据报）。

8.4.4　WWW 服务

1. WWW 服务概述

WWW（World Wide Web）的字面解释意思是"布满世界的蜘蛛网"，一般把它称为"环球网""万维网"。WWW 是一个基于超文本（Hypertext）方式的信息浏览服务，它为用户提供了一个可以轻松驾驭的图形化用户界面，以查阅 Internet 上的文档。这些文档与它们之间的链接一起构成了一个庞大的信息网，称为 WWW 网。

现在 WWW 服务是 Internet 上最主要的应用，通常所说的上网、看网站一般说来就是使用 WWW 服务。WWW 技术最早是在 1992 年由欧洲粒子物理实验室（CERN）研制的，它可以通过超链接将位于全世界 Internet 网上不同地点的不同数据信息有机地结合在一起。对用户来说，

WWW 带来的是世界范围的超级文本服务，这种服务是非常易于使用的。只要操纵计算机的鼠标进行简单的操作，就可以通过 Internet 从全世界任何地方调来用户所希望得到的文本、图像（包括活动影像）和声音等信息。

Web 允许用户通过跳转或"超级链接"从某一页跳到其他页。可以把 Web 看作是一个巨大的图书馆，Web 节点就像一本本书，而 Web 页好比书中特定的页。页可以包含新闻、图像、动画、声音、3D 世界以及其他任何信息，而且能存放在全球任何地方的计算机上。由于它良好的易用性和通用性，使得非专业的用户也能非常熟练地使用它。另外，它制定了一套标准的、易为人们掌握的超文本标记语言（HTML）、信息资源的统一定位格式（URL）和超文本传送通信协议（HTTP）。

随着技术的发展，传统的 Internet 服务如 Telnet、FTP、Gopher 和 Usenet News（Internet 的电子公告板服务）现在也可以通过 WWW 的形式实现了。通过使用 WWW，一个不熟悉网络的人也可以很快成为 Internet 的行家，自由地使用 Internet 的资源。

2. WWW 的工作原理

WWW 中的信息资源主要由一篇篇的 Web 文档，或称 Web 页为基本元素构成。这些 Web 页采用超级文本（Hyper Text）的格式，即可以含有指向其他 Web 页或其本身内部特定位置的超级链接，或简称链接。可以将链接理解为指向其他 Web 页的"指针"。链接使得 Web 页交织为网状。这样，如果 Internet 上的 Web 页和链接非常多的话，就构成了一个巨大的信息网。

当用户从 WWW 服务器取到一个文件后，用户需要在自己的屏幕上将它正确无误地显示出来。由于将文件放入 WWW 服务器的人并不知道将来阅读这个文件的人到底会使用哪一种类型的计算机或终端，要保证每个人在屏幕上都能看到正确显示的文件，必须以一种各类型的计算机或终端都能"看懂"的方式来描述文件，于是就产生了 HTML——超文本语言。

HTML（Hype Text Markup Language）的正式名称是超文本标记语言。HTML 对 Web 页的内容、格式及 Web 页中的超级链接进行描述，而 Web 浏览器的作用就在于读取 Web 网点上的 HTML 文档，再根据此类文档中的描述组织并显示相应的 Web 页面。

HTML 文档本身是文本格式的，用任何一种文本编辑器都可以对它进行编辑。HTML 有一套相当复杂的语法，专门提供给专业人员用来创建 Web 文档，一般用户并不需要掌握它。在 UNIX 系统中，HTML 文档的后缀为".html"，而在 DOS/Windows 系统中则为".htm"。图 8.18 和图 8.19 所示分别为人民网（http://www.people.com.cn）的 Web 页面及其对应的 HTML 文档。

图 8.18　人民网的 Web 页面

图 8.19　人民网的 HTML 文档

3. WWW 服务器

WWW 服务器是任何运行 Web 服务器软件、提供 WWW 服务的计算机。理论上来说，这台计算机应该有一个非常快的处理器、一个巨大的硬盘和大容量的内存，但是，所有这些技术需要的基础就是它能够运行 Web 服务器软件。

下面给出服务器软件的一个详细定义。

① 支持 WWW 的协议：HTTP（基本特性）。

② 支持 FTP、USENET、Gopher 和其他的 Internet 协议（辅助特性）。

③ 允许同时建立大量的连接（辅助特性）。

④ 允许设置访问权限和其他不同的安全措施（辅助特性）。

⑤ 提供一套健全的例行维护和文件备份的特性（辅助特性）。

⑥ 允许在数据处理中使用定制的字体（辅助特性）。

⑦ 允许俘获复杂的错误和记录交通情况（辅助特性）。

对于用户来说，存在不同品牌的 Web 服务器软件可供选择，除了 FrontPage 中包括的 Personal Web Server，Microsoft 还提供了另外一种流行的 Web 服务器，名为 Internet Information Server（IIS）。

4. WWW 的应用领域

WWW 是 Internet 发展最快、最吸引人的一项服务，它的主要功能是提供信息查询，不仅图文并茂，而且范围广、速度快，所以 WWW 几乎应用在人类生活、工作的所有领域。最突出的有如下几方面。

① 交流科研进展情况，这是最早的应用。

② 宣传单位。企业、学校、科研院所、商店、政府部门，都通过主页介绍自己。许多个人也拥有自己的主页，让世界了解自己。

③ 介绍产品与技术。通过主页介绍本单位开发的新产品、新技术，并进行售后服务，越来越成为企业、商家的促销渠道。

④ 远程教学。Internet 流行之前的远程教学方式主要是广播电视。有了 Internet，在一间教室安装摄像机，全世界都可以听到该教师的讲课。另外，学生教师可以不同时联网，学生仍可以通过 Internet 获取自己感兴趣的内容。

⑤ 新闻发布。各大报纸、杂志、通信社、体育、科技都通过 WWW 发布最新消息。如彗星与木星碰撞的照片，由世界各地的天文观测中心及时通过 WWW 发布。世界杯足球赛、NBA、奥运会，都通过 WWW 提供图文动态信息。

⑥ 世界各大博物馆、艺术馆、美术馆、动物园、自然保护区和旅游景点介绍自己的珍品，成为人类共有资源。

⑦ 休闲娱乐交朋友，下棋打牌看电影，丰富人们的业余生活。

5. WWW 浏览器

在 Internet 上发展最快、人们使用最多、应用最广泛的是 WWW 浏览服务，且在众多的浏览器软件中，微软公司的 IE（Internet Explorer）和由 Google（谷歌）公司开发的开放原始码网页浏览器 Google Chrome。

（1）微软公司的 IE

美国微软公司为了争夺和占领浏览器市场，大量投入人力、财力加紧研制用于 Internet 的 WWW 浏览器，一举从网景公司手中夺得大片浏览器市场。微软公司的 IE 流行的版本有 V7.0、V8.0、V9.0、V10.0、V11.0，现在使用最广泛的是 IE V9.0。

（2）Google Chrome 浏览器

谷歌公司开发的浏览器，又称 Google 浏览器。Chrome 在中国的通俗名字，音译是 kuomu，中文字取"扩目"，取意"开阔你的视野"的意思，

Chrome 包含了"无痕浏览"（Incognito）模式（与 Safari 的"私密浏览"和 Internet Explorer 8 的类似），这个模式可以"让你在完全隐密的情况下浏览网页，因为你的任何活动都不会被记录下来"，同时也不会储存 cookies。当在窗口中启用这个功能时"任何发生在这个窗口中的事情都不会进入你的电脑。"

Chrome 搜索更为简单，Chrome 的标志性功能之一是 Omnibox 位于浏览器顶部的一款通用工具条。用户可以在 Omnibox 中输入网站地址或搜索关键字，或者同时输入这两者，Chrome 会自动执行用户希望的操作。Omnibox 能够了解用户的偏好，如果一用户喜欢使用 PCWorld 网站的搜索功能，一旦用户访问该站点，Chrome 会记得 PCWorld 网站有自己的搜索框，并让用户选择是否使用该站点的搜索功能。如果用户选择使用 PCWorld 网站的搜索功能，系统将自动执行搜索操作。

8.4.5　域名系统

1. 什么是域名

前面讲到的 IP 地址，是 Internet 上互连的若干主机进行内部通信时，区分和识别不同主机的数字型标志，这种数字型标志对于上网的广大一般用户而言却有很大的缺点，它既无简明的含义，又不容易被用户很快记住。因此，为解决这个问题，人们又规定了一种字符型标志，称之为域名（domain name）。如同每个人的姓名和每个单位的名称一样，域名是 Internet 上互连的若干主机（或称网站）的名称。广大网络用户能够很方便地用域名访问 Internet 上自己感兴趣的网站。

从技术上讲，域名只是一个 Internet 中用于解决地址对应问题的一种方法，可以说只是一个技术名词。但是，由于 Internet 已经成为了全世界人的 Internet，域名也自然地成为了一个社会科学名词。

从社会科学的角度看，域名已成为了 Internet 文化的组成部分。

从商界看，域名已被誉为"企业的网上商标"。没有一家企业不重视自己产品的标识——商标，而域名的重要性和其价值，也已经被全世界的企业所认识。

2. 为什么要注册域名

Internet 这个信息时代的宠儿，已经走出了襁褓，为越来越多的人所认识，电子商务、网上销售、网络广告已成为商界关注的热点。"上网"已成为不少人的口头禅。但是，要想在网上建立服务器发布信息，则必须首先注册自己的域名，只有有了自己的域名才能让别人访问到自己。所以，域名注册是在 Internet 上建立任何服务的基础。同时，由于域名的唯一性，尽早注册又是十分必要的。

域名一般是由一串用点分隔的字符串组成，组成域名的各个不同部分常称为子域名（Sub-Domain），它表明了不同的组织级别，从左往右可不断增加，类似于通信地址一样从广泛的区域到具体的区域。理解域名的方法是从右向左来看各个子域名，最右边的子域名称为顶级域名，它是对计算机或主机最一般的描述。越往左看，子域名越具有特定的含义。域名的结构是分层结构，从右到左的各子域名分别说明不同国家或地区的名称、组织类型、组织名称、分组织名称和计算机名。

以 zhaoming@jx.jsjx.zzuli.edu.cn 为例，顶级域名 cn 代表中国，第 2 个子域名 edu 表明这台主机是属于教育部门，zzuli 具体指明是郑州轻工业学院，其余的子域名是计算机系的一台名为 jx 的主机。注意，在 Internet 地址中不得有任何空格存在，而且 Internet 地址不区分大写或小写字母，但作为一般的原则，在使用 Internet 地址时，最好全用小写字母。

顶级域名可以分成两大类，一类是组织性顶级域名，另一类是地理性顶级域名。

组织性顶级域名是为了说明拥有并对 Internet 主机负责的组织类型。组织性顶级域名是在国际性 Internet 产生之前的地址划分，主要是在美国国内使用，随着 Internet 扩展到世界各地，新的地理性顶级域名便产生了，它仅用两个字母的缩写形式来完全表示某个国家或地区。表 8.2 所示为组织性顶级域名和地理性顶级域名的例子。如果一个 Internet 地址的顶级域名不是地理性域名，那么该地址一定是美国国内的 Internet 地址，换句话讲，Internet 地址的地理性顶级域名的默认值是美国，即表中 us 顶级域名通常没有必要使用。

表 8.2　　　　　　　　　　　组织性顶级域名和地理性顶级域名

组织性顶级域名		地理性顶级域名			
域　　名	含　　义	域　　名	含　　义	域　　名	含　　义
com	商业组织	au	澳大利亚	it	意大利
edu	教育机构	ca	加拿大	jp	日本
gov	政府机构	cn	中国	sg	新加坡
int	国际性组织	de	德国	uk	英国
mil	军队	fr	法国	us	美国
net	网络技术组织	in	印度		
org	非盈利组织				

为保证 Internet 上的 IP 地址或域名地址的唯一性，避免导致网络地址的混乱，用户需要使用 IP 地址或域名地址时，必须通过电子邮件向网络信息中心（NIC）提出申请。目前世界上有 3 个网络信息中心：InterNIC（负责美国及其他地区）、RIPENIC（负责欧洲地区）和 APNIC（负责亚太地区）。

我国网络域名的顶级域名为 CN，二级域名分为类别域名和行政区域名两类。行政区域名共

34 个，包括各省、自治区、直辖市。类别域名如表 8.4 所示。

表 8.3 二级类别域名

域　　名	含　　义
ac	科研机构
com	工、商、金融等企业
edu	教育机构
gov	政府部门
net	因特网络，接入网络的信息中心和运行中心
org	非赢利性的组织

我国由 CERNET 网络中心受理二级域名 EDU 下的三级域名注册申请，CNNIC 网络中心受理其余二级域名下的三级域名注册申请。除此之外，还包括如表 8.4 所示的省市级域名。

表 8.4 省市级域名

Bj：北京市	Sh：上海市	Tj：天津市	Cq：重庆市	He：河北省	Sx：山西省
Ln：辽宁省	Jl：吉林省	Hl：黑龙江	Js：江苏省	Zj：浙江省	Ah：安徽省
Fj：福建省	Jx：江西省	Sd：山东省	Ha：河南省	Hb：湖北省	Hn：湖南省
Gd：广东省	Gx：广西	Hi：海南省	Sc：四川省	Gz：贵州省	Yn：云南省
Xz：西藏	Sn：陕西省	Gs：甘肃省	Qh：青海省	Nx：宁夏	Xj：新疆
Nm：内蒙	Tw：台湾省	Hk：香港特别行政区	Mo：澳门特别行政区		

3. 网络域名注册

申请注册三级域名的用户首先必须遵守国家对 Internet 的各种规定和法律，还必须拥有独立法人资格。在申请域名时，各单位的三级域名原则上采用其单位的中文拼音或英文缩写，com 域下每个公司只登记一个域名，用户申请的三级域名，域名中字符的组合规则如下。

① 在域名中，不区分英文字母的大小写。

② 对于一个域名的长度是有一定限制的，CN 下域名命名的规则为如下。

● 遵照域名命名的全部共同规则。

● 只能注册三级域名，三级域名用字母（A～Z，a～z，大小写等价）、数字（0～9）和连接符（-）组成，各级域名之间用实点（.）连接，三级域名长度不得超过 20 个字符。

● 不得使用，或限制使用以下名称。

a. 注册含有"CHINA""CHINESE""CN""NATIONAL"等经国家有关部门（指部级以上单位）正式批准。

b. 公众知晓的其他国家或者地区名称、外国地名、国际组织名称不得使用。

c. 县级以上（含县级）行政区划名称的全称或者缩写，相关县级以上（含县级）人民政府正式批准。

d. 行业名称或者商品的通用名称不得使用。

e. 他人已在中国注册过的企业名称或者商标名称不得使用。

f. 对国家、社会或者公共利益有损害的名称不得使用。

g. 经国家有关部门（指部级以上单位）正式批准和相关县级以上（含县级）人民政府正式批准是指，相关机构要出据书面文件表示同意 XXXX 单位注册 XXXX 域名。例如，要申请

beijing.com.cn 域名，要提供北京市人民政府的批文。

　　国内用户申请注册域名，应向中国因特网络信息中心提出，该中心是由国务院信息化工作领导小组办公室授权的提供因特网域名注册的唯一合法机构。

8.4.6　电子邮件

　　电子邮件（E-mail）是 Internet 应用最广的服务，通过网络的电子邮件系统，可以用非常低廉的价格（不管发送到哪里，都只需负担网费即可），以非常快速的方式（几秒钟之内可以发送到世界上任何您指定的目的地），与世界上任何一个角落的网络用户联系。这些电子邮件可以是文字、图像、声音等各种文件。同时，可以得到大量免费的新闻、专题邮件，并实现轻松的信息搜索。正是由于电子邮件的使用简易、投递迅速、收费低廉、易于保存、全球畅通无阻，使得电子邮件被广泛地应用，它使人们的交流方式得到了极大的改变。

　　近年来随着 Internet 的普及和发展，万维网上出现了很多基于 Web 页面的免费电子邮件服务，用户可以使用 Web 浏览器访问和注册自己的用户名与口令，一般可以获得存储容量达数 GB 的电子邮箱，并可以立即按注册用户登录，收发电子邮件。如果经常需要收发一些大的附件，Yahoo mail，MSN mail，网易 163 mail，qq mail 等都能很好的满足要求。

　　用户使用 Web 电子邮件服务时几乎无须设置任何参数，直接通过浏览器收发电子邮件，阅读与管理服务器上个人电子信箱中的电子邮件（一般不在用户计算机上保存电子邮件），大部分电子邮件服务器还提供了自动回复功能。电子邮件具有使用简单方便、安全可靠、便于维护等优点，缺点是用户在编写、收发、管理电子邮件的全过程都需要联网，不利于采用计时付费上网的用户。由于现在电子邮件服务被广泛应用，用户都会使用，所以具体操作过程不再赘述。

8.4.7　文件传输

　　文件传输是指把文件通过网络从一个计算机系统复制到另一个计算机系统的过程。在 Internet 中，实现这一功能的是 FTP。像大多数的 Internet 服务一样，FTP 也采用客户机/服务器模式，当用户使用一个名叫 FTP 的客户程序时，就和远程主机上的服务程序相连了。若用户输入一个命令，要求服务器传送一个指定的文件，服务器就会响应该命令，并传送这个文件；用户的客户程序接收这个文件，并把它存入用户指定的目录中。从远程计算机上复制文件到自己的计算机上，称为"下传"（downloading）文件；从自己的计算机上复制文件到远程计算机上，称为"上传"（uploading）文件。使用 FTP 程序时，用户应输入 FTP 命令和想要连接的远程主机的地址。一旦程序开始运行并出现提示符 "ftp" 后，就可以输入命令了，如可以查询远程计算机上的文档，也可以变换目录等。远程登录是由本地计算机通过网络，连接到远端的另一台计算机上作为这台远程主机的终端，可以实地使用远程计算机上对外开放的全部资源，也可以查询数据库、检索资料或利用远程计算机完成大量的计算工作。

　　在实现文件传输时，需要使用 FTP 程序。IE 和 Chrome 浏览器都带有 FTP 程序模块。用户可在浏览器窗口的地址栏直接输入远程主机的 IP 地址或域名，浏览器将自动调用 FTP 程序。例如，要访问主机为 172.20.33.25 的服务器，在地址栏输入 ftp://172.20.33.25。当连接成功后，浏览器窗口显示出该服务器上的文件夹和文件名列表，如图 8.20 所示。

　　如果想从站点上下载文件，可参考站点首页的文件。找到需要的文件，用鼠标右键单击所需下载文件的文件名，弹出快捷菜单，执行"目标地点另存为"命令，选择路径后，下载过程开始。

文件上载对服务器而言是"写入"，这就涉及使用权限问题。上载的文件需要传送到 FTP 服务器上指定的文件夹或通过鼠标右键单击文件夹名，执行快捷菜单属性命令，打开"FTP 属性"对话框可以查看该文件是否具有"写入"权限。

图 8.20　IE8 中访问 FTP 站点

若用户没有账号，则不能正式使用 FTP，但可以匿名使用 FTP。匿名 FTP 允许没有账号和口令的用户以 anonymous 或 FTP 特殊名来访问远程计算机，当然，这样会有很大的限制。匿名用户一般只能获取文件，不能在远程计算机上建立文件或修改已存在的文件，对可以复制的文件也有严格的限制。当用户以 anonymous 或 FTP 登录后，FTP 可接受任何字符串作为口令，但一般要求用电子邮件的地址作为口令，这样服务器的管理员能知道谁在使用，当需要时可及时联系。

8.5　搜索引擎

随着网络的普及，Internet 日益成为信息共享的平台。各种各样的信息充满整个网络，既有很多有用信息，也有很多垃圾信息。如何快速准确地在网上找到真正需要的信息已变得越来越重要。搜索引擎（Search Engine）是一种网上信息检索工具，在浩瀚的网络资源中，它能帮助你迅速而全面地找到所需要的信息。

8.5.1　搜索引擎的概念和功能

搜索引擎是在 Internet 上对信息资源进行组织的一种主要方式。从广义上讲，是用于对网络信息资源管理和检索的一系列软件，在 Internet 上查找信息的工具或系统。

搜索引擎的主要功能包括以下几方面。

（1）信息搜集。各个搜索引擎都拥有蜘蛛（spider）或机器人（robots）这样的"页面搜索软件"，在各网页中爬行，访问网络中公开区域的每一个站点，并记录其网址，将它们带回到搜索引擎，从而创建出一个详尽的网络目录。由于网络文档的不断变化，机器人也不断把以前已经分类组织的目录进行更新。

（2）信息处理。将"网页搜索软件"带回的信息进行分类整理，建立搜索引擎数据库，并定时更新数据库内容。在进行信息分类整理阶段，不同的搜索引擎会在搜索结果的数量和质量上产生明显的差异。有的搜索引擎把"网页搜索软件"发往每一个站点，记录下每一页的所有文本内容，并收入到数据库中，从而形成全文搜索引擎；而另一些搜索引擎只记录网页的地址、篇名、特点的段落和重要的词。因此，有的搜索引擎数据库很大，而有的则较小。当然，最重要的是数据库的内容必须经常更新、重建，以保持与信息世界的同步发展。

（3）信息查询。每个搜索引擎都必须向用户提供一个良好的信息查询界面，一般包括分类目录及关键词两种信息查询途径。分类目录查询是以资源结构为线索，将网上的信息资源按内容进行层次分类，使用户能依线性结构逐层逐类检索信息。关键词查询是利用建立的网络资源索引数据库向网上用户提供查询"引擎"。用户只要把想要查找的关键词或短语输入查询框中，并单击"搜索"（Search）按钮，搜索引擎就会根据输入的提问，在索引数据库中查找相应的词语，并进行必要的逻辑运算，最后给出查询的命中结果（均为超文本链接形式）。用户只要通过搜索引擎提供的链接，就可以立刻访问到相关信息。

8.5.2　搜索引擎的类型

搜索引擎可以根据不同的方式分为多种类型。

1. 根据组织信息的方式分类

（1）目录式分类搜索引擎。目录式分类搜索引擎（Directory）将信息系统加以归类，利用传统的信息分类方式来组织信息，用户按类查找信息。最具代表性的是 Yahoo。由于网络目录中的网页是专家人工精选得来，故有较高的查准率，但查全率低，搜索范围较窄，适合那些希望了解某一方面信息但又没有明确目的的用户。

（2）全文搜索引擎。全文搜索（Full-text search）引擎实质是能够对网站的每个网页中的每个单字进行搜索的引擎。最典型的全文搜索引擎是 Altavista、Google 和百度。全文搜索引擎的特点是查全率高，搜索范围较广，提供的信息多而全，但缺乏清晰的层次结构，查询结果中重复链接较多。

（3）分类全文搜索引擎。分类全文搜索引擎是综合全文搜索引擎和目录式分类搜索引擎的特点而设计的，通常是在分类的基础上，再进一步进行全文检索。现在大多数的搜索引擎都属于分类全文搜索引擎。

（4）智能搜索引擎。这种搜索引擎具备符合用户实际需要的知识库。搜索时，引擎根据知识库来理解检索词的意义，并以此产生联想，从而找出相关的网站或网页。同时还具有一定的推理能力，它能根据知识库的知识，运用人工智能方法进行推理，这样就大大提高了查全率和查准率。

2. 根据搜索范围分类

（1）独立搜索引擎。独立搜索引擎建有自己的数据库，搜索时检索自己的数据库，并根据数据库的内容反馈出相应的查询信息或链接站点。

（2）元搜索引擎。元搜索引擎是一种调用其他独立搜索引擎的引擎。搜索时，它用用户的查询词同时查询若干其他搜索引擎，做出相关度排序后，将查询结果显示给用户。它的注意力集中在改善用户界面，以及用不同的方法过滤从其他搜索引擎接收到的相关文档，包括消除重复信息。典型的元搜索引擎有 Metasearch、0Metacrawler、Digisearch 等。用户利用这种引擎能够获得更多、更全面的网址。

8.5.3　常用搜索引擎

1．百度

百度是国内最大的商业化全文搜索引擎，占国内 80％的市场份额。百度的网址是：http://www.baidu.com，其搜索页面如图 8.21 所示。百度功能完备，搜索精度高，除数据库的规模及部分特殊搜索功能外，其他方面可与当前的搜索引擎业界领军人物 Google 相媲美，在中文搜索支持方面甚至超过了 Google，是目前国内技术水平最高的搜索引擎。

图 8.21　百度的搜索页面

百度目前主要提供中文（简/繁体）网页搜索服务。如无限定，默认以关键词精确匹配方式搜索。支持 "-" "." "|" "link:" "《 》" 等特殊搜索命令。在搜索结果页面，百度还设置了关联搜索功能，方便访问者查询与输入关键词有关的其他方面的信息。其他搜索功能包括新闻搜索、MP3搜索、图片搜索、Flash 搜索等。

2．搜狐

搜狐公司于 1998 年推出中国首家大型分类查询搜索引擎，经过数年的发展，每日浏览量超过800 万。到现在已经发展成为中国影响力较大的分类搜索引擎。累计收录中文网站达 150 多万，每日页面浏览量超过 800 万，每天收到 2 000 多个网站登录请求。

搜狐的目录导航式搜索引擎完全是由人工加工而成，相比机器人加工的搜索引擎来讲具有很高的精确性、系统性和科学性。分类专家层层细分类目，组织成庞大的树状类目体系。利用目录导航系统可以很方便的查找到一类相关信息。

搜狐的网址是：http://www.sohu.com，其搜索页面如图 8.22 所示。搜狐的搜索引擎可以查找网站、网页、新闻、网址、软件 5 类信息。搜狐的网站搜索是以网站作为收录对象，具体的方法就是将每个网站首页的 URL 提供给搜索用户，并且将网站的题名和整个网站的内容简单描述一下，但是并不揭示网站中每个网页的信息。网页搜索就是将每个网页作为收录对象，揭示每个网页的信息，信息的揭示比较具体。新闻搜索可以搜索到搜狐新闻的内容。网址搜索是 3721 提供的网络实名查找。搜狐的搜索引擎叫 Sogou，是嵌入在搜狐的首页中的。

图 8.22　搜狐的搜索页面

习　题　8

1. 名词解释：

（1）主机；（2）TCP/IP；（3）IP 地址；（4）域名；（5）URL；（6）网关。

2. 简述 Internet 发展史。说明 Internet 都提供哪些服务，接入 Internet 有哪几种方式。

3. 简述 Internet、物联网和云计算之间的区别以及联系。

4. 什么是 WWW？什么是 FTP？它们分别使用什么协议？

5. IP 地址和域名的作用是什么？

6. 分析以下域名的结构：

（1）www.microsoft.com；（2）www.zz.ha.cn；（3）www.zzuli.edu.cn。

7. Web 服务器使用什么协议？简述 Web 服务程序和 Web 浏览器的基本作用。

8. 什么是计算机网络？它主要涉及哪几方面的技术？其主要功能是什么？

9. 从网络的地理范围来看，计算机网络如何分类？

10. 常用的 Internet 连接方式是什么？

11. 什么是网络的拓扑结构？常用的网络拓扑结构有哪几种？

12. 简述网络适配器的功能、作用及组成。

13. 搜索信息时，如何选择搜索引擎？

第9章
信息安全与职业道德

本章主要阐述信息安全的概念，介绍信息安全的核心技术——加密技术、认证技术、访问控制和防火墙技术以及近几年开始流行的云安全技术；介绍计算机病毒的概念、分类、特点、危害以及防治方法；最后简要地介绍软件知识产权的概念、特点，软件著作权人享有的权力和信息安全道德观念及相关法律法规。

【知识要点】
- 信息安全；
- 计算机病毒及网络黑客的概念、特点及防治方法；
- 软件知识产权；
- 信息安全道德观以及相关法律法规。

9.1　信息安全概述及技术

信息化社会的到来，给全球带来了信息技术飞速发展的契机；信息技术的应用，引起了人们生产方式、生活方式和思想观念的巨大变化，极大地推动了人类社会的发展和人类文明的进步，把人类带入了崭新的时代。计算机信息系统是指计算机及其相关的配套设备（含网络）构成的，并按照一定的应用目标和规则对信息进行处理的人机系统。计算机信息系统的建立已逐渐成为社会各个领域不可或缺的基础设施；信息已成为社会发展的重要战略资源、决策资源和控制战场的灵魂；信息化水平已成为衡量一个国家现代化程度和综合国力的重要标志，抢占信息资源已经成为国际竞争的重要内容。

然而，人们在享受网络信息所带来的巨大利益的同时，也面临着信息安全的严峻考验。信息安全已成为世界性的现实问题，信息安全与国家安全、民族兴衰和战争胜负息息相关。没有信息安全，就没有完全意义上的国家安全，也没有真正的政治安全、军事安全和经济安全。为了构筑21世纪的国家信息安全保障体系，有效地保障国家安全、社会稳定和经济发展，就需要尽快并长期致力于增强广大公众的信息安全意识，提升信息系统研究、开发、生产、使用、维护和提高管理人员的素质与能力，完善相关法律法规，为信息技术的发展保驾护航。

9.1.1　信息安全

信息安全是指保护信息和信息系统不被未经授权的访问、使用、泄露、中断、修改和破坏，为信息和信息系统提供保密性、完整性、可用性、可控性和不可否认性。

信息安全是一个关系国家安全和主权、社会稳定、民族文化继承和发扬的重要问题。其重要性，正随着全球信息化步伐的加快越来越重要。网络信息安全是一门涉及计算机科学、网络技术、通信技术、密码技术、信息安全技术、应用数学、数论、信息论等多种学科的综合性学科。它主要是指网络系统的硬件、软件及其系统中的数据受到保护，不受偶然的或者恶意的原因而遭到破坏、更改、泄露，系统连续可靠正常地运行，网络服务不中断。

也有人将信息安全的论述分成两类：一类是指具体信息技术系统的安全；而另一类则是指某一特定信息体系（例如，一个国家的银行信息系统、军事指挥系统等）的安全。但更有人认为这两种定义均失之于过窄，而应把信息安全定义为：一个国家的社会信息化状态不受外来的威胁与侵害，一个国家的信息技术体系不受外来的威胁与侵害。原因是：信息安全，首先应该是一个国家宏观的社会信息化状态是否处于自主控制之下，是否稳定的问题，其次才是信息技术安全的问题。

9.1.2 OSI 信息安全体系结构

ISO 7498 标准是目前国际上普遍遵循的计算机信息系统互连标准，1989 年 12 月 ISO 颁布了该标准的第二部分，即 ISO 7498-2 标准，并首次确定了开放系统互连（OSI）参考模型的信息安全体系结构。我国将其作为 GB/T 9387-2 标准。它包括了 5 大类安全服务以及提供这些服务所需要的 8 大类安全机制。

ISO 7498-2 确定的安全服务是由参与通信的开放系统的某一层所提供的服务，它确保了该系统或数据传输具有足够的安全性。ISO 7498-2 确定的 5 大类安全服务分别是：鉴别、访问控制、数据保密性、数据完整性和不可否认性。

ISO 7498-2 确定的 8 大类安全机制分别是：加密、数据签名机制、访问控制机制、数据完整性机制、鉴别交换机制、业务填充机制、路由控制机制和公证机制。

9.1.3 信息安全技术

由于计算机网络具有联结形式多样性、终端分布不均匀性和网络的开放性、互联性等特征，致使网络易受黑客、恶意软件和其他不轨行为的攻击，所以网络信息的安全和保密是一个至关重要的问题。无论是在单机系统、局域网还是在广域网系统中，都存在着自然和人为等诸多因素的脆弱性和潜在威胁。因此，计算机网络系统的安全措施应是能全方位地针对各种不同的威胁和脆弱性，这样才能确保网络信息的保密性、完整性和可用性。总之，一切影响计算机网络安全的因素和保障计算机网络安全的措施都是计算机网络安全技术的研究内容。这里主要介绍几种关键的信息安全技术：加密技术、认证技术、访问控制、防火墙技术和云安全技术。

1. 加密技术

密码学是一门古老而深奥的学科，有着悠久、灿烂的历史。密码在军事、政治、外交等领域是信息保密的一种不可缺少的技术手段，采用密码技术对信息加密是最常用、最有效的安全保护手段。密码技术与网络协议相结合可发展为认证、访问控制、电子证书技术等，因此，密码技术被认为是信息安全的核心技术。

密码技术是研究数据加密、解密及变换的科学，涉及数学、计算机科学、电子与通信等诸多学科。虽然其理论相当高深，但概念却十分简单。密码技术包含两方面密切相关的内容，即加密和解密。加密就是研究、编写密码系统，把数据和信息转换为不可识别的密文的过程。而解密就是研究密码系统的加密途径，恢复数据和信息本来面目的过程。加密和解密过程共同组成了加密系统。

在加密系统中，要加密的信息称为明文，明文经过变换加密后的形式称为密文。由明文变为密文的过程称为加密，通常由加密算法来实现。由密文还原成明文的过程称为解密，通常由解密算法来实现。

对于较为成熟的密码体系，其算法是公开的，而密钥是保密的。这样使用者简单地修改密钥，就可以达到改变加密过程和加密结果的目的。密钥越长，加密系统被破译的几率就越低。根据加密和解密过程是否使用相同的密钥，加密算法可以分为对称密钥加密算法（简称对称算法）和非对称密钥加密算法（简称非对称算法）两种。

一个密码系统采用的基本工作方式称为密码体制。密码体制从原理上分为两大类：对称密钥密码体制和非对称密钥密码体制，或称单钥密码体制和双钥密码体制。

（1）对称密钥密码体制。对称密钥密码体制又称为常规密钥密码体制，在这种密码体制中，对于大多数算法，解密算法是加密算法的逆运算，加密密钥和解密密钥相同，同属一类的加密体制。加密密钥能从解密密钥中推算出来，拥有加密能力就意味着拥有解密能力，反之亦然。对称密码体制的保密强度高，加密速度快，但开放性差，它要求发送者和接收者在安全通信之前，商定一个密钥，需要有可靠的密钥传递信道，而双方用户通信所用的密钥也必须妥善保管。

（2）非对称密钥密码体制。非对称密钥密码体制又称为公开密钥密码体制，是与对称密钥密码体制相对应的。1976 年，人们提出了一种新的密钥交换协议，允许在不安全的媒体上通过通信双方交换信息，安全地传送密钥。在此新思想的基础上，很快出现了公开密钥密码体制。

公开密钥密码体制，是现代密码学最重要的发明和进展。一般理解密码学就是保护信息传递的机密性，但这仅仅是当今密码学的一个方面。对信息发送与接收人的真实身份的验证，对所发出/接收信息在事后的不可抵赖以及保障数据的完整性也是现代密码学研究的另一个重要方面。公开密钥密码体制对这两方面的问题都给出了出色的解答，并正在继续产生许多新的思想和方案。

2. 认证技术

认证就是对于证据的辨认、核实、鉴别，以建立某种信任关系。在通信中，要涉及两个方面：一方提供证据或标识，另一方面对这些证据或标识的有效性加以辨认、核实、鉴别。

（1）数字签名。在现实世界中，文件的真实性依靠签名或盖章进行证实。数字签名是数字世界中的一种信息认证技术，是公开密钥加密技术的一种应用，根据某种协议来产生一个反映被签署文件的特征和签署人特征的，以保证文件的真实性和有效性的数字技术，同时也可用来核实接收者是否有伪造、篡改行为。

（2）身份验证。身份识别或身份标识是指用户向系统提供的身份证据，也指该过程。身份认证是系统核实用户提供的身份标识是否有效的过程。在信息系统中，身份认证实际上是决定用户对请求的资源的存储权和使用权的过程。一般情况下，人们也把身份识别和身份认证统称为身份验证。

3. 访问控制技术

访问控制是对信息系统资源的访问范围以及方式进行限制的策略。简单地说，就是防止合法用户的非法操作，它是保证网络安全最重要的核心策略之一。它是建立在身份认证之上的操作权限控制。身份认证解决了访问者是否合法，但并非身份合法就什么都可以做，还要根据不同的访问者，规定他们分别可以访问哪些资源，以及对这些可以访问的资源可以用什么方式（读、写、执行、删除等）访问。访问控制涉及的技术也比较广，包括入网访问控制、网络权限控制、目录级控制、属性控制以及服务器安全控制等多种手段。

4. 防火墙技术

在计算机网络中，"防火墙"是指设置在可信任的内部网和不可信任的公众访问网之间的一道屏障，使一个网络不受另一个网络的攻击，实质上是一种隔离技术。

防火墙不只是一种路由器、主系统或一批向网络提供安全性的系统，相反，防火墙是一种获取安全性的方法，它有助于实施一个比较广泛的安全性政策，用以确定允许提供的服务和访问。就网络配置、一个或多个主系统和路由器以及其他安全性措施（例如，代替静态口令的先进验证）来说，防火墙是该政策的具体实施。防火墙系统的主要用途就是控制对受保护网络（即网点）的往返访问。它实施网络访问政策的方法就是迫使各连接点通过能得到检查和评估的防火墙。可以说，防火墙是网络通信时的一种尺度，允许同意的"人"和"数据"访问，同时把不同意的"拒之门外"，这样能最大限度地防止黑客的访问，阻止他们对网络进行一些非法的操作。

在逻辑上，防火墙是一个分离器，一个限制器，也是一个分析器，它有效地监控了内部网和 Internet 之间的任何活动，保证了内部网络的安全。作为一个中心"遏制点"，它可以将局域网的安全管理集中起来，屏蔽非法请求，防止跨权限访问并产生安全报警。具体地说，防火墙有以下一些功能。

（1）作为网络安全的屏障。防火墙由一系列的软件和硬件设备组合而成，它保护网络中有明确闭合边界的一个网块。所有进出该网块的信息，都必须经过防火墙，将发现的可疑访问拒之门外。当然，防火墙也可以防止未经允许的访问进入外部网络。因此，防火墙的屏障作用是双向的，即进行内外网络之间的隔离，包括地址数据包过滤、代理和地址转换。

（2）强化网络安全策略。防火墙能将所有安全软件（例如，口令、加密、身份认证、审计等）配置在防火墙上，形成以防火墙为中心的安全方案。与将网络安全问题分散到各个主机上相比，防火墙的集中安全管理更经济。

（3）对网络存取和访问进行监控审计。审计是一种重要的安全措施，用以监控通信行为和完善安全策略，检查安全漏洞和错误配置，并对入侵者起到一定的威慑作用。报警机制是在通信违反相关策略以后，以多种方式，如声音、邮件、电话、手机短信息等及时报告给管理人员。

（4）远程管理。管理界面一般完成对防火墙的配置、管理和监控。管理界面设计直接关系到防火墙的易用性和安全性。目前防火墙主要有两种远程管理界面：Web 界面和 GUI 界面。硬件防火墙，一般还有串口配置模块和控制台控制界面。

（5）防止攻击性故障蔓延和内部信息的泄露。防火墙也能够将网络中的一个网段与另一个网段隔开，从而限制了局部重点或敏感网络安全问题对全局网络造成的影响。此外，隐私是内部网络非常关心的问题，一个内部网络中不引人注意的细节可能包含了有关安全的线索而引起外部攻击者的兴趣，甚至因此而暴露了内部网络的某些安全漏洞。使用防火墙就可以隐蔽那些透漏的内部细节，如 Finger、DNS 等服务。

（6）MAC 与 IP 地址的绑定。MAC 与 IP 地址绑定起来，主要用于防止受控（不可访问外网）的内部用户通过更换 IP 地址访问外网，这其实是一个可有可无的功能。不过因为它实现起来太简单了，内部只需要两个命令就可以实现，所以绝大多数防火墙都提供了该功能。

（7）流量控制（带宽管理）和统计分析、流量计费。流量控制可以分为基于 IP 地址的控制和基于用户的控制。基于 IP 地址的控制是对通过防火墙各个网络接口的流量进行控制，基于用户的控制是通过用户登录来控制每个用户的流量，从而防止某些应用或用户占用过多的资源，并且通过流量控制可以保证重要用户和重要接口的连接。

（8）其他特殊功能。这些功能纯粹是为了迎合特殊客户的需要或者为赢得卖点而加上的。例如，有时用户要求，限制同时上网人数；限制使用时间；限制特定使用者才能发送 E-mail；限制 FTP 只能下载文件不能上传文件；阻塞 Java、ActiveX 控件等，这些依需求不同而定。有些防火墙更是加入了扫毒功能，一般都与防病毒软件搭配。

5. 云安全技术

信息化发展到今天，云计算服务已经成为互联网技术的又一次重大突破，尤其近几年随着物联网技术的发展、大数据概念的提出、手持设备以及移动终端数量的大幅增加，社会对于云计算、云存储服务的需求已经达到了一定规模，同时云计算技术也已经日臻成熟，而紧随云计算、云存储之后，云安全也出现了。云安全是我国企业创造的概念，在国际云计算领域独树一帜。"云安全（Cloud Security）"计划是网络时代信息安全的最新体现，它融合了并行处理、网格计算、未知病毒行为判断等新兴技术和概念，通过网状的大量客户端对网络中软件行为的异常监测，获取互联网中木马、恶意程序的最新信息，推送到 Server 端进行自动分析和处理，再把病毒和木马的解决方案分发到每一个客户端。

在云计算的架构下，云计算开放网络和业务共享场景更加复杂多变，安全性方面的挑战更加严峻，一些新型的安全问题变得比较突出，如多个虚拟机租户间并行业务的安全运行，公有云中海量数据的安全存储等。由于云计算的安全问题涉及广泛，以下仅就几个主要方面进行介绍。

（1）用户身份安全问题。云计算通过网络提供弹性可变的 IT 服务，用户需要登录到云端来使用应用与服务，系统需要确保使用者身份的合法性，才能为其提供服务。如果非法用户取得了用户身份，则会危及合法用户的数据和业务。

（2）共享业务安全问题。云计算的底层架构（IaaS 层和 PaaS 层）是通过虚拟化技术实现资源共享调用，优点是资源利用率高，但是共享会引入新的安全问题，一方面需要保证用户资源间的隔离，另一方面需要面向虚拟机、虚拟交换机、虚拟存储等虚拟对象的安全保护策略，这与传统的硬件上的安全策略完全不同。

（3）用户数据安全问题。数据的安全性是用户最为关注的问题，广义的数据不仅包括客户的业务数据，还包括用户的应用程序和用户的整个业务系统。数据安全问题包括数据丢失、泄漏、篡改等。传统的 IT 架构中，数据是离用户很"近"的，数据离用户越"近"则越安全，而云计算架构下数据常常存储的离用户很"远"。如何保证存放在云服务提供商的数据隐私不被非法利用，不仅需要技术的改进，也需要法律的进一步完善。

未来杀毒软件将无法有效地处理日益增多的恶意程序。来自互联网的主要威胁正在由计算机病毒转向恶意程序及木马，在这样的情况下，采用的特征库判别法显然已经过时。云安全技术应用后，识别和查杀病毒不再仅仅依靠本地硬盘中的病毒库，而是依靠庞大的网络服务，实时进行采集、分析以及处理。整个互联网就是一个巨大的"杀毒软件"，参与者越多，每个参与者就越安全，整个互联网就会更安全。

云安全的概念提出后，曾引起了广泛的争议，许多人认为它是伪命题。但事实胜于雄辩，云安全的发展像一阵风，瑞星、趋势、卡巴斯基、MCAFEE、SYMANTEC、江民科技、PANDA、金山、360 安全卫士等都推出了云安全解决方案。我国安全企业金山、360、瑞星等都拥有相关的技术并投入使用。据悉，云安全可以支持平均每天 55 亿条单击查询，每天收集分析 2.5 亿个样本，资料库第一次命中率就可以达到 99%。

9.2 计算机中的信息安全

9.2.1 计算机病毒及其防范

1. 计算机病毒的概念

计算机病毒是指那些具有自我复制能力的计算机程序，它能影响计算机软件、硬件的正常运行，破坏数据的正确与完整。

在《中华人民共和国计算机信息系统安全保护条例》中，计算机病毒有明确的定义："计算机病毒，是指编制或者在计算机程序中插入的破坏计算机功能或者破坏数据、影响计算机使用，并且能够自我复制的一组计算机指令或者程序代码"。

2. 计算机病毒的传播途径

计算机病毒的传染性是计算机病毒的最基本的特性，是计算机病毒赖以生存繁殖的条件。计算机病毒必须要搭载到计算机上才能感染系统，如果计算机病毒缺乏传播渠道，则其破坏性就只能局限到一台被感染的计算机上，而无法在更大的范围兴风作浪。当我们充分了解了计算机病毒的各种传播途径以后，才可以有的放矢的采取措施，有效地防止计算机病毒对计算机系统的侵袭。

计算机病毒的传播主要通过文件复制、文件传送等方式进行，文件复制与文件传送需要传输媒介，而计算机病毒的主要传播媒介就是优盘、硬盘、光盘和网络。

优盘作为最常用的交换媒介，在计算机病毒的传播中起到了很大的作用。在人们使用优盘在计算机之间进行文件交换的时候，计算机病毒就已经悄悄地传播开来了。

光盘的存储容量比较大，其中可以用来存放很多可执行的文件，当然这也就成了计算机病毒的藏身之地。对于只读光盘来说，由于不能对它进行写操作，因此光盘上的病毒就不能被删除。尤其是盗版光盘的泛滥，给病毒的传播带来了极大的便利。

现代通信技术的巨大进步已经使空间距离不再遥远，数据、文件、电子邮件等都可以很方便的通过通信线缆在各个计算机间高速传输。当然这也为计算机病毒的传播提供了"高速公路"，现在这已经成为计算机病毒的第一传播途径。

随着 Internet 的不断发展，计算机病毒也出现了一种新的趋势。不法分子或好事之徒制作的个人网页，不仅直接提供了下载大批计算机病毒活样本的便利途径，而且还将制作计算机病毒的工具、向导、程序等内容写在自己的网页中，使没有编程基础和经验的人制造新病毒成为可能。

3. 计算机病毒的特点

要做好计算机病毒的防治工作，首先要认清计算机病毒的特点和行为机理，为防范和清除计算机病毒提供充实可靠的依据。根据对计算机病毒的产生、传染和破坏行为的分析，总结出计算机病毒具有以下几个主要特点。

（1）破坏性。任何病毒只要侵入系统，都会对系统及应用程序产生程度不同的影响。轻者会降低计算机工作效率，占用系统资源；重者可以破坏数据、删除文件、加密磁盘，对数据造成不可挽回的破坏，有的甚至会导致系统崩溃。

（2）传染性。传染性是病毒的基本特征。它会通过各种渠道从已被感染的计算机扩散到未被感染的计算机。只要一台计算机染毒，如不及时处理，那么病毒就会在这台计算机上迅速扩散，其中的大量文件（一般是可执行文件）会被感染。而被感染的文件又成了新的传染源。当这台计算机再与其他计算机进行数据交换或通过网络接触时，病毒会继续进行传染。

（3）潜伏性。大部分的病毒感染系统之后一般不会马上发作，它可长期隐藏在系统中，只有在满足其特定条件时才启动其表现（破坏）模块。只有这样它才可进行广泛地传播。例如，著名的"黑色星期五"会在逢 13 号的星期五发作。国内的"上海一号"会在每年三、六、九月的 13 日发作。当然，最令人难忘的便是 26 日发作的 CIH。这些病毒在平时会隐藏得很好，只有在发作日才会露出本来面目。

（4）隐蔽性。病毒一般是具有很高编程技巧、短小精悍的程序，通常附在正常程序中或磁盘较隐蔽的地方，也有个别的以隐含文件形式出现，目的是不让用户发现它的存在。如果不经过代码分析，病毒程序与正常程序是不容易区别开来的。一般在没有防护措施的情况下，计算机病毒程序取得系统控制权后，可以在很短的时间里传染大量程序。而且受到传染后，计算机系统通常仍能正常运行，使用户不会感到任何异常。正是由于隐蔽性，计算机病毒得以在用户没有察觉的情况下扩散到成千上百万台计算机中去。

（5）不可预见性。从对病毒的检测方面来看，病毒还有不可预见性。而病毒的制作技术也在不断的提高，病毒对反病毒软件永远是超前的。

4. 杀毒软件

反病毒软件同病毒的关系就像矛和盾一样，两种技术，两种势力永远在进行着较量。目前市场上有很多品种的杀毒软件，下面简要介绍几种常用的杀毒软件。

（1）金山毒霸。由金山公司设计开发的金山毒霸有多种版本。它可查杀超过两万种的病毒和近百种的黑客程序，具备完善的实时监控功能。它能对多种压缩格式的文件进行病毒的查杀，能在线查毒，具有功能强大的定时自动查杀能力。

（2）瑞星杀毒软件。瑞星杀毒软件是专门针对目前流行的网络病毒研制开发的，它采用多项最新技术，有效地提升了对未知病毒、变种病毒、黑客木马和恶意网页等新型病毒的查杀能力。在降低系统资源消耗、提升查杀速度、快速在线升级等多方面进行了改进，是保护计算机系统安全的工具软件。

（3）诺顿杀毒软件。诺顿杀毒软件（Norton Anti Virus）是 Symantec 公司设计开发的软件。它可以侦测上万种已知和未知的病毒。每当开机时，诺顿的自动防护系统会常驻在 System Tray 中，当用户从外存上，或者从网络、E-mail 附件中打开文件时，它会自动检测文件的安全性，若文档内含有病毒，它会自动报警，并作适当的处理。

（4）360 杀毒软件。360 杀毒是 360 安全中心出品的一款免费的云安全杀毒软件。它创新性地整合了五大领先查杀引擎，并首先在国内推出免费查杀病毒的营销策略，吸引了众多用户，在杀毒市场中后来居上，现在月度用户量已突破 3.7 亿，一直稳居安全查杀软件市场份额头名。

现在的杀毒软件都具有在线监视功能，在操作系统启动后杀毒软件就会自动装载并运行，并时刻监视系统的运行状况。

9.2.2　网络黑客及其防范

1. 网络黑客的概念

黑客（hacker），源于英语动词 hack，意为"劈，砍"，引申为"干了一件非常漂亮的工作"。

一般认为，黑客起源于 20 世纪 50 年代麻省理工学院的实验室中。20 世纪 60～70 年代，"黑客"一词极富褒义，主要是指那些独立思考、奉公守法的计算机迷，他们智力超群，对计算机全身心投入。从事黑客活动意味着对计算机的最大潜力进行智力上的自由探索，为计算机技术的发展作出了巨大贡献。正是这些黑客，倡导了一场个人计算机革命，倡导了现行的计算机开放式体系结构，打破了以往计算机技术只掌握在少数人手里的局面，开了个人计算机的先河，提出了"计算机为人民所用"的观点，他们是计算机发展史上的英雄。现在黑客使用的侵入计算机系统的基本技巧，如"破解口令""开天窗""走后门"安放"特洛伊木马"等，都是在这一时期发明的。从事黑客活动的经历，成为后来许多计算机业界巨子简历上不可或缺的一部分。

2. 网络黑客的攻击方式

（1）获取口令。获取口令一般有 3 种方法。一是通过网络监听非法得到用户口令，这类方法有一定的局限性，但危害性极大，监听者往往能够获得其所在网段的所有用户账号和口令，对局域网安全威胁巨大。二是在知道用户的账号后利用一些专门软件强行破解用户口令，这种方法不受网段限制，但黑客要有足够的耐心和时间。三是在线获得一个服务器上的用户口令文件。此方法在所有方法中危害最大，因为它不需要像第二种方法那样一遍又一遍地尝试登录服务器，而是在本地将加密后的口令与 Shadow 文件中的口令相比较就能非常容易地破获用户密码，尤其对那些"弱智"用户（指口令安全系数极低的用户）。例如，某用户账号为 zys，其口令就是 zys666、666666 或干脆就是 zys 等）更是在短短的一两分钟内，甚至几十秒内就可以将其破获。

（2）放置特洛伊木马程序。特洛伊木马程序可以直接侵入用户的计算机并进行破坏，它常被伪装成工具程序或者游戏等诱使用户打开带有特洛伊木马程序的邮件附件或从网上直接下载，一旦用户打开了这些邮件的附件或者执行了这些程序之后，它们就会像古特洛伊人在敌人城外留下的藏满士兵的木马一样留在自己的计算机中，并在自己的计算机系统中隐藏一个可以在 Windows 启动时悄悄执行的程序。当用户连接到 Interner 上时，这个程序就会通知黑客，来报告用户的 IP 地址以及预先设定的端口。黑客在收到这些信息后，再利用这个潜伏在其中的程序，就可以任意地修改用户的计算机参数设定、复制文件、窥视整个硬盘中的内容等，从而达到控制计算机的目的。

（3）WWW 的欺骗技术。在网上用户可以利用 IE 等浏览器进行各种各样的 Web 站点的访问，例如，阅读新闻组、咨询产品价格、订阅报纸、电子商务等。然而一般的用户不会想到有这些问题存在：正在访问的网页已经被黑客篡改过，网页上的信息是虚假的。例如，黑客将用户要浏览的网页的 URL 改写为指向黑客自己的服务器，当用户浏览目标网页的时候，实际上是向黑客服务器发出请求，那么黑客就可以达到欺骗的目的了。

（4）电子邮件攻击。电子邮件攻击主要表现为两种方式：一是电子邮件轰炸和电子邮件"滚雪球"，也就是通常所说的邮件炸弹，指的是用伪造的 IP 地址和电子邮件地址向同一信箱发送数以千计、万计甚至无穷多次的内容相同的垃圾邮件，致使受害人邮箱被"炸"，严重者可能会给电子邮件服务器操作系统带来危险，甚至瘫痪；二是电子邮件欺骗，攻击者佯称自己为系统管理员（邮件地址和系统管理员完全相同），给用户发送邮件要求用户修改口令（口令可能为指定字符串）或在貌似正常的附件中加载病毒或其他木马程序（某些单位的网络管理员有定期给用户免费发送防火墙升级程序的义务，这为黑客成功地利用该方法提供了可乘之机），这类欺骗只要用户提高警惕，一般危害性不是太大。

（5）通过一个节点来攻击其他节点。黑客在突破一台主机后，往往以此主机作为根据地，攻击其他主机（以隐蔽其入侵路径，避免留下蛛丝马迹）。他们可以使用网络监听方法，尝试攻破同一网络内的其他主机；也可以通过 IP 欺骗和主机信任关系，攻击其他主机。这类攻击很狡猾，但由于某些技术很难掌握，因此较少被黑客使用。

（6）网络监听。网络监听是主机的一种工作模式，在这种模式下，主机可以接受到本网段在同一条物理通道上传输的所有信息，而不管这些信息的发送方和接收方是谁。此时，如果两台主机进行通信的信息没有加密，只要使用某些网络监听工具，如 NetXray 就可以轻而易举地截取包括口令和账号在内的信息资料。虽然网络监听获得的用户账号和口令具有一定的局限性，但监听者往往能够获得其所在网段的所有用户账号及口令。

（7）寻找系统漏洞。许多系统都有这样那样的安全漏洞（Bugs），其中某些是操作系统或应用软件本身具有的，如 Windows 98 中的共享目录密码验证漏洞和 IE5 漏洞等，这些漏洞在补丁未被开发出来之前一般很难防御黑客的破坏；还有一些漏洞是由于系统管理员配置错误引起的，如在网络文件系统中，将目录和文件以可写的方式调出，将用户的密码文件以明码方式存放在某一目录下，这都会给黑客带来可乘之机，应及时加以修正。

（8）利用账号进行攻击。有的黑客会利用操作系统提供的缺省账户和密码进行攻击。例如，许多 UNIX 主机都有 FTP 和 Guest 等缺省账户（其密码和账户名同名），有的甚至没有口令。黑客用 UNIX 操作系统提供的命令收集信息，不断提高自己的攻击能力。这类攻击只要系统管理员提高警惕，将系统提供的缺省账户关掉或提醒无口令用户增加口令，一般都能克服。

（9）偷取特权。偷取特权主要是利用各种特洛伊木马程序、后门程序和黑客自己编写的导致缓冲区溢出的程序进行攻击。前者可使黑客非法获得对用户机器的完全控制权，后者可使黑客获得超级用户的权限，从而拥有对整个网络的绝对控制权。这种攻击手段，一旦奏效，危害性极大。

3. 网络黑客的防范

（1）屏蔽可疑 IP 地址。这种方式见效最快，一旦网络管理员发现了可疑的 IP 地址申请，可以通过防火墙屏蔽相对应的 IP 地址，这样黑客就无法再连接到服务器上了。但是这种方法有很多缺点，如很多黑客都使用动态 IP，也就是说，他们的 IP 地址会变化，一个地址被屏蔽，只要更换其他 IP 地址，就仍然可以进攻服务器，而且高级黑客有可能会伪造 IP 地址，屏蔽的也许是正常用户的地址。

（2）过滤信息包。通过编写防火墙规则，可以让系统知道什么样的信息包可以进入，什么样的应该放弃。如此一来，当黑客发送有攻击性信息包的时候，在经过防火墙时，信息就会被丢弃掉，从而防止了黑客的进攻。但是这种做法仍然有它不足的地方，如黑客可以改变攻击性代码的形态，让防火墙分辨不出信息包的真假；或者黑客干脆无休止的、大量的发送信息包，直到服务器不堪重负而造成系统崩溃。

（3）修改系统协议。对于漏洞扫描，系统管理员可以修改服务器的相应协议。例如，漏洞扫描是根据对文件的申请返回值对文件的存在进行判断，这个数值如果是 200，则表示文件存在于服务器上，如果是 404，则表明服务器没有找到相应的文件。但是管理员如果修改了返回数值，或者屏蔽 404，那么漏洞扫描器就毫无用处了。

（4）经常升级系统版本。任何一个版本的系统发布之后，在短时间内都不会受到攻击，一旦其中的问题暴露出来，黑客就会蜂拥而至。因此管理员在维护系统的时候，可以经常浏览著名的安全站点，找到系统的新版本或者补丁程序进行安装，这样就可以保证系统中的漏洞在没有被黑客发现之前，就已经修补上了，从而保证了服务器的安全。

（5）安装必要的安全软件。用户还应在计算机中安装并使用必要的防黑软件、杀毒软件和防火墙。在上网时打开它们，这样即便有黑客进攻，用户的安全也是有一定保证的。

（6）不要回陌生人的邮件。有些黑客可能会冒充某些正规网站的名义，然后编个冠冕堂皇的理由寄一封信给你，要求你输入上网的用户名称与密码，如果按下"确定"，你的账号和密码就进了黑客的邮箱。所以不要随便回陌生人的邮件，即使他说得再动听，再诱人也不要上当。

（7）做好 IE 的安全设置。ActiveX 控件和 Applets 有较强的功能，但也存在被人利用的隐患，网页中的恶意代码往往就是利用这些控件编写的小程序，只要打开网页就会被运行。所以要避免恶意网页的攻击只有禁止这些恶意代码的运行。

9.3 标准化与知识产权

9.3.1 标准化

1. 标准、标准化的概念

标准是对重复性事务和概念所做的统一规定。标准以科学、技术和实践经验的综合成果为基础，以获得最佳秩序和促进最佳效益为目的，经有关方面协商一致，由主管和公认机构批准，并以规则、指南等的文件形式发布，作为共同遵守的准则和依据。

标准化是在经济、技术、科学及管理等的社会实践中，以改进产品、过程和服务的适应性，防止贸易壁垒，促进技术合作，促进最佳秩序和社会效益的过程。

2. 信息技术的标准化

信息技术的标准化是围绕信息技术开发，信息产品的研制和信息系统的建设、运行与管理而开展的一系列标准化工作。其中主要包括信息技术术语、信息表示、汉字信息处理技术、媒体、软件工程、数据库、网络通信、电子数据交换、电子卡、管理信息系统、计算机辅助技术等方面。

（1）信息编码标准化

编码是一种信息交换的技术手段。对信息进行编码实际上就是对文字、音频、图形、图像等信息进行处理，使之量化，从而便于利用各种通信设备进行信息传递和利用计算机进行信息处理。

作为一种信息交换的技术手段，必须保证信息交换的一致性。例如，计算机内部的所有数据都是用二进制数表示的，但是人们向计算机输入的信息，则是人类语言中的数字、文字和专用符号，经计算机处理后的输出也必须是人们能够识别的字符。每个字符所对应的二进制数，便是该字符的编码。计算机所定义的输入输出的符号集和每个符号的代码，便是计算机的编码系统。只有具有相同编码系统的计算机，才可以接受不同用户编写的同一符号的程序。为了统一编码系统，人们借助标准化这个工具，制定了各种标准代码。

（2）汉字编码标准化

汉字编码是对每一个汉字按一定的规律用若干个字母、数字、符号等表示出来。汉字编码的方法很多，主要有数字编码、拼音编码、字型编码等。对每一种汉字编码，计算机内部都有一种相应的二进制内部码，不同的汉字编码，在使用上不能替换。我国在汉字编码标准化方面取得的突出成就就是《信息交换用汉字编码字符集国家标准》的制定。该字符集共有 6 集。其中 GB 2312—80 信息交换用汉字编码字符集是基本集，收入常用的基本汉字和字符 7 445 个。GB 7589—87 和 GB 7509—87 分别是第二辅助集和第四辅助集，各收入现代规范汉字 7 426 个。除汉字编码标准化外，汉字信息标准化的内容还包括：汉字键盘输入的标准化、汉字文字识别和语音识别的标准化、汉字输出字体和质量的标准化、汉字属性和汉语词语的标准化等。

（3）软件工程标准化

随着软件工程学科的发展，人们对计算机软件的认识逐渐深入。软件工作的范围也从只是使用程序设计语言编写程序，扩展到整个软件的生存周期。

软件工程的目的是改善软件开发的组织，降低开发成本，缩短开发时间，提升工作效率，提高软件质量。它在内容上包括软件开发的概念形成、需求分析、计划组织、系统分析和设计、结构程序设计、软件调试、软件测试和验收、安装和检验、软件运行和维护，以及软件运行的终止。同时还有许多技术管理工作，如过程管理、产品管理、资源管理，以及确认与验证工作等。软件工程最显著的特点就是把个别的、自发的、分散的、手工的软件开发变成一种社会化的软件生产方式。软件生产的社会化必然要求软件工程实行标准化。

我国 1983 年成立了"计算机与信息技术处理标准化委员会"，下设 13 个分技术委员会，其中程序设计语言分技术委员会和软件工程分技术委员会与软件相关。我国推行软件工程标准化工作的总则是向国际标准靠拢，对于能够在我国使用的标准我们全部采用。虽然我国的软件工程标准化工作仍处于起步阶段，但是在提高我国软件工程水平，促进软件产业的发展，以及加强与国外的软件交流等方面必将起到应有的作用。

9.3.2　知识产权

计算机软件是指计算机程序及其有关文档。计算机程序，是指为了得到某种结果而可以由计算机等具有信息处理能力的装置执行的代码化指令序列，或者可以被自动转换成代码化指令序列的符号化指令序列或符号化语句序列；同一计算机程序的源程序和目标程序视为同一作品。

目前大多数国家采用著作权法来保护软件，将包括程序和文档的软件作为一种作品。源程序是编制计算机软件的最初步骤，它如同搞发明创造、进行艺术创作一样花费大量的人力、物力和财力，是一项艰苦的智力劳动。文档是指用来描述程序的内容、组成、设计、功能规格、开发情况、测试结果及使用方法的文字资料和图表等。例如，程序设计说明书、流程图、用户手册，是为程序的应用而提供的文字性服务资料，使普通用户能够明白如何使用软件，其中包含了许多软件设计人的技术秘密，具有较高的技术价值，是文字作品的一种。

计算机软件是人类知识、智慧和创造性劳动的结晶，软件产业是知识和资金密集型的新兴产业。由于软件开发具有开发工作量大、周期长，而生产（复制）容易、费用低等特点，因此，长期以来，软件的知识产权得不到尊重，软件的真正价值得不到承认，靠非法窃取他人软件而牟取商业利益成了信息产业中投机者的一条捷径。因此，软件知识产权保护已成为亟待解决的一个社会问题，是我国软件产业健康发展的重要保障。

1. 知识产权的概念

知识产权又称为智力成果权和智慧财产权，是指对智力活动创造的精神财富所享有的权利。知识产权不同于动产和不动产等有形物，它是生产力发展到一定阶段后，才在法律中作为一种财产权利出现的。知识产权是经济和科技发展到一定阶段后出现的一种新型财产权。计算机软件是人类知识、经验、智慧和创造性劳动的结晶，是一种典型的由人的智力创造性劳动产生的"知识产品"，一般软件知识产权指的是计算机软件的版权。

2. 知识产权组织及法律

1967 年在瑞典斯德哥尔摩成立了世界知识产权组织。1980 年我国正式加入该组织。

1990 年 9 月，我国颁布了《中华人民共和国著作权法》，确定计算机软件为保护的对象。1991 年 6 月，国务院正式颁布了我国《计算机软件保护条例》。这个条例是我国第一部计算机软件保护的法律法规，它标志着我国计算机软件的保护已走上法制化的轨道。

3. 知识产权的特点

知识产权的主要特点包括：无形性，指被保护对象是无形的；专有性，指未经知识产权人的同意，除法律有规定的情况外，他人不得占有或使用该项智力成果；地域性，指法律保护知识产权的有效地区范围；时间性，指法律保护知识产权的有效期限，期限届满即丧失效力，这是为限制权利人不致因自己对其智力成果的垄断期过长而阻碍社会经济、文化和科学事业的进步和发展。

4. 计算机软件受著作权保护

对计算机软件来说，著作权法并不要求软件达到某个较高的技术水平，只要是开发者独立自主开发的软件，即可享有著作权。一个软件必须在其创作出来，并固定在某种有形物体（例如纸、磁盘、光盘等）上，能为他人感知、传播、复制的情况下，才享有著作权保护。

计算机软件的体现形式是程序和文件，它们是受著作权法保护的。

著作权法的基本原则是：只保护作品的表现，而不保护作品中所体现的思想、概念。目前人们比较一致的观点是：软件的功能、目标、应用属于思想、概念，不受著作权法的保护；而软件的程序代码则是表现，应受著作权法的保护。

5. 软件著作权人享有权力

根据我国著作权法的规定，作品著作人（或版权人）享有 5 项专有权力。

① 发表权：决定作品是否公布于众的权力。

② 署名权：表明作者身份，在作品上有署名权。

③ 修改权：修改或授权他人修改作品的权力。

④ 保护作品完整权：保护作品不受篡改的权力。

⑤ 使用权和获得报酬权：以复制、表演、播放、展览、发行、摄制影视或改编、翻译、编辑等方式使用作品的权力，以及许可他人以上述方式作为作品，并由此获得报酬的权力。

9.4 职业道德与相关法规

随着 Internet 的普及，计算机的社会化程度正在迅速提高。大量与国计民生、国家安全有关的重要数据信息，迅速地向计算机系统集中，被广泛地用于各个领域。另一方面，计算机系统又处在高科技下非法的以至敌对的渗透、窃取、篡改或破坏的复杂环境中，面临着计算机犯罪、攻击和计算机故障的威胁。利用计算机犯罪，已经给许多国家和公众带来严重损失和危害，成为社会瞩目的问题。因此，许多国家都在纷纷采取技术、行政法律措施，加强对计算机的安全保护。我国拥有计算机和计算机网络系统的单位越来越多，计算机在国民经济、科学文化、国家安全和社会生活的各个领域中，正在得到日益广泛的应用。因此，要保证"计算机安全与计算机应用同步发展"，道德教育、法规教育是计算机信息系统安全教育的核心。

9.4.1 使用计算机应遵守的若干戒律

国外研究者认为，每个网民必须认识到：一个网民在接近大量的网络服务器、地址、系统和人的时候，其行为最终是要负责任的。"Internet"或者"网络"不仅仅是一个简单的网络，它更是一个由成千上万的个人组成的网络"社会"，就像你驾车要达到某个目的地一样必须通过不同的交通路段，你在网络上实际也是在通过不同的网络"地段"，因此，参与到网络系统中的用户不仅应该意识到"交通"或网络规则，也应认识到其他网络参与者的存在，即最终要认识到你的"网络行为"无论如何都要遵循一定的规范。作为一个网络用户，可以被允许接受其他网络或者连接到网络上的计算机系统，但也要认识到每个网络或系统都有它自己的规则和程序，在一个网络或系统中被允许的行为在另一个网络或系统中也许是受控制，甚至是被禁止的。因此，遵守其他网络的规则和程序也是网络用户的责任，作为网络用户要记住这样一个简单的事实，在网络中一个用户"能够"采取一种特殊的行为并不意味着他"应该"采取那样的行为。

因此，"网络行为"和其他"社会行为"一样，需要一定的规范和原则。国外一些计算机和网络组织就制定了一系列相应的规范。这些规范涉及网络行为的方方面面，在这些规则和协议中，比较著名的是美国计算机伦理学会为计算机伦理学所制定的 10 条戒律，也可以说就是计算机行为规范。这些规范是一个计算机用户在任何网络系统中都"应该"遵循的最基本的行为准则，它是从各种具体网络行为中概括出来的一般原则，它对网民要求的具体内容是：

① 不应该用计算机去伤害别人；

② 不应该干扰别人的计算机工作；

③ 不应该窥探别人的文件；

④ 不应该用计算机进行偷窃；

⑤ 不应该用计算机作伪证；

⑥ 不应该使用或复制你没有付钱的软件；

⑦ 不应该未经许可而使用别人的计算机资源；

⑧ 不应该盗用别人的智力成果；

⑨ 应该考虑你所编的程序的社会后果；

⑩ 应该以深思熟虑和慎重的方式来使用计算机。

9.4.2 我国信息安全的相关法律法规

所有的社会行为都需要法律法规来规范和约束。随着 Internet 的发展，各项涉及网络信息安全的法律法规也相继出台。为了自己，为了他人，也为了整个社会，必须很好的学习这些法律法规。

1. 我国现行的信息安全法律体系框架为 4 个层面

（1）一般性法律规定。这类法律法规是指宪法、国家安全法、国家秘密法、治安管理处罚条例、著作权法、专利法等。这些法律法规并没有专门对网络行为进行规定，但是，它所规范和约束的对象中包括了危害信息网络安全的行为。

（2）规范和惩罚网络犯罪的法律。这类法律包括《中华人民共和国刑法》《全国人大常委会关于维护互联网安全的决定》等。其中刑法也是一般性法律规定。这里将其独立出来，作为规范和惩罚网络犯罪的法律规定。

（3）直接针对计算机信息网络安全的特别规定。这类法律法规主要有《中华人民共和国计算机信息系统安全保护条例》《中华人民共和国计算机信息网络国际联网管理暂行规定》《计算机信息网络国际联网安全保护管理办法》《中华人民共和国计算机软件保护条例》等。

（4）具体规范信息网络安全技术、信息网络安全管理等方面的规定。这一类法律主要有《商用密码管理条例》《计算机信息系统安全专用产品检测和销售许可证管理办法》《计算机病毒防治管理办法》《计算机信息系统保密管理暂行规定》《计算机信息系统国际联网保密管理规定》《电子出版物管理规定》《金融机构计算机信息系统安全保护工作暂行规定》等。

2. 信息网络安全法应当具备以下几个特点

（1）体系性。网络改变了人们的生活观念、生活态度、生活方式等，同时也涌现出病毒、黑客、网络犯罪等以前所没有的新事物。传统的法律体系变得越来越难以适应网络技术发展的需要，在保障信息网络安全方面也显得力不从心。因此，构建一个有效、相对自成一体、结构严谨、内在和谐统一的新的法律体系来规范网络社会，就显得十分必要。

（2）开放性。信息网络技术在不断发展，信息网络安全问题层出不穷、形形色色，信息网络安全法应当全面体现和把握信息网络的基本特点及其法律问题，适应不断发展的信息网络技术问题和不断涌现的网络安全问题。

（3）兼容性。网络环境虽说是一个虚拟的数字世界，但是它并不是独立于现实社会的"自由王国"，发生在网络环境中的事情只不过是现实社会和生活中的诸多问题在这个虚拟社会中的重新展开。因此，信息网络安全法不能脱离传统的法律原则和法律规范，大多数传统的基本法律原则和规范对信息网络安全仍然适用。同时，从维护法律体系的统一性、完整性和相对稳定性来看，信息网络安全法也应当与传统的法律体系保持良好的兼容性。

（4）可操作性。网络是一个数字化的社会，许多概念规则难以被常人准确把握，因此，安全法应当对一些专业术语、难以确定的问题、容易引起争议的问题等做出解释，使其更具可操作性。

习　题　9

1. 信息安全的含义是什么？
2. 信息安全有哪些属性？
3. ISO 7498-2 标准确定了哪 5 大类安全服务？哪 8 大类安全机制？
4. 信息安全的核心技术是什么？
5. 密码体制从原理上分为几大类？
6. 数字签名的方法有哪些？
7. 访问控制主要采用哪些技术？
8. 防火墙主要分为哪两大体系？
9. 什么是计算机病毒？
10. 计算机病毒的特点是什么？
11. 计算机病毒的检测方法有哪些？
12. 什么是知识产权？它有哪些特点？
13. 软件著作权人享有什么权力？
14. 计算机道德的 10 条戒律是什么？

第10章
程序设计基础

　　本章将从程序设计的基本概念开始，由浅入深地介绍程序、程序设计、算法、程序设计的基本控制结构、常用程序设计语言等知识，通过程序设计的实例介绍，让读者了解程序设计的基本方法和步骤。通过本章的学习，读者能够了解程序设计的基本控制结构，对程序设计的基本方法和步骤有一个初步的认识。

　　【知识要点】
- 程序设计的概念；
- 结构化程序设计的基本原则；
- 算法的概念和描述方法；
- 程序设计的基本控制结构；
- 常用程序设计语言；
- 程序设计的基本方法。

10.1　程序设计的概念

10.1.1　什么是程序

　　程序的概念非常普遍。简单地说，程序可以看作是对一系列动作的执行过程的描述。

　　随着计算机的出现和普及，"程序"已经成了计算机领域的专有名词。计算机程序是指为了得到某种结果而由计算机等具有信息处理能力的装置执行的代码化指令序列。也可以这样说，程序就是由一条条代码组成的，这样的一条条代码各自代表着不同的命令，这些命令结合起来，组成了一个完整的工作系统。

　　由于程序为计算机规定了计算的步骤，因此为了更好地使用计算机，就必须了解程序的几个性质。

- 目的性：程序必须有一个明确的目的。
- 分步性：程序给出了解决问题的步骤。
- 有限性：解决问题的步骤必须是限的。如果有无穷多个步骤，那么在计算机上就无法实现。
- 可操作性：程序总是实施各种操作于某些对象的，它必须是可操作的。
- 有序性：解题步骤不是杂乱无章地堆积在一起，而是要按一定顺序排列的。这是最重要的一点。

10.1.2　指令和指令系统

计算机指令是一组符号，它表示人对计算机下达的命令。人通过指令来告诉计算机"做什么"和"怎么做"。

每一条指令都对应计算机的一种操作。指令由两部分组成，一部分叫操作码，它表示计算机该做什么操作；另一部分叫操作数，它表示计算机的操作对象。

计算机所能执行的全部操作指令被称为指令系统，不同类型的计算机系统有不同的指令系统。

10.1.3　程序设计

1. 程序设计的步骤

目前的冯·诺依曼型计算机，还不能直接接受任务，而只能按照人们事先确定的方案，执行人们规定好的操作步骤。那么要让计算机处理一个问题（程序设计），需要经过哪些步骤呢？

（1）分析问题，确定解决方案。当一个实际问题提出后，应首先对以下问题作详细的分析：需要提供哪些原始数据，需要对其进行什么处理，在处理时需要有什么样的硬件和软件环境，需要以什么样的格式输出哪些结果等。在以上分析的基础上，确定相应的处理方案。一般情况下，处理问题的方法会有很多，这时就需要根据实际问题选择其中较为优化的处理方法。

（2）建立数学模型。在对问题全面理解后，需要建立数学模型，这是把问题向计算机处理方式转化的第一步骤。建立数学模型是把要处理的问题数学化、公式化，有些问题比较直观，可不去讨论数学模型问题；有些问题符合某些公式或有现成的数学模型可以直接利用；但是多数问题都没有对应的数学模型可以直接利用，这就需要创建新的数学模型，如果有可能还应对数学模型做进一步的优化处理。

（3）确定算法（算法设计）。建立数学模型以后，许多情况下还不能直接进行程序设计，需要确定符合计算机运算的算法。计算机的算法比较灵活，一般要优选逻辑简单、运算速度快、精度高的算法用于程序设计；此外，还要考虑内存空间占用合理、编程容易等特点。

算法可以使用伪码或流程图等方法进行描述。

（4）编写源程序。要让计算机完成某项工作，必须将已设计好的操作步骤以由若干条指令组成的程序的形式书写出来，让计算机按程序的要求一步一步地执行。

（5）程序调试。程序调试就是为了纠正程序中可能出现的错误，它是程序设计中非常重要的一步。没有经过调试的程序，很难保证没有错误，就是非常熟练的程序员也不能保证这一点，因此，程序调试是不可缺少的重要步骤。

（6）整理资料。程序编写、调试结束以后，为了使用户能够了解程序的具体功能，掌握程序的运行操作，有利于程序的修改、阅读和交流，必须将程序设计的各个阶段形成的资料和有关说明加以整理，写成程序说明书。其内容应该包括：程序名称、完成任务的具体要求、给定的原始数据、使用的算法、程序的流程图、源程序清单、程序的调试及运行结果、程序的操作说明、程序的运行环境要求等。程序说明书是整个程序设计的技术报告，用户应该按照程序说明书的要求将程序投入运行，并依据程序说明书对程序的技术性能和质量做出评价。

在程序开发过程中，上述步骤可能有反复，如果发现程序有错，就要逐步向前排查错误，修改程序。情况严重时可能会要求重新认识问题和重新设计算法。

10.2　结构化程序设计的基本原则

早期的非结构化语言中都有 Go To 语句，它允许程序从一个地方直接跳转到另一个地方。执行这个语句的好处是程序设计十分方便灵活，减少了人工复杂度，但其缺点也是十分突出的，大量的跳转语句会使程序的流程十分复杂紊乱，难以看懂也难以验证程序的正确性，如果有错，排起错来更是十分困难。这种流程图所表达的混乱与复杂，正是软件危机中程序人员处境的一个生动写照。

人们从多年来的软件开发经验中发现，任何复杂的算法，都可以由顺序结构、选择（分支）结构和循环结构这 3 种基本结构组成，因此，构造一个解决问题的具体方法和步骤的时候，也仅以这 3 种基本结构作为"建筑单元"，遵守 3 种基本结构的规范，基本结构之间可以相互包含，但不允许交叉，不允许从一个结构直接转到另一个结构的内部。正因为整个算法都是由 3 种基本结构组成的，就像用模块构建的一样，所以结构清晰，易于正确性验证，易于纠错。这种方法就是结构化方法，遵循这种方法的程序设计，就是结构化程序设计。

10.2.1　模块化程序设计概念

采用模块化设计方法是实现结构化程序设计的一种基本思路或设计策略。事实上，模块本身也是结构化程序设计的必然产物。当今，模块化方法也为其他软件开发的工程化方法所采用，并不为结构化程序设计所独家占有。

（1）模块。当把要开发的一个较大规模的软件，依照功能需要，采用一定的方法（例如，结构化方法）划分成一些较小的部分时，这些较小的部分就称为模块，也叫作功能模块。

（2）模块化设计。通常把以功能模块为设计对象，用适当的方法和工具对模块的外部（各有关模块之间）与模块内部（各成分之间）的逻辑关系进行确切的描述称为模块化设计。

10.2.2　结构化程序设计的原则

结构化程序设计由迪克特拉在 1969 年提出，是以模块化设计为中心，将待开发的软件系统划分为若干个相互独立的模块，这样使完成每一个模块的工作变得单纯而明确，为设计一些较大的软件打下了良好的基础。

这种方法要求程序设计者不能随心所欲地编写程序，而要按照一定的结构形式来设计和编写程序。它的一个重要目的是使程序具有良好的结构，使程序易于设计，易于理解，易于调试，易于修改，以提高设计和维护程序工作的效率。

结构化程序设计方法的主要原则可以概括为"自顶向下，逐步求精，模块化和限制使用 Go To 语句"。

（1）自顶向下。程序设计时，应先考虑总体，后考虑细节；先考虑全局目标，后考虑局部目标。即首先把一个复杂的大问题分解为若干相对独立的小问题。如果小问题仍较复杂，则可以把这些小问题又继续分解成若干子问题，这样不断地分解，使得小问题或子问题简单到能够直接用程序的 3 种基本结构表达为止。

（2）逐步求精。对复杂问题，应设计一些子目标作过渡，逐步细化。

（3）模块化。一个复杂问题，肯定是由若干个简单的问题构成的。模块化就是把程序要解决的总目标分解为子目标，再进一步分解为具体的小目标。把每一个小目标叫作一个模块。对应每一个小问题或子问题编写出一个功能上相对独立的程序块来，最后再统一组装，这样，对一个复杂问题的解决就变成了对若干个简单问题的求解。

（4）限制使用 Go To 语句。Go To 语句是有害的，程序的质量与 Go To 语句的数量成反比，应该在所有的高级程序设计语言中限制 Go To 语句的使用。

10.2.3　面向对象的程序设计

面向对象的程序设计（Object Oriented Programming，OOP）是 20 世纪 80 年代提出的，它汲取了结构化程序设计中好的思想，引入了新的概念和思维方式，从而给程序设计工作提供了一种全新的方法。通常，在面向对象的程序设计风格中，会将一个问题分解为一些相互关联的子集，每个子集内部都包含了相关的数据和函数。同时，会以某种方式将这些子集分为不同等级，而一个对象就是已定义的某个类型的变量。

与传统的结构化分析与设计技术相比，面向对象技术具有许多明显的优点，主要体现在以下3 个方面。

（1）可重用性。继承是面向对象技术的一个重要机制。用面向对象方法设计的系统的基本对象类可以被其他新系统重用。这通常是通过一个包含类和子类层次结构的类库来实现的。因此，面向对象方法可以从一个项目向另一个项目提供一些重用类，从而能显著提高工作效率。

（2）可维护性。由于面向对象方法所构造的系统是建立在系统对象基础上的，结构比较稳定，因此，当系统的功能要求扩充或改善时，可以在保持系统结构不变的情况下进行维护。

（3）表示方法的一致性。面向对象方法要求在从面向对象分析、面向对象设计到面向对象实现的系统整个开发过程中，采用一致的表示方法，从而加强了分析、设计和实现之间的内在一致性，并且改善了用户、分析员以及程序员之间的信息交流。此外，这种一致的表示方法，使得分析、设计的结果很容易向编程转换，从而有利于计算机辅助软件工程的发展。

10.3　算　　法

10.3.1　算法的概念

算法是程序设计的精髓，可以把它定义成在有限步骤内求解某一问题所使用的一组定义明确的规则。在计算机科学中，算法要用计算机算法语言描述，算法代表用计算机解一类问题的精确、有效的方法。通俗点说，就是计算机解题的过程。在这个过程中，无论是形成解题思路还是编写程序，都是在实施某种算法。前者是推理实现的算法，后者是操作实现的算法。

算法是一组有穷的规则，它规定了解决某一特定类型问题的一系列运算，是对解题方案的准确与完整的描述。制定一个算法，一般要经过设计、确认、分析、编码、测试、调试、计时等阶段。

对算法的学习包括 5 个方面的内容。

（1）设计算法。算法设计工作是不可能完全自动化的，应学习和了解已经被实践证明有用的一些基本的算法设计方法，这些基本的设计方法不仅适用于计算机科学，而且适用于电气工程、运筹学等领域。

（2）表示算法。描述算法的方法有多种形式，如自然语言和算法语言，各自有适用的环境和特点。

（3）确认算法。算法确认的目的是使人们确信这一算法能够正确无误地工作，即该算法具有可计算性。正确的算法用计算机算法语言描述，构成计算机程序，计算机程序在计算机上运行，得到算法运算的结果。

（4）分析算法。算法分析是对一个算法需要多少计算时间和存储空间作定量的分析。分析算法可以预测这一算法适合在什么样的环境中有效地运行，对解决同一问题的不同算法的有效性做出比较。

（5）验证算法。用计算机语言描述的算法是否可计算、有效合理，须对程序进行测试，测试程序的工作由调试和作时空分布图组成。

10.3.2　算法的特征

算法应该具有以下 5 个重要的特征。

（1）确定性。算法的每一种运算必须有确定的意义，它规定运算所执行的动作应该是无歧义性，并且目的是明确的。

（2）可行性。要求算法中有待实现的运算都是基本的，每种运算至少在原理上能由人用纸和笔在有限的时间内完成。

（3）输入。一个算法可能有多个输入，在算法运算开始之前给出算法所需数据的初值，这些输入取自特定的对象集合。

（4）输出。作为算法运算的结果，一个算法会产生一个或多个输出，输出是同输入有某种特定关系的量。

（5）有穷性。一个算法总是在执行了有限步的运算后终止，也就是说该算法是可达的。

10.3.3　算法的描述

算法是解题方法的精确描述。描述算法的工具对算法的质量有很大的影响。

（1）自然语言

自然语言就是日常使用的语言，可以使用中文，也可以使用英文。用自然语言描述的算法，通俗易懂，但是文字冗长，准确性不好，易于产生歧义性。因此，一般情况下不提倡用自然语言来描述算法。

（2）伪码

伪码不是一种现实存在的编程语言。使用伪码的目的是为了使被描述的算法可以容易地以任何一种编程语言实现。它可能综合使用多种编程语言中语法、保留字，甚至会用到自然语言。因此，伪代码必须结构清晰，代码简单，可读性好，并且类似自然语言。

【例 10.1】描述"对两个数按照从大到小的顺序输出"的算法。

用"伪码"描述：

```
Begin:
    Input("输入数据"); A          //输入原始数据 A
    Input("输入数据"); B          //输入原始数据 B
    If (A>B)
    {
        Print  A,B               //输出 A,B
```

```
    Else
        Print B,A          //输出B,A
    }
End
```

（3）流程图

流程图是一种传统的算法表示法，它利用几何图形的框来代表各种不同性质的操作，用流程线来指示算法的执行方向。由于流程图由各种各样的框组成，因此它也被叫作框图。流程图简单、直观、形象，算法逻辑流程一目了然，便于理解，应用广泛，特别是在早期语言阶段，只有通过流程图才能简明地表述算法，流程图成为程序员们交流的重要手段，直到结构化的程序设计语言出现，对流程图的依赖才有所降低。但是流程图画起来比较麻烦，并且算法的整个流程由流向线控制，用户可以随心所欲地使算法流程任意流动，从而可能会造成对算法阅读和理解上的困难。流程图的常用符号如表10.1所示，求两个数按大小顺序输出流程图如图10.1所示。

表 10.1   程图的常用符号

符　　　号	符　号　名　称	含　　　义
▭	起止框	表示算法的开始或结束
▱	输入/输出框	表示输入/输出操作
▭	处理框	表示对框内的内容进行处理
◇	判断框	表示对框内的条件进行判断
↓ →	流向线	表示算法的流动方向
◯	连接点	表示两个具有相同标记的"连接点"相连

（4）N-S结构图

N-S结构图是美国的两位学者Ike Nassi和Ben Schneiderman提出的。他们认为，既然任何算法都是由顺序结构、选择（分支）结构和循环结构3种基本程序结构组成，所以各基本结构之间的流程线就是多余的，因此，N-S图用一个大矩形框来表示算法，它是算法的一种结构化描述方法，是一种适合于结构化程序设计的流程图，求两个数按大小顺序输出的N-S结构图如图10.2所示。

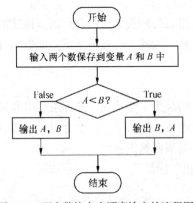

图 10.1　两个数按大小顺序输出的流程图

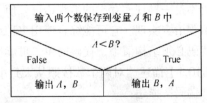

图 10.2　两个数按大小顺序输出的 N-S 结构图

一般情况下，我们设计的算法只是给出了处理的步骤，对"输入原始数据"和"输出计算结果"并不做详细的说明。但是，在开始编程前，一定要对如何输入"原始数据"、以什么方式输入"原始数据"和将"计算结果"输出到什么地方、以什么方式输出"计算结果"这两个重要环节提出明确的要求。

10.4　程序设计的基本控制结构

结构化程序设计提出了顺序结构、选择（分支）结构和循环结构 3 种基本程序结构。一个程序无论大小都可以由 3 种基本结构搭建而成。

10.4.1　顺序结构

顺序结构要求程序中的各个操作按照它们出现的先后顺序执行。这种结构的特点是：程序从入口点开始，按顺序执行所有操作，直到出口点处。顺序结构是一种简单的程序设计结构，它是最基本、最常用的结构，是任何从简单到复杂的程序的主体基本结构，其流程图如图 10.3 所示。

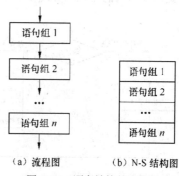

（a）流程图　　（b）N-S 结构图

图 10.3　顺序结构的流程图

10.4.2　选择（分支）结构

选择结构（也叫分支结构）是指程序的处理步骤出现了分支，它需要根据某一特定的条件选择其中的一个分支执行。它包括两路分支选择结构和多路分支选择结构。其特点是：根据所给定的选择条件的真（分支条件成立，常用 Y 或 True 表示）与假（分支条件不成立，常用 N 或 False 表示），来决定从不同的分支中执行某一分支的相应操作，并且任何情况下都有"无论分支多寡，必择其一；纵然分支众多，仅选其一"的特性。

（1）两路分支选择结构

两路分支选择结构是指根据判断结构入口点处的条件来决定下一步的程序流向。如果条件为真则执行语句组 1，否则执行语句组 2。值得注意的是，在这两个分支中只能选择一条且必须选择一条执行，但不论选择了哪一条分支执行，最后流程都一定到达结构的出口点处，其流程图如图 10.4 所示（实际使用过程中可能会遇到只有一条有执行的两分支，此时最好将这些语句放在条件为真的执行语句中，如图 10.4 右侧图所示）。

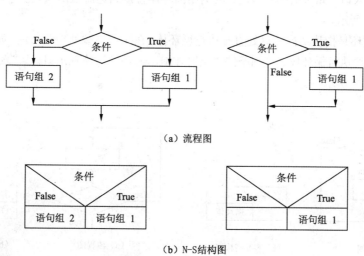

（a）流程图

（b）N-S 结构图

图 10.4　分支结构的流程图

（2）多路分支选择结构

多路分支选择结构是指程序流程中遇到了多个分支，程序执行方向将根据条件确定。如果条件 1 为真，则执行语句组 1，如果条件 2 为真，则执行语句组 2，如果条件 n 为真，则执行语句组 n。如果所有分支的条件都不满足，则执行语句组 $n+1$（该分支可以缺省）。总之要根据判断条件选择多个分支的其中之一执行。不论选择了哪一条分支，最后流程要到达同一个出口处。多路分支选择结构的流程图如图 10.5 所示。

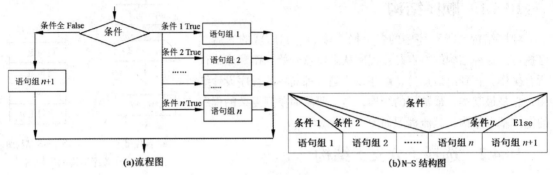

图 10.5　多路分支结构的流程图

10.4.3　循环结构

所谓循环，是指一个客观事物在其发展过程中，从某一环节开始有规律地反复经历相似的若干环节的现象。循环的主要环节具有"同处同构"的性质，即它们"出现位置相同，构造本质相同"。

程序设计中的循环，是指在程序设计中，从某处开始有规律地反复执行某一操作块（或程序块）的现象，并称重复执行的该操作块（或程序块）为它的循环体。

在此介绍两种循环结构："当"型循环和"直到"型循环。

"当"型循环结构是指先判断条件，当满足给定的条件时执行循环体，并且在循环终端处流程自动返回到循环入口；如果条件不满足，则退出循环体直接到达流程出口处。"当"型循环结构的流程图如图 10.6 所示。

"直到"型循环是指从结构入口处直接执行循环体，在循环终端处判断条件，如果条件不满足，则返回入口处继续执行循环体，直到条件为真时才退出循环到达流程出口处。"直到"型循环结构的流程图如图 10.7 所示。

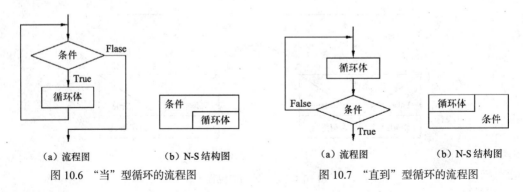

图 10.6　"当"型循环的流程图　　　　图 10.7　"直到"型循环的流程图

10.5 常用程序设计语言

10.5.1 机器语言

微型计算机的大脑是一块被称为中央处理单元（CPU）的集成电路。而被称为 CPU 的这个集成电路，只能够识别由 0 和 1 两个数字组成的二进制数码。因此早期人们使用计算机时，就使用这种以二进制代码形式表示机器指令的基本集合，也就是说要写出一串串由"0"和"1"组成的指令序列交由计算机执行。由二进制代码形式组成的规定计算机动作的符号叫作计算机指令，这样一些指令的集合就是机器语言。

机器语言与计算机硬件关系密切。由于机器语言是计算机硬件唯一可以直接识别和执行的语言，因而机器语言执行速度最快。同时使用机器语言又是十分痛苦的，因为组成机器语言的符号全部都是"0"和"1"，所以在使用时特别烦琐、费时，特别是在程序有错需要修改时，更是如此。而且，由于每台计算机的指令系统往往各不相同，所以在一台计算机上执行的程序，要想在另一台计算机上执行，必须另编程序，造成了工作的重复。

10.5.2 汇编语言

为了减轻使用机器语言编程的痛苦，20 世纪 50 年代初，人们发明了汇编语言：用一些简洁的英文字母、符号串来替代一个特定含义的二进制串。例如，用"ADD"代表"加"操作，"MOV"代表数据"移动"等。这样一来，人们就很容易读懂并理解程序在干什么，纠错及维护都变得方便了。由于在汇编语言中，用"助记符"代替操作码，用"地址符号"或"标号"代替地址码，也就是用"符号"代替了机器语言的二进制码，所以汇编语言也被称为符号语言。汇编语言在形式上用了人们熟悉的英文符号和十进制数代替二进制码，因而方便了人们的记忆和使用。

但是，由于计算机只能识别"0"和"1"，而汇编语言中使用的是助记符号，因此用汇编语言编制的程序输入计算机后，计算机不能像用机器语言编写的程序一样直接被识别和执行，必须通过预先放入计算机中的"汇编程序"的加工和翻译，才能变成能够被计算机识别和处理的二进制代码程序。这种起翻译作用的程序叫作汇编程序。

10.5.3 高级语言

从最初与计算机交流的痛苦经历中，人们意识到，应该设计一种接近数学语言或自然语言，同时又不依赖于计算机硬件，编出的程序能在所有机器上通用的语言。经过努力，1954 年，第一个完全脱离机器硬件的高级语言——FORTRAN 问世了，50 多年来，共有几百种高级语言出现，有重要意义的有几十种，影响较大、使用较普遍的有 C、C#、Visual C++、Visual Basic、.NET、Delphi、Java、ASP 等。

用高级语言编写程序的过程称为编码，编写出来的这些程序叫源代码（或源程序）。

通常将高级语言翻译为机器语言的方式有两种：解释方式和编译方式。

解释方式，即让计算机运行解释程序，解释程序逐句取出源程序中的语句，对它作解释执行，输入数据，产生结果。解释方式的主要优点是计算机与人的交互性好，调试程序时，能一边执行一边直接改错，能较快得到一个正确的程序。缺点是逐句解释执行，整体运行速度慢。

　　编译方式，即先运行编译程序，将源程序全部翻译为计算机可直接执行的二进制程序（称为目标程序）；然后让计算机执行目标程序，输入数据，产生结果。编译方式的主要优点是计算机运行目标程序快，缺点是修改源程序后必须重新编译以产生新的目标程序。

10.6　Visual Basic 6.0 初步

　　在本节中将以 Visual Basic 6.0 为平台，通过几个实例介绍程序设计的具体方法和步骤。

　　Visual Basic 采用的是事件驱动的编程机制，即对各个对象需要响应的事件分别编写出程序代码。这些事件可以是用户鼠标和键盘的操作，也可以是系统内部通过时钟计时产生，甚至由程序运行或窗口操作触发产生，因此，它们产生的次序是无法事先预测的。所以在编写 Visual Basic 事件过程时，没有先后关系。

10.6.1　Visual Basic 6.0 的界面

　　启动 Visual Basic 6.0 后，在"新建工程"对话框（见图 10.8）中选择一个项目，如"标准 EXE"，然后进入 Visual Basic 6.0 的界面（见图 10.9）。

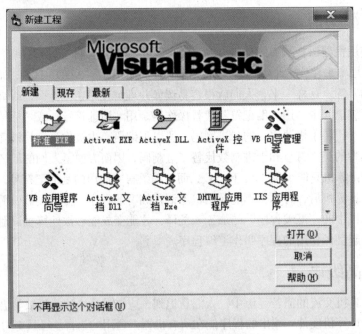

图 10.8　"新建工程"对话框

　　编制 Visual Basic 应用程序的第一步就是设计应用程序的界面，也就是窗体界面设计，该步骤是整个应用程序设计的一个关键部分。

　　在图 10.9 中，左侧部分是"常用控件工具箱"，它是 Visual Basic 为开发者提供的控件面板，通过它开发者可以为设计中的窗体设置各种控件。

　　在图 10.9 中，右侧部分从上到下分别是"工程资源管理"窗口（利用该窗口来管理一个工程）、"属性"窗口（利用该窗口设置或修改对象的属性值）、"窗体布局"窗口（利用该窗口设置本程序的窗体在屏幕中的位置）。

在图 10.9 中，中间部分为"工作窗口"。标题为"Form1"的界面叫作窗体。窗体就是我们说的窗口，是 Visual Basic 中最常用的对象，是程序设计的基础，程序中的各种控件必须建立在窗体之上，它是图形、图像、文本等各种数据的载体，是创建应用程序的平台。

工作窗口可以通过"工程资源管理"窗口上方的"查看代码""查看对象"按钮显示不同的窗口内容。"代码"窗口主要显示应用程序界面中每一个控件、模块等的代码（通常也在这个窗口中输入程序的源代码）。"对象"窗口主要用来在窗体上设置应用程序界面上的各种控件。

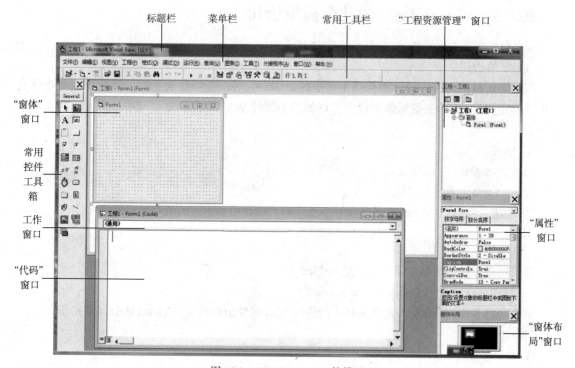

图 10.9　Visual Basic 6.0 的界面

10.6.2　Visual Basic 语言基础

简单介绍一下 Visual Basic 语言中的变量、常量、运算符和表达式。

（1）变量。变量是用来存放程序运行过程中用到的各种原始数据、中间数据、最终结果。它是内存中存储单元的符号地址，是内存中一个命名的存储单元。在整个程序的执行过程中，变量的值是可以变化的，也就是说存储单元中存放的信息是可以改变的。但在程序执行的每个瞬间，变量的值都是明确的、固定的、已知的。

（2）常量。常量是指在程序运行过程中保持不变的量。

① 直接常量。直接常量是指程序设计的代码中直接给出数据，如对某个变量直接赋初值所使用的数据等。

② 符号常量。Visual Basic 中为了提高计算机的运行效率，允许用一个符号来代表一个具体的值。

（3）运算符。Visual Basic 的运算符包括算术运算符、比较运算符、逻辑运算符等。其处理顺序是：首先处理算术运算，其次处理比较运算，然后处理逻辑运算。但在同一类运算符中，优先级与数学中的处理顺序相同，当要强行改变处理顺序时可以使用括号。

（4）表达式。Visual Basic 的表达式就是用运算符和配对的圆括号将各种类型的量或函数按照某种规则组成的式子。

例如，表达式：

```
Not 3 < -1 + 2 And 2 < 3 Or 1 < 0 And Not 1 > 0
```

的值为 True。

10.6.3　Visual Basic 的几个简单语句

简单介绍一下 Visual Basic 的赋值语句和 if 语句。

（1）赋值语句

赋值语句是任何程序设计中都必不可少的语句，它可以把指定表达式的值赋予某个变量或对控件设定属性。而给变量赋值和设定控件的某个属性是 Visual Basic 编程中最常见的两项基本操作。

① 格式。

```
[Let] <变量名> = <表达式>
```

或　　`[Let] <对象名.属性>=<表达式>`

② 功能。将<表达式>的值保存在一个变量中，或者用表达式的值修改对象的属性。

例如：

```
intMax = 0
```

该语句将数值型数据 0 保存在变量 intMax 中。

```
txtShow.Text = " Visual Basic 6.0 初步"
```

该语句将名称为 txtShow 的 TextBox 控件的 Text 属性值修改为 "Visual Basic 6.0 初步"。

（2）If 语句

① 格式。

块方式：

```
If   <条件>  Then
     <语句组 1>
[ Else
     <语句组 2> ]
End If
```

行方式：

```
If   <条件>   Then   <语句组 1>   [ Else   <语句组 2> ]
```

其中的 "Else　<语句组 2>" 是可以缺省的。

② 功能。当<条件>为真时，执行<语句组 1>；当<条件>为假时，执行<语句组 2>。

（3）"步长"型循环语句

① 格式。

```
For <循环变量>=<初值>  To  <终值>  Step <步长值>
     <循环体>
Next <循环变量>
```

其中，<初值>、<终值>、<步长值>可以是数值型常量、变量或表达式。其中的"Exit For"是可以缺省的。

② 功能。

当循环变量不"超过"终值时，将一次增加一个步长值地重复执行循环体。其具体执行过程是：执行到 For 语句时，循环变量先得到"初值"，然后与"终值"比较。如果循环变量未"超过"终值，那就执行循环体。执行到 Next 语句时，循环变量累加一个步长值，之后再与终值进行比较，若没有"超过"终值，则重复上述过程，直到循环变量"超过"终值才退出循环而转到 Next 语句后继续执行。

10.6.4　程序实例

【例 10.2】一个猴子摘了一堆桃子。第一天吃了一半，又多吃一个。第二天还是吃了一半，又多吃一个。它每天如此，到第 5 天时只剩一个桃子了。编写程序，计算猴子第一天共摘了多少个桃子？

（1）分析问题，确定算法

假如我们用 T_i 表示第 i 天的桃子数。

根据题目描述，第 5 天剩 1 个桃子，　　$T_5=1$

第 4 天剩下的桃子数，$T_4=2\times(T_5+1)$

第 3 天剩下的桃子数，$T_3=2\times(T_4+1)$

第 2 天剩下的桃子数，$T_2=2\times(T_3+1)$

第 1 天剩下的桃子数，$T_1=2\times(T_2+1)$

因此我们得到：$T_n=2\times(T_{n+1}+1)$　　　（n=4，3，2，1）

假设程序中我们用 T 表示每天的桃子数。

用循环控制执行 4 次：$T=2\times(T+1)$，即可得到要求的结果。

（2）算法的表示

【伪码】
```
Begin:
    T←1                    // T 的初值为 1 (第 5 天时只剩一个桃子了)
    For (i = 4 To 1, -1)
    {
        T←2*(T+1)          //迭代计算
    }
    Print T                //输出计算结果
End
```
流程图如图 10.10 所示。

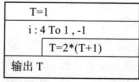

图 10.10　例 10.2 的流程图

（3）设定控件的属性和作用

窗体的"标题"设定为"猴子摘桃子"；

用"标签"显示计算的结果；

我们将代码写在 Form_Load()事件下。

控件的属性和作用如表 10.2 所示，程序运行的界面如图 10.11 所示。

表 10.2　　　　　　　　　　程序"猴子摘桃子"的控件属性设置

对　象	属　性	属　性　值	功　能
Form1	Caption	猴子摘桃子	显示程序的名称
Label	（名称）	lblResult	显示计算结果
	Caption		

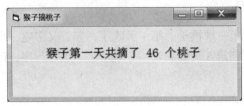

图 10.11　程序"猴子摘桃子"的运行界面

（4）源代码

源代码如下：

```
Option Explicit                          '要求变量必须声明
Private Sub Form_Load()
    Dim T%, I%
    T = 1
    For I = 4 To 1 Step -1
        T = 2 * (T + 1)
    Next I
    lblResult.Caption = "猴子第一天共摘了 " & T & " 个桃子"
End Sub
```

习　题　10

一、选择题

1. 为解决某一特定问题而设计的指令序列称为（　　）。

    A．文档　　　　　　　B．语言　　　　　　C．程序　　　　　　D．系统

2. 结构化程序设计中的 3 种基本控制结构是（　　）。

    A．选择结构、循环结构和嵌套结构　　　B．顺序结构、选择结构和循环结构

    C．选择结构、循环结构和模块结构　　　D．顺序结构、递归结构和循环结构

3. 编制一个好的程序首先要确保它的正确性和可靠性，除此以外，通常更注重源程序的（　　）。

    A．易使用性、易维护性和效率　　　　　B．易使用性、易维护性和易移植性

    C．易理解性、易测试性和易修改性　　　D．易理解性、安全性和效率

4. 编制好的程序时，应强调良好的编程风格，如选择标识符的名字时应考虑（　　）。

    A．名字长度越短越好，以减少源程序的输入量

B. 多个变量共用一个名字，以减少变量名的数目

C. 选择含义明确的名字，以正确提示所代表的实体

D. 尽量用关键字作名字，以使名字标准化

二、简答题

1. 什么是程序？什么是程序设计？程序设计包含哪几个方面？

2. 在程序设计中应该注意哪些基本原则？

3. 什么是面向对象程序设计中的"对象""类"？

4. 机器语言、汇编语言、高级语言有什么不同？

三、编程题

1. 一个长长的阶梯，如果一次上 2 阶，最后剩 1 阶；如果一次上 3 阶，最后剩 2 阶；如果一次上 5 阶，最后剩 4 阶；如果一次上 6 阶，最后剩 5 阶；如果一次上 7 阶，刚好上完。请编写程序，计算这个阶梯至少有多少阶。

2. 有一张面积足够大的纸（假定纸的厚度为 4mm），如果可能，你将它不断的对折。请编写程序，计算对折多少次以后可以超过珠穆朗玛峰的高度（珠穆朗玛峰的高度为 8 844 430mm）？

第 11 章
网页制作

网页制作的工具很多，本章以 Dreamweaver 8 为例，详细介绍网页的制作方法，包括网站与网页的关系以及网页中文本、表格、表单、框架的处理方法。

【知识要点】
- 网页与网站的关系；
- 构成网页的基本元素；
- 网页制作的基本技术；
- 网站制作与发布。

11.1　网页与网站

网页是用 HTML 语言编写的，通过万维网（World Wide Web）传输，并被 Web 浏览器翻译成可以显示出来的集文本、图片、声音和数字电影等信息形式的页面文件。网页根据页面内容可以分为主页、专栏网页、内容网页以及功能网页等类型，在这些网页中最重要的是网站的主页。主页通常设有网站的导航栏，是所有站点网页的链接中心。网站就是由网页通过超链接形式组成的。

网页是构成网站的基本单位，当用户通过浏览器访问一个站点的信息时，被访问的信息最终以网页的形式显示在用户的浏览器中。

通过 HTML 标记语言可以设计网页的外观及要显示给用户查看的信息。如下为一段代码示例：

```
<html>
<head>first page</head>
<body>
Hello world!
</body>
</html>
```

HTML 语言只能够设计静态的网页。一些永久不变性的信息可以用静态网页来表现，而对于信息需要经常更新的部分，可以采用动态网页的形式。动态网页就是在 HTML 标记中嵌入动态脚本，从而使得网页具有更强的信息发布灵活性。当前较为流行的脚本语言包括 ASP、ASP.NET、JSP、PHP。

在设计网页时可以借助一些网页设计工具，如 Microsoft Expression Web（微软公司推出的较新的一款网页设计工具，将取代 FrontPage）、Dreamwevaer 等，这样可以加快开发速度。

可以说网页就是网站的灵魂，只有设计具有良好用户体验的网页，一个网站才能够吸引更多的用户，所公布的信息才能够被更多的客户所熟知。

　　本节将对网站的主要构成元素网页，将网页上传到 Internet 服务器及宣传网站进行详细讲述。

11.1.1　网页包括的主要元素

　　网页上最常见的功能组件元素包括站标、导航栏、广告条。而色彩、文本、图片和动画则是网页最基本的信息形式和表现手段。充分了解这些网页基本元素的设计要点之后，再进行网页设计就可以做到胸有成竹了。如果设计得精致得体，网页组件会起到画龙点睛的作用。

　　（1）站标。站标（LOGO）是一个网站的标志，通常位于主页面的左上角。但是站标位置不是一成不变的，图 11.1 所示为网络上常见的站标布局的示意图。

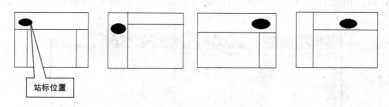

图 11.1　网页站标位置示意图

　　（2）导航栏。导航栏可以直观的反映出网页的具体内容，带领浏览者顺利访问网页。网页中的导航栏要放在明显的位置。导航栏有一排、两排、多排、图片导航和框架快捷导航等类型。

　　另外还有一些动态的导航栏，如精彩的 Flash 导航。

　　（3）广告条。广告又称广告栏，一般位于网页顶部、导航栏的上方，与左上角的站标相邻。免费空间的站点的广告条主要用来显示站点服务商要求的一些商业广告，一般与本站内容无关。付费站点的广告条则可以用来深化本网站的主题，或对站标内涵进行补充。广告条上的广告语要精炼，朗朗上口。广告条的图形无须太复杂，文字尽量是黑体等粗壮的字体，否则在视觉上很容易被网页的其他内容淹没。

　　（4）按钮。在网页上按钮的形式比较灵活，任何一个板块内容都可以设计成按钮的形式。在制作按钮时要注意与网页整体协调，按钮上的文字要清晰，图案色彩要简单。

　　（5）文本。网页中最多的内容通常是文本，可以根据需要设置文字的颜色、字体、字号等内容。

　　（6）图像。图像是表现、美化网页的最佳元素。图像可以应用于网页的任何位置。在网页中可以使用多种图像格式，但图像数量不宜太多，否则会让人觉得杂乱，也影响网速。

　　（7）表格。表格一般用来控制网页布局的方式，很多网页都是用表格来布局的，比较明显的就是横竖分明的网页布局。

　　（8）表单。用来收集信息或实现一些交互作用的表。例如，申请免费邮箱时要填写的表单。

　　（9）多媒体及特殊效果。很多网页为了吸引浏览者，常常设置一些动画或声音，这样可以增加点击率。

11.1.2　网页的上传

　　一个网页或网站制作完成之后，需要将其上传到 Internet 服务器上，以供不同的用户访问。在普通网页上传时，往往需要经过两个过程，第一步首先需要申请一个域名、空间；第二步就是将制作的网页上传到服务器。

1. 申请域名

根据网站的定位不同，可以申请不同级别的域名。对于商业公司等形式的网站，需要申请顶级域名。首先向中国互联网络信息中心（CNNIC）申请域名，其形式一般为"www.yourCompanyName.com"或者"www.yourCompanyName.com.cn"（国内域名）。

对于一般的用户如果只是发布一个个人网站，可以到一些提供免费域名的网站申请注册一个免费的域名。

对于一些小企业来说，由于其信息流量并不是很大，可以采用虚拟主机的方案，租用ISP的Web服务器磁盘空间，这样可以有效地使服务与经济达到平衡。

2. 上传

在上传网页时，可以使用Ftp工具进行上传工作。这里采用FlashFXP工具。运行FlashFXP，如图11.2所示。

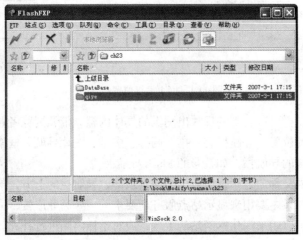

图 11.2　运行 FlashFXP 并设置本地站点文件夹

在这里需要定位到本地站点文件夹，然后单击"站点"菜单并选中"站点管理器"选项，进行Internet服务器设置，这里设置站点为"software"，如图11.3所示。

站点设置完成之后，可以单击"连接"按钮，登录服务器并上传网页或站点。登录服务器之后，选中本地站点文件夹，单击鼠标右键并从弹出的菜单中选中传送命令进行上传工作，如图11.4所示。

图 11.3　站点设置

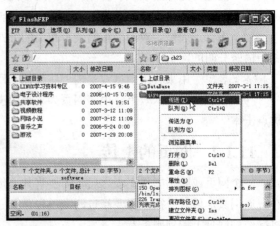

图 11.4　上传网页或站点

上传工作完成后，可以在浏览器中输入您注册的域名，检验网页是否已成功上传到 Internet 服务器。

11.1.3　网站

1. 网站

网站从广义上讲是在浏览器地址栏输入 URL 之后由服务器回应的一个 Web 系统，分为动态网站和静态网站两类。静态网站是基于纯 HTML 语言的 Web 系统，现在已经很少使用；动态网站具有以下 3 个特点。

① 交互性：网页会根据用户的要求和选择而动态改变和响应。将浏览器作为客户端界面，这将是今后 Web 发展的大趋势。

② 自动更新：无须手动更新 HTML 文档，便会自动生成新的页面，可以大大减少工作量。

③ 因时因人而变：当不同的时间、不同的人访问同一地址的时候会产生不同的页面。

除了早期的 CGI 外，目前主流的动态网页技术有 JSP、ASP、PHP 等。

网站的种类很多，不同的分类标准可把网站分为多种类型。根据功能可以将网站分为综合信息门户网站、电子商务型网站、企业网站、政府网站、个人网站、内容型网站。按网站内容又可以将网站分为门户网站、专业网站、个人网站、职能网站。

2. 网站制作的基本流程

通常，把一个网站的开发过程分为 3 个阶段，分别是规划与准备阶段、网页制作阶段和网站的测试发布与维护阶段。具体的开发制作过程如下。

① 网站定位。一个网站要有明确的目标定位，只有定位准确、目标鲜明，才可能做出切实的计划，按部就班地进行设计。网站定位就是确定网站主题和用途。

② 收集与加工网页制作素材。收集与加工制作网页所需要的各种图片、文字、动画、声音、视频等素材。

③ 规划网站结构和网页布局。在进行页面板式设计的过程中，需要安排网页中包括文字、图像、导航条、动画等各种元素在页面中显示的位置和具体数量。合理的页面布局可将页面中的元素完美、直观地展现给浏览者。常见的网页布局形式包括："国"字布局、T 形布局、"三"字布局、"川"字布局等。

网站是由若干文件组成的文件集合，大型网站文件的个数更是数以万计，因此为了网站管理人员便于维护，也为了浏览者快速浏览网页，需要对文件物理存储的目标结构进行合理规划。

④ 编辑网页内容。具体实施设计结果，按照设计的方案制作网页。使用 Dreamwevaer 等网页编辑工具软件，在具体的页面中添加实际内容。

⑤ 测试并发布网页。在完成网页的制作工作之后，需要对网页效果充分进行测试，以保证网页中各元素都能正常显示。测试工作完成后，可将整个网站发布。

⑥ 网站的维护。维护网站文件和其他资源，实时更新网站的内容。

3. 网站的宣传

一个企业建立网站或个人创建站点的目的就是为了宣传企业或个人的信息，如果不进行合理的网站宣传，那么发布的网站访问量将会很小，这就失去了宣传信息的目的。在进行网站宣传时可以采用 4 种方式：传统媒体、网络广告、搜索引擎注册及设置 Meta。

（1）传统媒体。如果是较大企业的网站，可以采用在传统的电视、报纸、繁华街头的广告牌等方式进行网站的宣传。这种方式可以在短时间内取得良好的宣传效果，因为电视、报纸目前仍是最大的媒体。但同时需要较大资金的投入，因此需要根据网站的定位决定是否采用这种宣传方式。

（2）网络广告。针对目前我国网络快速发展的情况，可以在一些访问量较高的门户网站做一些广告。由于这些网站平均流量较高，因此站点被广大客户熟知的几率相对较大。

同时针对一些小流量的网站或个人网站，可以选择在一些信誉较好且性质相近的论坛或网站做一些友情链接，这样在一定程度上也可以起到宣传网站的效果。

（3）搜索引擎注册。现在用户需要查询信息的时候，更多的人会选择使用搜索引擎，因此可以在各大搜索引擎站点注册自己的网站，这样当用户搜索包含网站的关键词或简介时，站点就可以被检索到并有可能被用户所访问。

（4）设置 Meta。Meta 是 HTML 标记语言中的一个辅助性标签。它主要用来告诉搜索引擎一些网页的基本信息。

11.2 Dreamweaver 8 简介

Dreamweaver 8 是 Macromedia 公司开发的专业网页制作软件，是当今比较流行的版本。它与 Flash 8 和 Fireworks 8 一起构成"网页三剑客"，深受广告网页设计人员的青睐。它不仅可以用来制作出兼容不同浏览器和版本的网页，同时还具有很强的站点管理功能，是一款"所见即所得"的网页编辑软件，适合不同层次的人使用。

利用 Dreamweaver 中的可视化编辑功能，用户可以快速创建 Web 页面而无须编写任何代码。用户可以查看所有站点元素或资源并将它们从易于使用的面板直接拖到文档中。用户可以在 Macromedia Fireworks 或其他图形应用程序中创建和编辑图像，然后将它们直接导入 Dreamweaver，从而优化开发工作流程。

Dreamweaver 还提供了其他工具，可以简化向 Web 页中添加 Flash 资源的过程。除了可帮助用户生成 Web 页的拖放功能外，Dreamweaver 还提供了功能全面的编码环境，其中包括代码编辑工具（例如代码颜色、标签完成、"编码"工具栏和代码折叠），有关层叠样式表(CSS)、JavaScript、ColdFusion 标记语言（CFML）和其他语言的语言参考资料。

Dreamweaver 可以完全自定义。用户可以创建自己的对象和命令，修改快捷键，甚至编写 JavaScript 代码，用新的行为、属性检查器和站点报告来扩展 Dreamweaver 的功能。

Dreamweaver 8 增添了如下新功能："缩放工具"和辅助线；可视化 XML 数据绑定；新的 CSS 样式面板；CSS 布局的可视化；代码折叠；编码工具栏；后台文件传输；插入 Flash 视频命令。

Dreamweaver 8 的新增功能可以为用户提供更加优秀的可视化网页设计界面，它提供了两种不同的工作界面模式供用户选择：Dreamweaver 4 的传统界面模式和 Macromedia MX 风格的工作界面模式。第一次启动 Dreamweaver 8 的时候会出现如图 11.5 所示的"工作区设置"窗口，在此窗口中用户可以选择适合自己的工作模式。

图 11.5　"工作区设置"窗口

在图 11.5 中选择"设计器"单选钮之后就进入了 Dreamweaver 8 的工作界面，并且出现一个开始页面，单击其中的 HTML 选项，创建一个新文件（或者用<Ctrl>＋<N>快捷键创建一个新文件），这样就完全进入了 Dreamweaver 8 工作环境，如图 11.6 所示。

图 11.6 Dreamweaver 8 工作环境

Dreamweaver 8 的工作区主要由标题栏、菜单栏、插入栏、工具栏、编辑区、状态栏、属性面板和各种面板构成。这些内容将在后续的学习和开发过程中做一一介绍。

11.3 创建网页基本元素

11.3.1 建立 Dreamweaver 8 站点

在 Dreamweaver 8 中创建站点非常方便，建立过程中每一步都有详细的提示。首先要读懂每一步提示的内容，然后在对话框中输入相应的内容。下面是在 Dreamweaver 8 中建立一个站点的实例操作。

① 创建一个本地站点，可以通过单击"站点"主菜单或者"站点"浮动面板中的"新建站点"命令，打开"站点定义"对话框。

② 在该对话框中有两个选项卡，分别是"基本"选项卡和"高级"选项卡，如图 11.7 和图 11.8 所示。

③ 在一般情况下使用"基本"选项卡就可以创建完整的站点了。在给站点命名完之后，以"Myweb"为例，单击"下一步"按钮。

④ 这里可以选择是否采用像 ASP、ASP.NET、JSP、PHP 等这样的服务器端技术，也可以选择"否"，在这里选择"否"，单击"下一步"按钮。

这一步提示选择本地文件和服务器端文件的关联方式，以及文件存储在计算机的位置，根据需要设置完成之后单击"下一步"按钮。

⑤ 出现服务器连接设置对话框，可以根据情况选择连接方式及参数。这里选择"本地/网络"，还需要为复制文件选择一指定路径，然后单击"下一步"按钮。

图 11.7　"基本"选项对话框

图 11.8　"高级"选项对话框

⑥ Dreamweaver 8 要求选择是否启用站点存回和取出功能。选择"否"，单击"下一步"按钮。

⑦ 将以上所有信息加以总结，以便确认。单击"完成"按钮，站点就产生了。

11.3.2　建立站点文件夹

网站建完之后要在站点下建立文件夹，用于存储一些必要的内容。若要在站点中新建文件夹，在"站点"浮动面板中选择"文件"|"新建文件夹"命令，然后命名新建的文件夹。或者在"站点"浮动面板中直接在站点根目录上单击鼠标右键，然后在弹出的快捷菜单中选择"新建文件"命令，如图 11.9 所示。

图 11.9　建立站点文件夹/文件窗口

11.3.3 创建网页基本元素

在建好的站点下创建一个主页文件"index.html"，双击打开主页文件，此时页面是空白的。

1. 制作标题

① 单击"插入"面板上的"图像"按钮，在"选择图像源文件"对话框中打开所需要的图像文件。

② 选择好图像源的位置，单击"确定"按钮后出现对话框，提示该图像不在站点根文件夹内，询问是否将该文件复制到根文件夹中。

③ 这一步非常关键，它直接影响到网页的效果。所有和网站相关的内容都必须存在站点内，依次选择"是"按钮，出现保存对话框。一定要将图像文件存在站点所在的目录下的"image"文件夹内。

2. 添加水平线

水平线的作用是将各部分区别开，通常在标题下插入一条水平线，如图 11.10 所示。

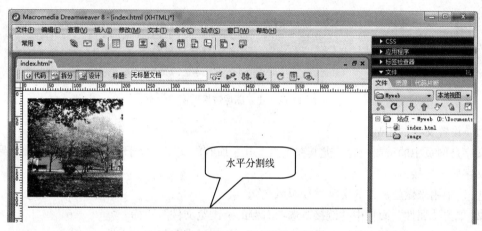

图 11.10 插入一条水平线示例图

① 将光标移动到要插入分割线的地方，即标题下方。

② 然后单击"插入"面板上的"水平线"按钮。

③ 可以修改水平分割线的属性，其高度、宽度、水平或竖直以及对齐方式都可以在"属性"面板中进行修改。如果想将水平分割线变为垂直分割线，则将高度设为 100 像素，宽度设为 2 像素。

3. 设置导航栏

导航栏的作用是与其他网页链接，从而进入其他页面，可为用户浏览网页提供方便。导航栏既可用文字也可用图像，表现方式十分丰富。导航栏用文字时，需先用表格来布局导航栏。

① 在水平分割线下单击鼠标出现光标插入点。

② 在"插入"面板中单击"插入表格"按钮，出现如图 11.11 所示的对话框。设置"行数"为 4，"列数"为 1，"宽度"为 26，单位为"百分比"。

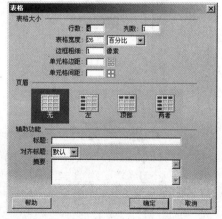

图 11.11 "表格"对话框

③ 选中表格出现调控点。

④ 拖动调控点可以调整表格的大小，在"属性"面板中还可以调整表格的背景颜色和背景图像。然后在表格的第一个单元格中单击鼠标，出现光标后输入文字。

（5）选中其中的文字，然后在"属性"面板中设置文字的字体、大小和对齐方式。

4. 图像和文字的链接

超链接是网页的灵魂，通过超链接的方式可以使各个网页连接起来，使网站中的众多页面构成一个有机整体，访问者能够在各个页面之间跳转。

（1）设置图像的超链接

① 首先选中用来做链接的图像，以文字区域下的图像为例，当图像周围出现3个黑色小方块时为选中状态。

② 单击"属性"面板中的"浏览文件"图标。

③ 选择与图像链接的相关网页之后，单击"确定"按钮，则"属性"面板链接选项框内出现了被链接的相关网页的文件的路径，如图11.12所示。

图11.12　建立图像链接后窗口

（2）设置文字的超链接

文字是网页中的重要内容，尤其在主页上几乎所有的文字都处于超链接状态。下面为导航栏中的文字做超链接。

① 选中用来做超链接的文字"校园风光"。

② 单击"属性"面板中"链接"选项右侧的"浏览文件"图标。

③ 此时出现"选择文件"对话框，选择与"校园风光"相关的文件。

④ 单击"确定"按钮后，在"属性"面板中的链接右侧框内出现了链接的相关网页文件的路径，如图11.13所示。

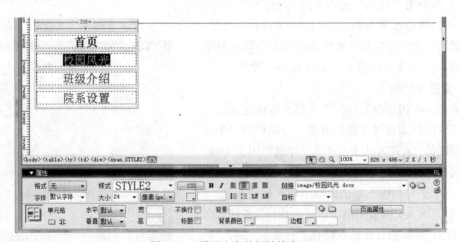

图11.13　设置文字的超链接窗口

5．设置页面属性

在 Dreamweaver 8 中为了使页面风格与页面上所添加的元素的风格一致，必须对网页页面属性进行设置。页面属性主要包括网页标题、网页背景图像和颜色、文本和超级链接、页边距等。

在这里还可以设置页面的背景颜色和背景图片以及页面字体的大小、格式、文档编码页边距等。

11.4　网页中表格的应用

11.4.1　创建表格

① 在文档窗口的设计视图中，将插入点放在需要表格出现的位置。

② 单击"插入"面板中"常用"选项卡中的"表格"按钮。

③ 在对话框中设置参数，如行数、列数、表格宽度等。

11.4.2　表格基本操作和属性

1．表格的基本操作

（1）在单元格中添加内容

可以像在表格外部添加文本和图像那样在表格单元格中添加文本和图像。在表格中添加或者编辑内容时，使用键盘在表格中定位可以节省不少时间。

若要使用键盘从一个单元格移动到另一个单元格，可以利用以下方式：

① 按<Tab>键移动到下一个单元格；

② 在表格的最后一个单元格中按<Tab>键会自动在表格中另外添加一行；

③ 按<Shift> + <Tab>组合键移动到上一个单元格；

④ 按箭头键上下左右移动。

（2）选择表格元素

可以一次选择整个表、行或列，还可以在表格中选择一个连续的单元格块。在选择了表格或单元格之后，可以执行以下操作：

① 修改所选单元格或它们中所包含文本的外观；

② 复制和粘贴单元格，还可以选择表格中多个不相邻的单元格并修改这些单元格的属性。

若要选择整个表格有以下几种方法：

① 单击表格的左上角或单击右边或单击底部边缘的任意位置；

② 单击表格单元格，然后在文档窗口左下角的标签选择器中选择 table 标签；

③ 单击表格单元格，然后在标签检查中选择 table 标签。

所选表格的下边缘和右边缘出现选择控制。若要选择行或列，可执行以下操作：

① 定位鼠标指针，使其指向行的左边缘或列的上边缘；

② 当鼠标指针变为选择箭头时，单击以选择行或列，或进行拖动以选择多行或多列，如图 11.14 所示。

图 11.14　选择多行或多列窗口

若要选择单个单元格，可执行以下操作之一：

① 单击单元格，然后在文档窗口左下角的标签选择中选择 td 标签；

② 单击单元格，然后选择"编辑"|"全选"命令。

若要选择不相邻的单元格，可执行以下操作：

① 按住<Ctrl>键的同时单击要选择的单元格、行或列。

② 如果按住<Ctrl>键单击尚未选中的单元格、行或列，则会将其选中。如果它已经被选中，则再次单击会将其从选择中删除。

2.　查看和设置表格属性

（1）查看表格属性

① 选择该表格。

② 选择"窗口"|"属性"命令，打开属性检查器。

（2）设置表格的样式

① 选择一个表格。

② 打开"属性"面板。

③ 通过设置属性更改表格格式设置。

若要设置表格样式，可执行以下操作。

① "表格 ID"：表格的标示符，可以根据喜好与需要输入。

② "行"和"列"：表格中行和列的数目。

③ "宽"和"高"：以像素为单位或按占浏览器窗口宽度的百分比计算表格的宽度和高度。

④ "边距"：单元格内容和单元格边界之间的像素数。

⑤ "间距"：相邻的表格单元格之间的像素数。

⑥ "对齐"：表格相对于同一段落中其他元素的显示位置。"左对齐"沿其他元素的左侧对齐表格；"右对齐"沿其他元素的右侧对齐表格；"居中对齐"将表格居中；"默认"指示浏览器应该使用其默认的对齐方式。

⑦ "边框"：指定表格边框的宽度（以像素为单位）。

注意：如果没有明确指定边框的值，则大多数浏览器按边框设置为 1 来显示表格。

⑧ "清除列宽"和"清除列高"按钮：从表格中删除所有显示指定的行高或列宽值。

⑨ "背景颜色"：表格的背景颜色。

⑩ "边框颜色"：表格边框的颜色。

3.　设置单元格、行和列属性

若要设置表格元素的属性，可执行以下操作。

① "水平"：指定单元格、行或列内容的水平对齐方式，有居中、居右、居左 3 种方式，默认情况下是居左对齐。

② "垂直"：指定单元格、行或列内容的垂直对齐方式，有顶端对齐、底端对齐、中间对齐 3

种方式，默认情况下是中间对齐。

4．添加、删除行和列

单击一个单元格：

① 若要在当前单元格上方添加一行，可选择"修改"|"表格"|"插入行"命令；

② 若要在当前单元格左边添加一列，可选择"修改"|"表格"|"插入列"命令；

③ 若要一次添加多行或多列，或者在当前单元格的下方添加行或在其右边添加列，可选择"修改"|"表格"|"插入行或列"命令，即会出现"插入行或列"对话框。

使用同样的办法删除行或列。

5．合并、拆分表格中的两个或多个单元格

① 按<Ctrl>键选定要合并的单元格，所选单元格必须是连续的，并且形状必须为矩形。

② 选择"修改"|"表格"|"合并单元格"命令，或单击"属性"面板中的"合并单元格"按钮。

③ 同理选择"修改"|"表格"|"拆分单元格"命令，或单击"属性"面板上的"拆分单元格"按钮拆分单元格。

6．剪切、复制和粘贴单元格

可以一次剪切、复制和粘贴单个或多个单元格，并保留单元格的格式设置。可以在插入点或替换现有表格中的所选部分粘贴单元格。若要粘贴多个单元格，剪贴板的内容必须和表格的结构或表格中将粘贴这些单元格的所选部分兼容。

① 选择表格中的一个或多个单元格。所选单元格必须是连续的，并且形状必须为矩形。

② 使用"编辑"|"剪切"或"编辑"|"复制"命令来剪切或复制单元格。如果选择了整个行或列并选择"编辑"|"剪切"命令，则将从表格中删除整个行或列。

11.4.3　使用格式表格

用"表格格式设置"命令将预先设置的设计快速应用到表格，然后可以选择选项进一步自定义该设计。

注意：只有建好的表格才能使用预先设置的设计进行格式设置，不能使用这些设计对包含合并单元格、列组或其他特殊格式设置（这些特殊设置使表格无法形成简单的矩形单元格网络）的表格进行格式设置。

① 选择一个表格，然后选择"命令"|"表格格式设置"命令，即会出现"格式化表格"对话框。

② 按需要设置表格格式选项。

③ 单击"应用"或"确定"按钮用所选择的设计对表格进行格式设置。

11.5　网页中框架的应用

11.5.1　框架

框架是浏览器窗口中的一个区域，它可以显示与浏览器窗口的其余部分中所显示内容无关的HTML 文档。

框架集是 HTML 文件，它定义一组框架的布局和属性，包括框架的数目、框架的大小和位置，以及最初显示在每个框架中的页面的 URL。框架集文件本身不包含要在浏览器中显示的 HTML 内容，但 noframes 部分除外；框架集文件只是向浏览器提供应该如何显示一组框架及在这些框架中应该显示哪些文档的有关信息。

要在浏览器中查看一组框架，请输入框架集文件的 URL；浏览器随后打开要显示在这些框架中的相应文档。通常将一个站点的框架集文件命名为 index.html，以便当访问者未制定文件名时默认显示该名称。

注意：框架不是文件。用户很可能会以为当前显示在框架中的文档是构成框架的一部分，但是该文档实际上并不是框架的一部分——任何框架都可以显示任何文档。

提示：页面一词的含义较为宽泛，既可以表示单个 HTML 文档，也可以表示给定时刻浏览器窗口中的全部内容。例如，短语"使用框架的页面"通常表示一组框架以及最初在这些框架中显示的文档。

11.5.2　创建框架

通过预定义的框架集，可以很容易地选择要创建的框架集类型，如图 11.15 所示。

图 11.15　创建框架窗口

创建预定义的框架集有两种方法：
① 通过插入条，可以创建框架集并在某一新框架中显示当前文档；
② 通过"新建文档"对话框创建新的空框架集。

预定义的框架集图标（位于插入条的"框架"类别中和"新建文档"对话框的"框架集类别中"）提供应用于当前文档的每个框架集的可视化表现形式。

当使用插入条应用框架集时，Dreamweaver 将自动设置该框架集，以便在某一框架中显示当前文档（插入点所在的文档）。预定义的图标的蓝色区域表示当前文档，而白色区域表示将显示其他文档的框架。

手动创建预定义的框架集并在某一框架中显示现有文档的步骤如下：
① 将插入点放置在文档中；
② 在插入条的"框架"类别中，单击预定义框架集的图标。

11.5.3　保存框架集文件

在浏览器中预览框架集前，必须保存框架集文件以及要在框架中显示的所有文档。可以单独保存每个框架集文件和带框架的文档，也可以同时保存框架集文件和框架中出现的所有文档。

在使用 Dreamweaver 8 中的可视工具创建一组框架时，框架中显示的每个新文档将获得一个默认文件名。例如，第一个框架集文件被命名为"UntitiledFramset-1"，而框架中第一个文档被命名为"UntitiledFrame-1"。

在选择某一保存命令后，将出现一个对话框，准备用其默认文件名保存文档。因为默认文件名十分类似，所以可能很难准确确定正在保存的是哪个文档。要确定正保存的文档属于哪个框架，可以从"文档"窗口中的框架选择轮廓看出来。

保存框架集文件的步骤如下：

① 在"框架"面板中选择框架集；

② 要保存一组框架关联的所有文件，执行"文件"|"保存全部"命令。

该命令将保存在框架集中打开的所有文档，包括框架集文件和所有带框架的文档。如果该框架集文件未保存过，则在"设计"视图中框架集的周围将出现粗边框，并且出现一个对话框，可以从中选择文件名。

注意：如果使用"文件"|"在框架中打开"命令在框架中打开文档，则保存框架集时，在框架集中打开的文档将成为在该框架中显示的默认文档。如果不希望该文档成为默认文档，则不要保存框架集文件。

查看设置框架属性的方法如下：

① 在"文档"窗口的"设计"视图中，按住<Alt>键的同时单击一个框架或在按住<Shift>和<Option>键的同时单击一个框架；

② 在"属性"面板中能看到该框架的相关属性；

③ 为框架命名，即链接的 target 属性或脚本在引用该框架时的名称；

④ 根据需要更改以下选项。

● "源文件"：制定在框架中显示的源文档。单击文件夹图标可以浏览到一个文件并选择一个文件，还可以在框架中打开一个文件。

● "滚动"：制定在框架中是否显示滚动条。将此选项设置为默认将不设置相应的属性值，从而使各个浏览器使用其默认值。大多数浏览器默认为"自动"，这意味着只有在浏览器窗口中没有足够空间来显示当前框架的完整内容时才显示滚动条。

● "不能调整大小"：令访问者无法通过拖动框架边框在浏览器中调整框架大小。

● "边框"：在浏览器中查看框架时显示或隐藏当前框架的边框。为框架选择"边框"选项将重写框架集的边框设置。选项为"是（显示边框）""否（隐藏边框）"和"默认值"。大多数浏览器默认为显示边框，除非父框架集已将边框设置为"否"。只有当共享该边框的所有框架都将边框设置为"否"，或当父框架集的边框设置为"否"并且共享该边框的框架都将边框设置为"默认"时，边框才是隐藏的。

注意：关于给定边框颜色应用到哪些框架边框有一个基础逻辑，但该逻辑十分复杂；理解为什么某些边框在制定边框颜色后还会更改颜色可能十分困难。

"边距宽度"：以像素为单位设置左边距和右边距的宽度。

"边距高度"：以像素为单位设置上边距和下边距的高度。

下面的例子使用 Dreamweaver 8 的框架功能制作一个框架集页面。

① 单击 Dreamweaver 8 主菜单中的"文件"|"新建"命令，新创建一个 HTML 页面。

② 选择主菜单中的"查看"|"可视化助理"|"框架边框"命令，使框架边框在编辑窗口中可见。

③ 将光标置于页面中，单击主菜单中的"插入"|"框架"|"左方"命令，会发现页面中插入了一个框架，它将页面分割成了左右两个部分。

④ 按住<Alt>键拖动任意一条框架边框，可以垂直或水平分割文档；按住<Alt>键从一个角度上拖动框架边框，可以将文档划分为 4 个框架。

11.6　使用层和行为

Dreamweaver 8 可以在页面上方便的定位层和使用层。

11.6.1　插入新层

若要创建层，有以下几种操作办法。

① 单击"插入"面板上的"绘制层"按钮，在文档窗口的设计视图中通过拖动来绘制层。

② 若要在文档中的特定位置插入层的代码，则将插入点放在文档窗口，然后选择"插入"|"层"命令。

如果正在显示不可见的元素，那么每当在页面上放置一个层时，一个层代码标记就会出现在设计视图中。如果层代码标记不可见，想要看到这些标记，则选择"查看"|"可视化助理"|"不可见元素"命令。

注意：当启用"不可见元素"选项后，页面上的元素可能出现了位置移动现象。但是不可见元素不会出现在浏览器中，因此在浏览器中查看页面时，所有可见元素都会出现在正确的位置上。

手动创建绘制多个层的方法如下。

① 单击"插入"面板中的"绘制层"按钮。

② 通过按住<Ctrl>键并拖动来绘制各个层。只要不松开<Ctrl>键就可以继续绘制新的层，通过"层"面板可以管理文档中的层，如图 11.16 所示。若要打开"层"面板，则选择"窗口"|"其他"|"层"命令。层显示为按 Z 轴顺序排列的名称列表：首先创建的层将出现在列表的底部，最新创建的层出现在列表的顶部。嵌套的层显示为连接到父层的名称。单击加号或减号图标可显示或隐藏嵌套的层。

图 11.16　打开的"层"面板

使用"层"面板可以防止重叠，更改层的可见性，将层嵌套或层叠，以及选择一个或多个层。

11.6.2　设置层的属性

查看所有层的属性方法如下。

① 选择一个层，执行"窗口"|"属性"命令，打开"属性"面板。

② 如果属性检查器未展开，请单击右下角的展开箭头以查看所有的属性，如图 11.17 所示。

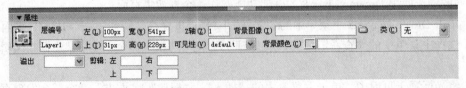

图 11.17　"属性"面板

　　a．在"属性"面板中层 ID 用于指定一个层，以便在"层"面板和 JavaScript 代码中标示该层。名称使用标准的字母、数字字符，不要使用空格、连字符、斜杠等特殊字符。每个层都必须有其唯一的名称。

　　b．"左"和"上"指定层的左上角相对于页面左上角的位置，"宽"和"高"指定层的宽度和高度。

　　c．位置和大小的默认单位为像素（px），"Z 轴"确定层为 z 轴（即层叠顺序）。在浏览器中，编号较大的层出现在编号较小的层的前面。值可以为正也可以为负。当更改层的层叠顺序时，使用"层"面板要比输入特定的 Z 轴更为简便。

　　d．"可见性"指定该层最初是否是可见的，有以下几个选项。

- 默认：不指定可见性属性，默认情况下为"继承"。
- 继承：使用该层父级的可见性属性。
- 可见：显示该层的内容，不管父级的层的值是什么。
- 隐藏：隐藏该层的内容，不管父级的层的值是什么。
- 使用脚本撰写语言（JavaScript）：可控制可见性属性并动态地显示层的内容。

　　e．"背景图像"：指定层的背景图像。单击其文件夹图标可浏览到一个图像文件并将其选定。

　　f．"背景颜色"：指定层的背景颜色。如果将此选项留为空白，则可以指定透明的背景。

　　g．"类"：在类的下拉列表中，可以选择已经设置好的 CSS 样式或新建 CSS 样式。

　　h．"溢出"：控制当层的内容超过层的指定大小时如何在浏览器中显示层。"可见"指示在层中显示额外的内容，实际上该层会通过伸展在容纳额外的内容；"隐藏"指定不在浏览器中显示额外的内容；"滚动"指定浏览器应在层上添加滚动条，而不管是否需要滚动条；"自动"使浏览器仅在需要时（即当层的内容超过其边界时）才显示层的滚动条。

11.6.3　调整层的大小

　　可以调整单个层的大小，也可以同时调整多个层的大小以便使其具有相同的宽度和高度。如果已启用"防止重叠"选项，那么在调整层的大小时将无法使该层与另外一个层重叠。

　　若要调整选定层的大小，在按方向键的同时按住<Ctrl>键。

　　若要调整多个层的大小，执行以下步骤：

　　① 在设计视图中选择两个或多个层；

　　② 选择"修改"|"对齐"|"设成宽度相同"或"设成高度相同"命令。首先选中的层符合最后一个选定层（黑色突出显示）的宽度或高度。

11.6.4　移动层

　　可以按照在基本的图形应用程序中移动对象的相同方法在设计视图中移动层。如果已经启用"防止重叠"选项，那么在移动层中无法使层相互重叠。

　　若要一次移动一个像素，请使用方向键。按住方向键同时按住<Shift>键可以按当前网格靠齐增量来移动层。

11.6.5　对齐层

　　使用层对齐命令可以利用最后一个选定层的边框来对齐一个或者多个层。当层进行对齐时，未选定的子层可能会因为父层被选定而被移动。若要避免这种情况，请不要使用嵌套层。

11.6.6　层转换为表格

可以使用层创建布局，然后将层转换为表格，以使布局可以在较早的浏览器中查看。

① 选择"修改"｜"转换"｜"层到表格"命令。

② 在出现的"转换层为表格"对话框中，选择所需的选项。此对话框用于将层转换为表，以更好的兼容较早的浏览器。

在"将层转换为表"对话框中进行如下设置。

- 最精确：为每个层创建一个单元格，并附加保留层之间的空间所必须的任何单元格。
- 最小折叠空单元格：如果层定位在指定数目的像素内，则层的边缘应对齐。如果选择此项，结果表将包含较少的空行和空列，但可能不与布局精确匹配。
- 使用透明 GIF：用透明的 GIF 填充表的最后一行。这将确保该表在所有浏览器中以相同的列宽显示。启用此选项后，不能通过拖动表列来编辑结果表，当禁用此选项后，结果表将不包含透明 GIF，但在不同的浏览器中可能会具有不同的列宽。
- 置页面中央：将结果表放置在页面的中央。如果禁用此选项，表将在页面的左边缘开始。

11.6.7　行为

1. 行为的概念

行为是事件和由该事件触发的动作的组合。浏览器可响应用户的动作产生事件。行为可以允许用户改变网页的内容以及执行特定的任务。

在 Dreamweaver 8 中，通过对行为面板的操作完成对行为的添加和控制。选择"窗口"｜"行为"命令，可以打开"行为"面板。

打开的"行为"面板如图 11.18 所示，单击添加按钮"+"，就会弹出如图 11.19 所示的菜单。选择一种响应不同的元素，对应的响应也有所不同，并在随后的对话框中设置此响应的属性。

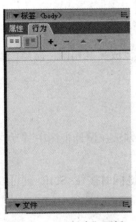

图 11.18　"行为"面板

图 11.19　行为菜单

这些响应的功能如下。

- 播放声音：为网页加入声音。

- 打开浏览器窗口：可以打开一个小窗口。
- 弹出信息：可以弹出一条警告信息。
- 调用 JavaScript：调用网页中包含的 JavaScript 程序。
- 交换图像：用于接收用户的动作而动态改变图像。
- 更改内容：可以改变已经插入的层的内容。
- 恢复交换图像：把已经交换的图像恢复过来。
- 检查插件：可以检查访问者的浏览器是否已经安装网页所必须的插件。
- 检查浏览器：检查访问者使用的浏览器的类型。

……

从行为列表中选择一个行为项，单击事件右边的箭头，则会打开一个菜单，为该行为选择不同的时间。这个菜单称为事件菜单，如图 11.20 所示。

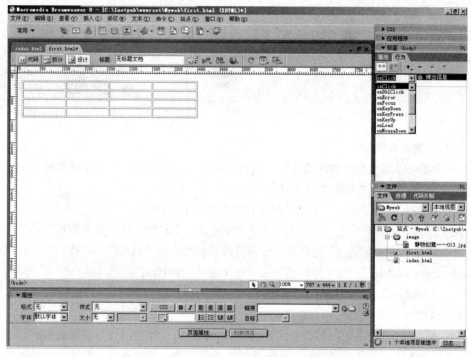

图 11.20　事件菜单窗口

2. 动作

动作由一段写好的 JavaScript 代码所组成，该代码能执行各种特殊任务，如播放一段声音、显示与隐藏图层等。可以通过使用 Dreamweaver 8 的行为控制面板向页面中添加 JavaScript 代码，而不用自己编写。

3. 事件

事件是由浏览器定义的，浏览器响应用户的某些操作而成。一般一个事件总是面向页面元素或标记的。当浏览者用鼠标单击一个按钮时浏览器就会产生一个 onClick()事件。若网页设计者在事先设置了某个动作的话，这个事件将调用相关的 JavaScript 功能，而这个 JavaScript 功能会激发相应的动作发生。有时一个事件发生时，会使多个动作被执行，这种情况就是多个动作与同一个事件相关联的结果。

4. 触发行为的事件

在访问者浏览网页时，对网页的某个元素或标记进行了操作（如单击了某个按钮或图像），浏览器会产生事件，而这些事件通常能调用 JavaScript 而导致动作的发生。Dreamweaver 8 提供了许多常用的事件能触发的动作。

5. 行为的使用

调用 JavaScript 是使选中的物件具有可执行的能力。

① 选取网页中的一个对象，如一个图片，并打开"行为"面板。

② 在"行为"面板中单击"+"号，打开下拉菜单，并在其中选择"调用 JavaScript"动作。

③ 在如图 11.21 所示的对话框中输入"windoe.close()"。

④ 单击"确定"按钮退出对话框，并确认其缺省事件为"OnClick"。

⑤ 按<F12>键预览，当单击所选对象时，浏览器会显示如图 11.22 所示的对话框，单击"是"按钮关闭浏览器。

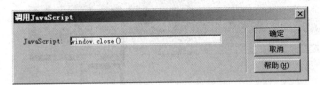

图 11.21　"调用 JavaScript"对话框　　　　　图 11.22　提示对话框

6. 动态改变物件属性

使用本功能可以动态改变物件的属性，从而影响用户的动作，产生交互操作的效果。下面以动态改变一个层的背景色为例说明这个功能的用法。

① 选择在网页中已存在的一个层，假定它的名称为 LvRed。

② 在"行为"面板中单击"+"号，打开下拉菜单。在其中选择"改变属性"动作。

③ 这时将弹出"改变属性"对话框，分别修改其属性，在"属性"→"选择"下拉列表中选择"style.backgroundcolor"，在"新的值"文本框中输入"#f1fafa"。

④ 按<F12>键预览，当用鼠标单击层的时候，层的背景色变为自定义的颜色。

7. 转到 URL

使用本功能可以轻松实现在窗口中打开链接的功能。由于操作过程与前面的例子相似，十分简单，在此不做详述。值得注意的是，在框架结构的网页中一定要养成为框架命名的习惯，否则此功能无法正确实现。

8. 播放声音

使用本功能可以设置当前页面的背景音乐以及对音乐播放的控制。因为播放音乐需要音频的支持，所以需要确定嵌入网页的音乐格式能够被识别。操作步骤如下。

① 选取按钮物件，并打开"行为"面板，单击"+"号打开下拉菜单，在其中选择"播放声音"动作。

② 在弹出的对话框中选取一个音乐文件。一般来说小巧的 MIDI 文件是最适合选用的。尽量不要选用不常用的文件格式，而且文件字节也不要过大。

③ 确定时间为 Onload。

9. 弹出信息

此功能最常用也是最有效率的提示方法，操作步骤如下。

① 选取触发行为的对象，并打开"行为"面板，单击"+"号打开下拉菜单，在其中选择"弹出信息"动作。

② 在弹出的如图 11.23 所示的对话框中输入需要显示的文字，这些文字将成为未来对话框的主体文字。除此之外也可以在其中使用 JavaScript 语句，只需加在大括号中。

弹出信息动作是在特定的事件被触发时弹出的信息框，能够给访问者提供动态的导航功能。

10. 检测表单合法性

在网上填写一些比如个人信息资料的表单，当错误录入时会有一个窗口提示录入的规范。一般可以利用 CGI 程序来完成比较复杂的检验工作，但是当检验需要即时提示或者不具备 CHI 环境时，可以利用如图 11.24 所示的"检查表单"对话框来检验表单填写的合法性。

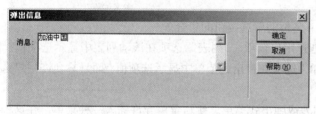

图 11.23　"弹出信息"对话框

图 11.24　"检查表单"对话框

检查表单动作可以设置表单文本域的取值范围、取值类型和是否不能为空值等，在用户打开表单输入时，可以对这些输入值进行验证，检查它们是否符合要求。如果有不符合要求的值，则会产生错误的提示信息。

11.7　表单的使用

可以说几乎所有的商业网站都离不开表单，表单可以把来自客户的信息提交给服务器，是网站管理者与浏览者之间沟通的桥梁。通过本节的学习来掌握表单的插入、设置和框架的各种属性。

表单可以包含允许用户交互信息的各种对象。这些表单对象包括文本域、列表框、复选框和单选按钮。FORM 标签包括一些参数，使用这些参数可以指定到处理表单数据的服务器端脚本或应用程序的路径，而且还可以指定在将数据从浏览器传输到服务器时要使用的 HTTP 方法。

当访问者将信息输入 Web 站点表单并单击"提交"按钮时，这些信息将被发送到服务器，服务器端脚本或应用程序在该处对这些信息进行处理。服务器通过将请求信息发送回用户，或基于该表单内容执行一些操作来进行响应。Dreamweaver 8 允许创建各种表单对象，包括文本域、密码域、单选按钮、复选框、弹出菜单以及可单击的图像。

在 Dreamweaver 8 中，表单输入类型称为表单对象。可以通过选择"插入"|"表单对象"命令来插入表单对象，或通过"插入"面板来访问表单对象，如图 11.25 所示。

图 11.25　"表单"选项卡

"表单"选项卡中的主要按钮如下。

① "表单" ▢：在文档中插入表单。Dreamweaver 在 HTML 源代码中插入开始和结束 FORM

标签。任何其他表单对象，如文本域、按钮等，都必须插入到两个 FORM 标签之间，这样浏览器才能正确处理这些数据。

② "文本字段" ▭：在表单中插入文本字段。文本字段可以接收任何类型的字符或数字项目。输入的文本可以显示为单行、多行或者显示为项目符号或者星号（密码类型）。

③ "隐藏域" ▭：在文档中插入一个可以存储用户数据的域。隐藏域可以存储用户输入的信息，如姓名、电子邮件或购买意向，然后在该用户下次访问站点时使用这些数据。

④ "单选按钮" ▭：在表单中插入单选按钮。单选按钮代表互相排斥的选择。选择一组中的某个按钮，就会取消选择该组中的所有其他按钮。

⑤ "复选框" ☑：在表单中插入复选框。复选框允许在一组中选择多项，用户可以选择任意多个使用的选项。

⑥ "单选按钮组" ▦：插入共享同一名称的单选按钮的集合。

⑦ "列表/菜单" ▤：可以在列表中创建用户选项。"列表"选项在滚动列表中显示选项值，并允许用户在列表中选择多个选项。"菜单"选项在弹出式菜单中显示选项值，而且只允许用户选择一个选项。

⑧ "跳转菜单" ▭：插入可导航的列表或弹出式菜单。跳转菜单允许插入一种菜单，在这种菜单中的每个选项都链接到文档或文件。

⑨ "图像域" ▭：可以在表单中插入图像。可以使用图像替换"提交"按钮，以产生图像化按钮。

⑩ "文本按钮" ▭：在表单中插入文本按钮。按钮在单击时执行任务，如提交或重置表单。可以为按钮添加自定义名称或标签，或者使用预定义的"提交"或"重置"标签之一。

1. 向文档中添加一个表单

将插入点放在希望表单出现的位置。选择"插入"|"表单"命令，或单击"插入"面板"表单"选项卡中的"表单"图标。此时 Dreamweaver 8 插入了一个表单，当页面出现"设计"视图中时，用红色的虚轮廓线指示表单。如果没有看到此轮廓线，请检查是否选中了"查看"|"可视化主力"|"不可见元素"。

① 在"文档"窗口中，单击该表单轮廓以选择该表单，或在标签选择器中选择<form>标签。标签选择器位于"文档窗口的左下角"。

② 在"属性"面板的"表单名称"域中，键入一个唯一名称以标识该表单。

③ 在"属性"面板的"动作"域中，指定到处理该表单的动态页或者脚本的路径。可以在"动作"域键入完整的路径，也可以单击文件夹图标定位到包含该脚本或应用程序页的适当文件夹。

④ 在"方法"弹出式菜单中，选择将表单数据传输到服务器的方法。表单的"方法"有 POST 和 GET 两种，POST 表示在 HTTP 请求中嵌入表单数据，GET 表示将值追加到请求该页面的 URL 中。

⑤ "MIME 类型"弹出式菜单可以指定对提交给服务器处理的数据使用 MIME 编码类型。

⑥ "目标"弹出式菜单指定一个窗口，在该窗口中显示调用程序所返回的数据。如果命名的窗口尚未打开，则打开一个具有该名称的新窗口，目标值有：

_blank，在未命名的新窗口中打开目标文档；

_parent，在显示当前文档窗口的父窗口打开目标文档；

_self，在提交表单所使用的窗口中打开目标文档；

_top，在当前窗口的窗体内打开目标文档，此值可用于确保目标文档占用整个窗口，即原始文档显示在框架中。

2. 插入文本并设置属性

将插入点放在表单轮廓内。选择"插入"|"表单对象"|"文本域"命令，这时文档中出现一个文本域，如图 11.26 所示，而且显示"文本域"属性检查器。

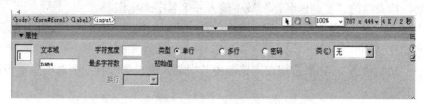

图 11.26 "文本域"属性窗口

有如下 3 种类型的文本域。

① 单行文本：通常提供单字或短语响应，如姓名或地址。

② 多行文本：为访问者提供一个较大的区域，使其输入响应。可以指定访问者最多可以输入的行数以及对象的字符宽度。如果输入的文本超过这些设置，则该域将按照换行属性中指定的设置进行滚动。

③ 密码域：特殊类型的文本域。用户在密码域中键入时，所输入的文本被替换成星形符号或者项目符号，以隐藏该文本，保护这些信息不被看到。

在"字符宽度"域中，执行下列操作之一。

① 接收默认设置，将文本域的长度设置为 20 个字符。

② 指定文本域的最大长度。文本域的最大长度是该域一次最多可以显示的字符数，"默认值"为 20 个字符。

在"最大字符数"域中输入一个值，该值用于限定用户在文本域中输入的最大字符数。这个值定义文本域的大小限制，而且用于验证该表单。

选择"单行"或"密码"指定要创建的文本域的类型。也可以选择创建多行文本域。

如果希望在域中显示默认文本值，请在属性检查器的"初始值"域中输入默认文本。

3. 插入单选按钮

插入单选按钮的操作步骤如下。

① 将插入点放在表单轮廓内。

② 单击"表单"选项卡，然后单击"单选按钮组"图标。

③ 完成"单选按钮组"对话框的设置，单击"确定"按钮。

④ 在"名称"文本框中，输入该单选按钮组的名称。

若希望这些单选按钮将参数传递回服务器，则这些参数将与该名称相关联。

⑤ 单击加号（+）按钮向组添加单选按钮。

⑥ 单击向上或向下箭头重新排序这些按钮。

⑦ 如果希望在浏览器中打开页面时，某特定单选按钮处于选中状态，请在"选取值"框中输入一个该单选按钮值。可以输入静态值，或者通过单击该框旁边的闪电图标，然后选择包含可能选定值的记录集来指定动态值。无论在何种情况下，所指定的值都应与组中单选按钮之一的选定值相匹配。

⑧ 选择如何布局这些按钮。Dreamweaver 能用换行符来设置这些按钮的布局。若选择表选项，则 Dreamweaver 创建一个单列表，并将这些单选按钮放在左侧，将标签放在右侧。

4. 插入复选框

复选框允许用户从一组选项中选择多个选项，操作步骤如下。

① 将插入点放在表单轮廓内，在"插入"栏的"表单"类别中，单击"插入复选框"图标。

② 在属性检查器的"复选框名称"域中输入一个名字来标识。

③ 在"选定值"中为复选框键入值。例如，在一项调查中，可以将值4设置为表示非常同意，值1表示为强烈反对。

④ 对于"初始状态"，如果希望在浏览器中首次载入该表单时有一个选项显示为选中状态，请单击"已勾选"。

5. 插入表单按钮

标准表单按钮为浏览器的默认按钮样式，它包含要显示的文本。标准表单按钮通常标记为"提交""重置"或"发送"。

插入表单按钮的操作步骤如下。

① 将插入点放在表单轮廓内。

② 选择"插入"|"表单对象"|"按钮"命令，弹出属性检查器如图11.27所示。

图11.27 属性检查器

③ 在属性检查器中为按钮命名。

④ 在"值"域中输入希望在该按钮上显示的文本。

⑤ 从"动作"部分选择一种操作。

● "提交表单"：在单击该按钮时提交表单。

● "重设表单"：在单击该按钮时重设表单。

● "无"：在单击该按钮时，根据处理脚本激活一种操作。若要指定某种操作，请在"动作"弹出式菜单中选择处理该表单的脚本或页面。

11.8 网站发布

11.8.1 网站的测试

网站在发布之前需要进行测试，测试站点是为了发布后的网页能在浏览器中正常显示以及超链接的正常跳转。测试内容一般包括浏览器的兼容性、不同屏幕分辨率的显示效果、网页中的所用链接是否有效和网页下载的速度等。测试不仅要在本地对网站进行，最重要的是在远程进行，因为只有远程浏览才更接近于真实情况。

11.8.2 网站的发布

网站制作的最终目的是为了发布到Internet上，让大家都能通过Internet看到才是做网页的初衷。

完成了站点的创建与测试之后，接下来工作就是上传站点。上传站点时，必须已经申请了域名，并且在 Internet 上有了自己的站点空间。上传站点通常是通过 FTP 协议进行传输的。申请站点空间时，网站服务商会将响应的上传主机的地址、用户名、密码等信息告诉用户，根据这些信息用户可以将网站上传到远端服务器上。

在 Dreamweaver 中设置远程站点的操作步骤如下。

① 打开要上传的本地站点，在"Files（站点）"面板中单击工具栏中的展开按钮将面板展开，如图 11.28 所示。

图 11.28　设置远程站点窗口

② 在左侧远端站点窗格中单击"定义远程站点"超级链接，弹出"站点定义对话框"。

③ 选择 FTP 访问方式，然后设置用于输入 Web 站点文件上传到的 FTP 主机名称，以及用户输入在远程站点上存储文档的主机目录，可以从 ISP 处获得。

④ 设置登录用户名以及密码，这些内容都是从域名厂商那里获得。

⑤ 选择"使用被动 FTP"复选框，可以建立被动 FTP。一般情况下，如果防火墙配置要求使用被动 FTP，则此项应该被选。

⑥ 选择"使用防火墙"复选框，则从防火墙后面连接到远程服务器，同时设置防火墙主机及端口号。

⑦ 单击"OK"按钮完成远程站点设置。

设置完成之后，打开文件面板连接到远程服务器。连接成功以后，远程站点窗格中将显示主机目录，表示已经连接成功。

习　题　11

1. 制作网站的流程包括哪些？

2. Dreamweaver 8 的工作界面由哪些部分组成？浮动面板有哪些是常用的？如何拆分和组合这些面板？

3. 怎样快速选择表格的行和列？如何拆分合并单元格？

4. 表单的用途有哪些？

5. 如何添加表单元素和设置它们的属性？

6. 如何创建框架并进行编辑？

7. 框架之间的链接有哪几种？分别如何设置？

8. 自己完成制作一个介绍精品课堂的小型网站作为综合练习。

第12章
常用工具软件

本章介绍流行的计算机工具软件，详细讲述常用工具软件的功能和使用方法。内容讲述以实用性为主，注重实际操作能力的培养。

【知识要点】
- 计算机工具软件；
- 系统备份工具一键 GHOST；
- 数据恢复工具 FinalData；
- 文件压缩备份工具 WinRAR；
- 视频编辑工具视频编辑专家；
- 照片美化工具光影魔术手。

12.1 计算机工具软件概述

所谓计算机常用工具软件，就是在计算机操作系统的支撑环境中，为了扩展和补充系统的功能而设计的一些软件。作为一个计算机操作者，只会进行简单的 Windows 操作和 Office 操作是远远不够的。如果想充分发挥计算机的潜能，调动所有可利用的资源，就必须学会使用各种各样、种类繁多的计算机常用工具软件。

现在成熟的商业软件、共享软件和免费软件品种很多，基本上想实现的功能都能满足。由于篇幅的限制，本章只能从目前计算机应用最热门的几个方面精挑细选几个最新、最全的工具软件进行介绍。

12.2 系统备份工具一键 GHOST

一键 GHOST 是备份系统常用的工具。它可以把一个磁盘上的全部内容复制到另外一个磁盘上，也可以把磁盘内容复制为一个磁盘的镜像文件，以后可以用镜像文件创建一个原始磁盘的备份。它可以最大限度地减少安装操作系统的时间，并且多台配置相似的计算机可以共用一个镜像文件。

1. 一键备份系统和一键恢复系统

① 从网站下载一键 GHOST v2014.07.18 硬盘版，安装后双击桌面上的"一键 GHOST"图标，弹出"一键备份系统"对话框。在该对话框中选中"一键备份系统"单选按钮，并单击"备份"按钮。

② 计算机重新启动，并自动选择"一键 GHOST v2014.07.18 硬盘版"启动选项。

③ 自动引导该软件所支持的文件，并弹出"一键备份系统"对话框，单击"备份"按钮或者按<B>键，系统开始备份。

2. 中文向导

在一键 GHOST 硬盘版中，还包含有"中文向导"备份方式，可以帮助用户进行可视操作。例如，选中"中文向导"单选按钮，单击"向导"按钮，计算机重新启动，并自动选择"一键 GHOST v2014.07.18 硬盘版"启动选项，并自动引导该软件所支持的文件。

最后，弹出"中文向导"列表对话框，有"备份向导""恢复向导""对拷向导""高格向导""硬盘侦测""指纹信息""删除映像"7 个选项，选中需要的选项。

3. 使用 GHOST11.2

除了上述两种方法外，还可以通过 GHOST 进行手动备份操作系统。使用 GHOST 进行系统备份，有整个硬盘（Disk）和分区硬盘（Partition）两种方式。

（1）分区备份

通过 GHOST 进行分区备份是最常用的方法。用户无须进入操作系统，即可备份 C 盘系统文件。也可以通过"一键 GHOST"对话框进行操作，步骤如下。

① 在"一键 GHOST"对话框中选中"GHOST 11.2"单选按钮，单击"GHOST"按钮。

② 计算机重新启动，并自动选择"一键 GHOST v2014.07.18 硬盘版"启动选项，并自动引导该软件所支持的文件。

③ 此时，将弹出 GHOST 11.2 对话框，单击"OK"按钮。然后，在 Local（本地）菜单中选择 Partition 子菜单，并执行 To Image 命令，如图 12.1 所示。

提示：在 Local（本地）菜单中包含 3 个子菜单。其含义如下：Disk——表示备份整个硬盘（即克隆）；Partition——表示备份硬盘的单个分区；Check——表示检查硬盘或备份文件，查看是否可能因分区、硬盘被破坏等造成备份或还原失败。

④ 在弹出的对话框中选择该计算机中的硬盘，如图 12.2 所示。

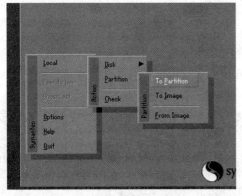

图 12.1　"Partition"功能界面

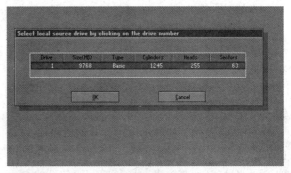

图 12.2　选择要备份的硬盘

⑤ 选择要备份的硬盘分区，如选择第一个分区（C 盘），可以按<Tab>键切换至"OK"按钮。此时，"OK"按钮以白色显示，再按<Enter>键，如图 12.3 所示。

⑥ 选择备份档案存放的路径并设置文件名。备份的镜像文件不能放在要备份的分区内，如图 12.4 所示。

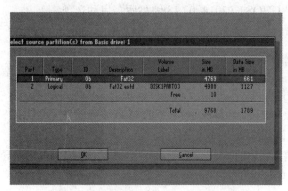

图 12.3　选择要备份的硬盘分区

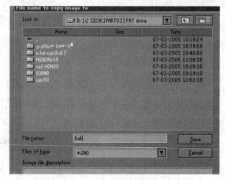

图 12.4　选择设置路径和文件名

⑦ 按回车键确定后，程序提示是否要压缩备份，有如下 3 种选择。

● No：备份时，基本不压缩资料（速度快，占用空间较大）。

● Fast：快速压缩，压缩比例较低（速度一般，建议使用）。

● Hight：最高比例压缩（可以压缩至最小，但备份/还原时间较长）。

⑧ 选择一个压缩比例后，在弹出的对话框中单击"Yes"按钮进行备份。

⑨ 备份完成后，将弹出对话框，单击"Continue"按钮。备份的文件以.gho 为扩展名存储在指定的目录中。

最后，用户可以执行菜单中的"Quit"命令。在弹出的对话框中单击"Yes"按钮，重新启动计算机即可。

（2）硬盘克隆与备份

硬盘的克隆是对整个硬盘的备份和还原。例如，在 GHOST 对话框中，选择 Local 菜单，再选择 Disk 子菜单，执行 To Disk 命令。

在弹出的窗口中选择源硬盘（第一个硬盘），然后选择要复制到的目标硬盘（第二个硬盘）。在克隆过程中，用户可以设置目标硬盘各个分区的大小，GHOST 可以自动对目标硬盘按指定的分区数值进行分区和格式化。单击"Yes"按钮开始执行克隆操作。

（3）还原备份

如果硬盘中的分区数据遭到损坏，用一般数据修复方法不能修复，以及系统被破坏后不能启动，都可以用备份的数据进行完全的复原而无须重新安装程序或系统。也可以将备份还原到另一个硬盘上，操作方法如下。

注意：还原分区一定要小心，因为还原后原硬盘上的资料将被全部抹除，无法恢复，如果用错了镜像文件，计算机将可能无法正常启动。

① 还原操作与备份操作正好是相反操作。在图 12.1 中，选择菜单"Local"|"Partition"|"From Image"。

② 在打开的菜单中选择要还原的备份档案，如果有多个，一定不要选错文件。确认后单击"Open"。

③ 选择被还原的目的分区所在的物理硬盘，然后选择要恢复的分区，就是目的分区。一般是恢复第一个系统主分区即 C 分区，如图 12.5 所示。

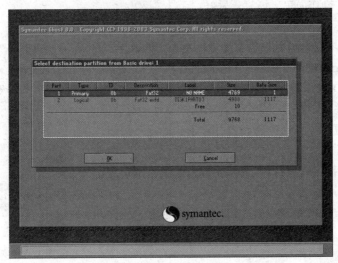

图 12.5　选择目的分区

④ 程序要求确认"是否要进行分区恢复，恢复后目的分区将被覆盖"。这一步之后的操作将不可逆，一定要核对下方的操作信息提示。确认后选择"Yes"执行恢复操作。

⑤ 还原完毕后，出现还原完毕窗口，选择"Reset Computer"按回车键后重新启动计算机，还原工作完成。

12.3　FinalData 数据恢复工具

FinalData 是一款威力非常强大的数据恢复工具，当文件被误删除（并从回收站中清除）、FAT 表或者磁盘根区被病毒侵蚀造成文件信息全部丢失、物理故障造成 FAT 表或者磁盘根区不可读，以及磁盘格式化造成的全部文件信息丢失之后，FinalData 都能够通过直接扫描目标磁盘抽取并恢复出文件信息（包括文件名、文件类型、原始位置、创建日期、删除日期、文件长度等），用户可以根据这些信息方便地查找和恢复自己需要的文件。甚至在数据文件已经被部分覆盖以后，专业版 FinalData 也可以将剩余部分文件恢复出来。与同类软件相比，它的恢复功能更胜一筹。

1. FinalData 的功能特点

① 支持 FAT16/32 和 NTFS；

② 恢复完全删除的数据和目录；

③ 恢复主引导扇区和 FAT 表损坏丢失的数据；

④ 恢复快速格式化的硬盘和软盘中的数据；

⑤ 恢复病毒破坏的数据；

⑥ 恢复硬盘损坏丢失的数据；

⑦ 通过网络远程控制数据恢复；

⑧ 恢复 CD-ROM 和移动设备中的数据；

⑨ 与 Windows 操作系统兼容；

⑩ 恢复 MPEG1/MPEG2 文件、Office 文件、邮件以及 Oracle 输出文件等；

⑪ 界面友好、操作简单，恢复效果好。

2. 扫描文件

FinalData 的基本功能就是扫描文件后恢复丢失的数据，下面介绍如何使用 FinalData3.0 企业版扫描文件。

① 启动 FinalData 主程序。

② 选择"文件"|"打开"命令，弹出选择驱动器对话框。

③ 选择要恢复数据所在的驱动器并单击"确定"按钮，开始扫描所选驱动器。

④ 扫描结束后，弹出窗口"选择要搜索的簇范围"进行选择，如图 12.6 所示。

⑤ 单击"确定"按钮，弹出"簇扫描"对话框，软件开始扫描硬盘。

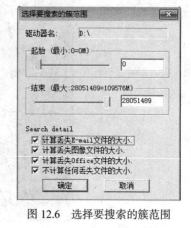

图 12.6 选择要搜索的簇范围

3. 恢复文件

① 扫描完成后进入根目录窗口，如图 12.7 所示。

② 选择"文件"|"查找"命令，弹出"查找"对话框，如图 12.8 所示。

图 12.7 "根目录"窗口

图 12.8 "查找"对话框

③ 选择查找的方式，如按文件名查找就在"文件名"文本框中输入文件名，然后单击"查找"按钮开始查找。

④ 查找结束后，窗口显示出查找到的文件，选中要恢复的文件或者目录并右键单击，从弹出的快捷菜单中选择"恢复"命令。

⑤ 单击"恢复"按钮后，弹出"选择要保存的文件夹"对话框，选择路径，即可保存已恢复的文件。

4. 文件恢复向导

FinalData 软件提供了文件恢复向导功能，通过它用户可以方便地进行各种常用文件的恢复，如 Office 文件修复、电子邮件以及高级数据恢复等。

FinalData 提供了 4 种常用的 Office 文件修复功能，即 Word 修复、Excel 修复、Powerpoint 修复和 Access 修复。下面以最常见的 Word 修复为例进行介绍。

① 打开 FdWizad 命令启动 FinalData3.0 向导，其主界面如图 12.9 所示。

② 单击"Office 文件修复"按钮，打开选择要恢复的文件类型界面。如图 12.10 所示。

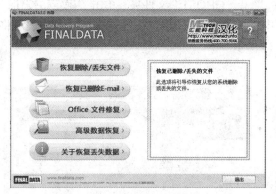

　图 12.9　FinalData3.0 向导主界面　　　　　　　　图 12.10　选择要恢复的文件类型

③ 选择 MS Word 选项，选择要修复的文件，单击"修复"按钮。

④ 弹出"浏览文件夹"对话框，选择保存路径，单击"确定"按钮即可。

5. 电子邮件恢复

电子邮件恢复步骤如下。

① 进入 FinalData3.0 向导的主界面，选择"恢复已删除 E-mail"选项，如图 12.11 所示。

② 进入选择要修复的电子邮件类型界面，选择计算机上已使用的包含已删除电子邮件的电子邮件程序，如"Outlook Express 5&6"。

图 12.11　恢复已删除 E-mail 选项

③ 选择要修复的电子邮件所在的目录，单击"扫描"按钮。

④ 扫描完成后，选择要修复的电子邮件，单击"下一步"按钮，然后单击"恢复"按钮后即可完成。

用户还可根据自己的使用习惯在 FinalData 主界面上选择"文件"|"首选项"命令对 FinalData 进行设置。

12.4　文件压缩备份工具 WinRAR

WinRAR 是当前最流行的压缩工具，其压缩文件格式为 RAR，完全兼容 ZIP 压缩文件格式，压缩比例比 ZIP 文件要高出 30％左右，同时可解压 CAB、ARJ、LZH、TAR、GZ、ACE、UUE、BZ2、JAR、ISO 等多种类型的压缩文件。WinRAR 的功能包括强力压缩、分卷、加密、自解压模块、备份简易。

安装完成后，执行"开始"|"程序"|"WinRA"|"WinRAR"命令，可以打开程序，程序的主界面如图 12.12 所示。

1. 使用向导压缩文件

使用向导压缩文件步骤如下。

① 在 WinRAR 程序主界面中，单击工具栏中的"向导"按钮图标，弹出"向导"对话框，

在该对话框中选中"创建新的压缩文件"。

② 单击"下一步"按钮，打开"请选择要添加的文件"对话框，选择将要压缩的文件夹或文件（如果是多个，使用<Ctrl>键选择），比如选中"一键 GHOST"文件夹，单击"确定"按钮，返回"向导"对话框。在"压缩文件名"文本框中输入"E：\WinRAR\一键 GHOST.rar"，表示将压缩文件保存在 E 盘 WinRAR 目录下，如图 12.13 所示。

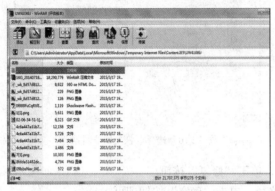
图 12.12　WinRAR 程序界面

图 12.13　设置压缩文件名

③ 单击"下一步"按钮，在打开的对话框中设置压缩文件选项，选中"压缩后删除源文件"选项，单击"设置密码"按钮，弹出"带密码压缩"对话框，填入密码，单击"确定"按钮，如图 12.14、图 12.15 所示。

图 12.14　压缩选项

图 12.15　输入密码

④ 完成后打开"我的电脑"窗口中的 E 盘，可以看到生成的 GHOST.rar 压缩文件。

2. 用 WinRAR 分卷压缩文件

WinRAR 能够将大文件分卷压缩存放在任意指定的盘符中，这项功能给用户带来了极大的便利。例如，要将一个 40MB 的文件发给朋友，可是电子邮件的附件大小不能大于 10MB，这样就利用 WinRAR 分卷压缩功能将文件分卷压缩为几个小文件，具体步骤如下。

① 右键单击需要分卷压缩的文件或者文件夹，在快捷菜单中选择"添加到压缩文件"命令，弹出如图 12.16 所示的对话框。

② 在"压缩文件名"文本框中确定文件存放的路

图 12.16　分卷压缩

径和名称，可以把分卷压缩之后的文件存放在硬盘中的任何一个文件夹中；压缩方式建议采用"最好"；"切分为分卷大小"填入需要的大小，如"10MB"，其他可根据实际需要选择"压缩选项"。

③ 单击"确定"按钮，开始进行分卷压缩，得到分卷压缩包，如图 12.17 所示。

将所有分卷压缩文件复制到一个文件夹中，然后右键单击任何一个*.rar 文件，选择"解压到当前文件夹"命令，即可将文件解压，如图 12.18 所示。

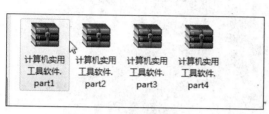

图 12.17　分卷压缩包

图 12.18　文件解压

3. 用 WinRAR 制作自解压压缩文件

将文件压缩为 EXE 格式，在没有安装 WinRAR 的计算机上也可以自行解压。通过 WinRAR 制作自解压文件有如下两种方法。

① 利用向导在压缩选项时，选择"创建自解压（.EXE）压缩文件"，或者在如图 12.16 所示压缩选项中，选择"创建自解压格式压缩文件"。

② 对于已经制作好的 RAR 格式压缩文件，可先通过 WinRAR 打开，然后选择"工具"菜单中的"压缩文件转换为自解压格式"命令生成自解压压缩包。

12.5　视频编辑工具视频编辑专家

视频编辑专家是一款功能强大的视频编辑软件，具备视频合并、视频分割、视频截取、视频编辑与转化、配音配乐、字幕制作等多种功能。

1. 视频编辑专家的功能特点

视频编辑专家的功能特点如下。

① 视频文件导出。

② 素材、特效的再加工。

③ 生成通用视频格式。

2. 视频编辑与转换

编辑与转换的步骤如下。

① 下载最新版本的视频编辑专家，安装后打开运行窗口。软件包含"视频编辑工具"和"其他工具"两种模式，一般的操作是在视频编辑工具界面中完成的，如图 12.19 所示。

② 在视频编辑工具界面中选择"编辑与转换"选项，在弹出的"视频转换"对话框中单击"添加文件"按钮，然后在弹出的打开对话框中选择需要转换的视频文件，单击"打开"按钮。

③ 此时系统会自动弹出"选择转换成的格式"对话框，在其列表中选择相对应的视频格式单击"确定"按钮即可，如图 12.20 所示。然后，查看视频文件的基本信息，并单击"下一步"按钮，如图 12.21 所示。

图 12.19　视频编辑专家运行窗口

图 12.20　选择转换格式图

图 12.21　查看视频文件信息

④ 在视频转换对话框中单击"输出目录"后面的文件夹按钮，在弹出的"浏览计算机"对话框中，选择转换视频的保存位置，并单击"确定"按钮，同时单击"下一步"按钮，此时软件将自动转换视频文件并显示转换进度。

3. 分割视频

分割视频的步骤如下。

① 在"视频编辑工具"列表中选择"视频分割"选项，在弹出的"视频分割"对话框中，单击"添加文件"按钮，然后在弹出的"打开"对话框中选择视频文件，单击"打开"按钮，之后单击"下一步"按钮，如图 12.22 所示。

② 此时系统将自动弹出"浏览计算机"对话框，选择输出视频目录并单击"确定"按钮，然后选中"平均分割"选项，将分割值设置为"5"，随后单击"下一步"按钮，此时系统将自动分割视频，等待分割进度完成即可。

图 12.22 打开视频分割并添加文件

4. 视频合并

视频合并的步骤如下。

① 在视频编辑工具列表中，选择"视频合并"选项，在弹出的视频合并对话框中，单击"添加"按钮，然后在弹出的"打开"对话框中选择需要合并的视频文件，可按住"Ctrl"键选择多个文件，并单击"打开"按钮，同时单击"下一步"按钮，如图 12.23、图 12.24 所示。

② 在弹出视频合并列表后，单击"输出目录"选项对应的文件夹按钮，在弹出的对话框中选择保存位置，并单击"保存"按钮，输入要合并的文件名字，同时单击"下一步"按钮，此时系统将自动合并视频，并显示合并的进度和详细信息，等待其完成即可。

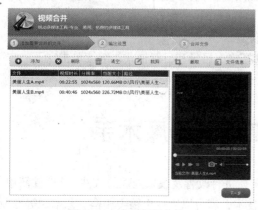

图 12.23 合并视频文件

图 12.24 设置保存方式

5. 字幕制作

字幕制作的步骤如下。

① 在视频编辑专家主界面打开"字幕制作"选项，然后单击"添加视频"选项，继续单击"新增行"按钮，在"字幕内容"文本框中增添新的字幕内容，并设置字幕的"开始时间"和"结束时间"，选中该行字幕，即可在右面的视频框中看到字幕在视频中的位置，可以在视频下方的字体样式中设置字体，字幕位置可以通过设置左面的"水平位置"和"垂直位置"来进行调整。设置如图 12.25 所示。

② 单击"下一步"按钮，选择输出视频的保存位置，并输入文件名，同时选择输出文件的格式，然后继续单击"下一步"按钮，此时可看到输出视频的进度信息，等待进度条完成，即可输出制作好字幕的视频。

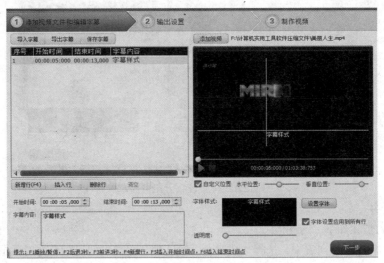

图 12.25　添加与调整字幕

6. 给视频配音配乐

给视频配音配乐的步骤如下。

① 在视频编辑专家主界面单击"配音配乐"选项，打开配音窗口，然后添加视频文件，单击"下一步"，转到"给视频添加配乐和配音"界面，如果要给视频配乐，可单击"配乐"选项中的"新增配乐"来添加音乐文件；如果要给视频配音，可通过单击"配音"选项中的"新配音"用话筒来给视频配音，调节进度条，可调整配音配乐的位置。

② 配音配乐完成后，单击"下一步"按钮，选择输出目录和目标格式，继续单击"下一步"按钮，即可完成配音配乐视频输出。

12.6　照片美化工具光影魔术手

光影魔术手（Neo Imaging）是一款对数码照片画质进行改善及效果处理的软件。该软件简单、易用，而且完全免费。用户不需要任何专业的图像技术，就可以制作出精美相框、艺术照等专业胶片摄影的色彩效果。

光影魔术手软件可在其官方网站下载，安装方法十分简单，用户只需根据提示步骤操作即可。

1. 下载软件

在浏览器地址栏中输入光影魔术手的官方网址（http://www.neoimaging.cn/），进入网站首页，单击"下载软件"右侧的"本地下载"选项，可看到该软件最新版本的超链接，单击"下载"安装即可。

2. 了解光影魔术手界面

光影魔术手的工作界面包括标题栏、菜单栏、工具栏、任务窗格、照片预览区域以及状态栏，如图 12.26 所示。

图 12.26　光影魔术手主界面

3. 光影魔术手的常用功能

光影魔术手的功能十分强大，拥有强大的调图参数、丰富的数码暗房特效、海量的精美边框素材以及便捷的文字和水印功能。由于篇幅所限，下面仅介绍几种常用的照片处理方法。

（1）添加各类边框

光影魔术手边框选项包括"轻松边框""花样边框""撕边边框""多图边框"等几种能直接应用到照片上的边框类型。

① 在光影魔术手编辑窗口中打开一张素材照片，如图 12.27 所示。然后单击上方的边框选项，展开"边框合成"卷展栏，单击需要的边框，如图 12.28 所示。

② 执行操作后，在弹出的对话框列表中任意选择自己需要的边框，即可在右侧看到边框预览效果。

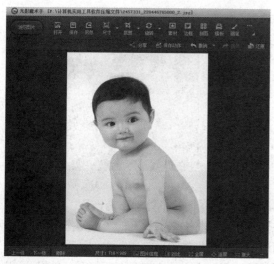

图 12.27　素材照片

图 12.28　边框图层

用户可以通过选择图像右侧"推荐素材"来选择不同的边框效果。如图 12.29、图 12.30 所示。用户还可在光影魔术手的官方网站下载各种边框素材，也可制作边框上传到光影魔术手中。

图 12.29　边框效果 1

图 12.30　边框效果 2

（2）非主流照片的处理

近两年在青少年当中流行的非主流照片，更加追求一种情绪的表达，常常使用调暗画面的光源、LOMO 效果、正片负冲、柔光、错落不一字体各异的文字以及特殊角度等来制造画面效果，力求使图片从构图到色彩再到排版都带有某种心情，在照片主题上也力求独特，倾向于张扬个性、另类、非大众化，不盲从当今大众的潮流的图片。下面简单介绍一些非主流照片，希望读者可以举一反三，制作出更多更漂亮的照片效果。

① 调整色调。在光影魔术手编辑窗口中打开一张素材照片。

在编辑窗口的右侧切换至"数码暗房"选项，会看到"全部""胶片""人像"等效果选项，同时可以查看各种效果的缩略图，单击选择自己想要的效果。这里以"全部"中的"去雾镜"、"柔光镜"以及"胶片"中的"反转片负冲"3 种效果的叠加为例进行说明。先打开"全部"中的"去雾镜"，单击，可以看到照片的去雾效果，保存动作后单击"柔光镜"，将"柔化程度"以及"高光柔化"的数值分别设置为"40""80"。

单击"确定"按钮后，再打开"胶片效果"中的"反转片负冲"，将"绿色饱和度""红色饱和度"以及"暗部细节"分别调整为"60""50""60"，并单击"确定"按钮执行操作。

② 添加文字。在处理过的照片基础上继续添加文字效果，切换到右面的"文字"选项卡，在文本框中输入需要的文字，并调整字体、位置、大小，最终效果如图 12.31 所示。

图 12.31　最终效果

（3）图片批处理功能

对于需要快速批量处理的图片，光影魔术手提供了图片批处理功能，用户可以批量调整尺寸，添加文字、水印、边框，应用各种特效，同时还可以将一张图片上的历史操作保存为模板后一键应用到所有图片上，功能十分强大。下面以"为图像批量添加水印"为例加以说明。

① 批量打开图片。单击光影魔术手照片预览区右上方的小三角图标打开菜单栏，可以看到"日历""抠图""批处理"等多个选项。单击选中"批处理"选项，弹出批处理任务栏，单击下方的

"添加"按钮添加照片，可以通过按下<Ctrl>键来一次打开多张图片。

② 批处理动作选择。打开待处理图片后，单击"下一步"按钮，跳转到第二步的批处理动作窗口，如图 12.32 所示。在右边的"请添加批处理动作"工具栏中选择"添加水印"按钮，跳转到下一步，如图 12.33 所示。

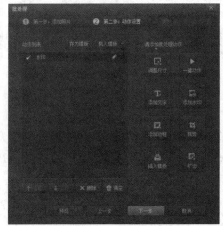
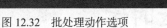

图 12.32　批处理动作选项　　　　　　　　　图 12.33　添加水印选项

③ 添加水印。在图 12.33 所示的图像菜单中，单击右栏的"请选择水印图片"，然后选择计算机中保存的水印图片，并通过调整栏调整水印的大小、位置、透明度、融合模式以及旋转角度等。

④ 调整完毕，单击"确定"按钮，选择输出路径并命名输出文件，同时设置输出格式。设置完毕，单击"开始批处理"按钮，最后单击"确定"按钮，即完成照片的批量处理。

习　题　12

一、简答题

1. 简述工具软件的特点。

2. 简述视频编辑专家的功能。

3. 怎样用 WinRAR 制作自解压文件？

二、上机题

1. 利用 WinRAR 创建分卷压缩文件。要求将一个 50MB 以上的文件分割压缩成 5 个大小一样的压缩文件，最后复原成原文件。

2. 使用视频编辑专家将一段 mp4 格式的视频转换为 AVI 格式，然后将视频平均分割为 6 段，并为第二段视频配乐。

3. 要求使用光影魔术手制作一张图片，添加花样边框，并将色调处理为阿宝色调，最后添加上文字。

第13章
计算机新技术简介

随着计算机的快速发展以及人们对计算机新功能的需求，新技术、新理论也随之出现，给人们的生活带来了极大的方便。本章就新出现的云计算与云时代、大数据、人工智能、物联网以及移动互联网等新技术作以简单介绍。有兴趣的读者想进一步了解，可参阅相关书籍。

13.1 云计算与云时代

13.1.1 云计算

近年来，互联网在极大地拓展着个人计算机用途的同时，也在逐渐取代其"个人计算应用核心"的位置。有观点认为，下一个十年里，包括软件、硬件、服务等在内的计算资源，将由大众化、个人化、多点（终端）化的分布式应用不断向互联网聚合，计算将由"端"走向"云"，最终全部聚合到云中，成为纯"云"计算的时代。

1. 云计算概述

云计算（Cloud Computing）是继 20 世纪 80 年代大型计算机到客户端/服务器的大转变之后的又一种巨变。作为一种把超级计算机的能力传播到整个互联网的计算方式，云计算似乎已经成为研究专家们苦苦追寻的"能够解决最复杂计算任务的精确方法"的最佳答案。

那么究竟什么是云计算？对它的定义和内涵众说纷纭，但这些定义体现着一个统一的思想——用户通过网络，获取云提供的各种服务。

云计算常与网格计算（分散式计算的一种，由一群松散耦合的计算机集组成的一个超级虚拟计算机，常用来执行大型任务）、效用计算（IT 资源的一种打包和计费方式，比如按照计算、存储分别计量费用，像传统的电力等公共设施一样）、自主计算（具有自我管理功能的计算机系统）相混淆。

事实上，许多云计算部署依赖于计算机集群（但与网格的组成、体系机构、目的、工作方式大相径庭），也吸收了自主计算和效用计算的特点。它从硬件结构上是一种多对一的结构，从服务的角度或从功能的角度它是一对多的。

2. 云计算发展

1983 年，太阳电脑（Sun Microsystems）提出"网络是电脑"（"The Network is the Computer"）。
2006 年 3 月，亚马逊（Amazon）推出弹性计算云（Elastic Compute Cloud；EC2）服务。

2007 年 10 月，Google 与 IBM 开始在美国大学校园，包括卡内基梅隆大学、麻省理工学院、斯坦福大学、加州大学柏克莱分校及马里兰大学等，推广云计算的计划，这项计划希望能降低分布式计算技术在学术研究方面的成本，并为这些大学提供相关的软硬件设备及技术支持（包括数百台个人电脑及 BladeCenter 与 System x 服务器，这些计算平台将提供 1600 个处理器，支持包括 Linux、Xen、Hadoop 等开放源代码平台）。

2008 年 1 月 30 日，Google 宣布在台湾启动"云计算学术计划"，将与台湾台大、交大等学校合作，将这种先进的大规模、快速的云计算技术推广到校园。

2008 年 2 月 1 日，IBM 宣布将在中国无锡太湖新城科教产业园为中国的软件公司建立全球第一个云计算中心（Cloud Computing Center）。

2010 年 3 月 5 日，Novell 与云安全联盟（CSA）共同宣布一项供应商中立计划，名为"可信任云计算计划（Trusted Cloud Initiative）"。

2010 年 7 月，美国国家航空航天局和包括 Rackspace、AMD、Intel、戴尔等支持厂商共同宣布"Open Stack"开放源代码计划，微软公司在 2010 年 10 月表示支持 Open Stack 与 Windows Server 2008 R2 的集成；而 Ubuntu 已把 Open Stack 加至 11.04 版本中。

2011 年 2 月，思科系统正式加入 Open Stack，重点研制 Open Stack 的网络服务。

13.1.2　云时代

云计算目前还处于萌芽阶段，有大大小小鱼龙混杂的各色厂商在开发不同的云计算服务，从成熟的应用程序到存储服务再到垃圾邮件过滤不一而足。云计算的开发商和集成商已经开始初具规模。

1. 国外的云计算现状

Amazon 使用弹性计算云（EC2）和简单存储服务（S3）为企业提供计算和存储服务。收费的服务项目包括存储服务器、带宽、CPU 资源以及月租费。月租费与电话月租费类似，存储服务器、带宽按容量收费，CPU 根据时长（小时）运算量收费。云计算是 Amazon 增长最快的业务之一。

Google 是当前最大的云计算的使用者。Google 搜索引擎就建立在分布在 200 多个地点、超过 100 万台服务器的支撑之上，这些设施的数量正在迅猛增长。Google 地球、地图、Gmail、Docs 等也同样使用了这些基础设施。采用 Google、Docs 之类的应用，用户数据会保存在互联网上的某个位置，可以通过任何一个与互联网相连的系统十分便利地访问这些数据。目前，Google 已经允许第三方在 Google 的云计算中通过 Google App Engine 运行大型并行应用程序。

IBM 在 2007 年 11 月推出了"改变游戏规则"的"蓝云"计算平台，为客户带来即买即用的云计算平台。IBM 正在与 17 个欧洲组织合作开展云计算项目。欧盟提供了 1.7 亿欧元作为部分资金。该计划名为 RESERVOIR，以"无障碍的资源和服务虚拟化"为口号。2008 年 8 月，IBM 宣布将投资约 4 亿美元用于其设在北卡罗来纳州和日本东京的云计算数据中心改造，并计划 2009 年在 10 个国家投资 3 亿美元建立 13 个云计算中心。

微软公司紧跟云计算步伐，于 2008 年 10 月推出了 Windows Azure 操作系统。Azure（译为"蓝天"）是继 Windows 取代 DOS 之后，微软公司的又一次颠覆性转型——通过在互联网架构上打造新云计算平台，让 Windows 真正由 PC 延伸到"蓝天"上。Azure 的底层是微软全球基础服务系统，由遍布全球的第四代数据中心构成。

2. 我国的云计算现状

2008 年 5 月 10 日，IBM 在中国无锡太湖新城科教产业园建立的中国第一个云计算中心投入运营；2008年6月24日，IBM在北京IBM中国创新中心成立了第二家中国的云计算中心——IBM大中华区云计算中心；2008年11月28日，广东电子工业研究院与东莞松山湖科技产业园管委会签约，广东电子工业研究院将在东莞松山湖投资2亿元建立云计算平台；2008年12月30日，阿里巴巴集团旗下子公司阿里软件与江苏省南京市政府正式签订了2009年战略合作框架协议，计划于2009年初在南京建立国内首个"电子商务云计算中心"，首期投资额将达上亿元人民币。中国移动董事长兼CEO王建宙认为云计算和互联网的移动化是未来发展方向。

3. 云计算的优势

云计算作为一个新兴的概念，体现着一种理念。目前，各大厂商争相推出自己的云计算产品，可见云计算所受的追捧程度。

（1）基于使用的支付模式。在云计算模式下，最终用户根据使用了多少服务来付费。这为应用部署到云计算基础架构上降低了准入门槛，让大企业和小公司都可以使用相同的服务。

（2）扩展性和弹性。普通企业里的许多应用（包括对应的IT设备）是为了最大使用场景（如圣诞季节）而设计的，大多数时候这些基础架构的利用率非常低。而云计算环境具有大规模、无缝扩展的特点，能自如地应对应用使用急剧增加的情况。大多数服务提供商在为云计算设计架构时，已考虑到了使用猛增的这种情况，比如亚马逊、谷歌。

（3）厂商的大力支持。大多数厂商都在致力于提供真正的云计算解决方案。例如，亚马逊推出了EC2、S3、Simple DB及其他服务，它提供云计算基础架构已经有一段时间了；与此类似的是，谷歌推出了AppEngine、谷歌文件系统（GFS）及数据存储（Big Table）等服务；Salesforce.com的Force.com可用于构建云计算应用程序。微软最近宣布了Azure服务，可以在微软（或合作伙伴）的基础架构中创建及部署应用程序。

（4）可靠性。从长远来看，云计算基础架构实际上可能比典型的企业基础架构更可靠。领先的几家云服务提供商已经为各自的系统增添了大规模冗余功能，而且它们正在吸取以前的教训，提供更高的可见性，以减少服务不可用的可能。如果云计算服务成为核心业务后，提供商就更有条件吸取教训，提供比任何特定企业应用程序高得多的可靠性。

（5）效率与成本。当云计算时代到来后，大数据量以及高的计算能力需求成为过去，这些对于用户而言，降低了成本。用户仅仅考虑的是所需要的服务，而不会去关注这些功能所需要的端系统投资，因此对于用户构建应用时，所需的时间更少，投入更低，让计算变得更简单。"云+端"让用户需要的仅仅是一个网络接入设备就可以获得各种各样的服务，包括计算能力、数据存储等。这使计算本身变得更加简单，一切都由云负责，用户无须知道关于云的任何东西。

13.2 大 数 据

"大数据"这个术语最早期的引用可追溯到Apache Org的开源项目Nutch。早在1980年，著名未来学家阿尔文·托夫勒便在《第三次浪潮》一书中，将大数据热情地赞颂为"第三次浪潮的华彩乐章"。不过，大约从2009年开始，"大数据"才成为互联网信息技术行业的流行词汇。此外，数据又并非单纯指人们在互联网上发布的信息，全世界的工业设备、汽车、电表上有着无数的数码传感器，随时测量和传递着有关位置、运动、震动、温度、湿度乃至空气中化学物质的变化，也产生了海量的数据信息。

随着以博客、社交网络、基于位置的服务LBS为代表的新型信息发布方式的不断涌现，以及云计算、物联网等技术的兴起，数据正以前所未有的速度在不断地增长和累积，大数据时代已经来到。大数据是继云计算、物联网之后 IT 产业又一次颠覆性的技术革命，对国家治理模式、企业决策、组织和业务流程，以及个人生活方式等都将产生巨大的影响。

13.2.1　大数据的定义

大数据（Big Data），或称巨量资料，指的是所涉及的资料量规模巨大到无法透过目前主流软件工具，在合理时间内达到撷取、管理、处理并整理成为帮助企业经营决策更积极目的的资讯。"大数据"的概念远不止大量的数据（TB）和处理大量数据的技术，而是涵盖了人们在大规模数据的基础上可以做的事情，而这些事情在小规模数据的基础上是无法实现的。换句话说，大数据让我们以一种前所未有的方式，通过对海量数据进行分析，获得有巨大价值的产品和服务，或深刻的洞见，最终形成变革之力。"大数据"是需要新处理模式才能具有更强的决策力、洞察发现力和流程优化能力的海量、高增长率和多样化的信息资产。从数据的类别上看，"大数据"指的是无法使用传统流程或工具处理或分析的信息。亚马逊网络服务（AWS）、大数据科学家 John Rauser 提到一个简单的定义：大数据就是任何超过了一台计算机处理能力的庞大数据量。

13.2.2　大数据的特点

"大数据"不仅有"大"这个特点，还有很多其他的特色，可以用"4V+1C"来概括。

（1）多样化（Variety）。大数据一般包括以事务为代表的结构化数据、以网页为代表的半结构化数据和以视频和语音信息为代表的非结构化等多类数据，并且它们的处理和分析方式区别很大。

（2）海量（Volume）。通过各种智能设备产生了大量的数据，PB 级别可谓是常态，笔者接触的一些客户每天处理的数据量都在几十 GB、几百 GB 左右，估计国内大型互联网企业每天的数据量已经接近 TB 级别。

（3）快速（Velocity）。大数据要求快速处理，因为有些数据存在时效性。比如电商的数据，假如今天数据的分析结果要等到明天才能得到，那么将会使电商很难做类似补货这样的决策，从而导致这些数据失去了分析的意义。

（4）灵活（Vitality）。在互联网时代，和以往相比，企业的业务需求更新的频率加快了很多，那么相关大数据的分析和处理模型必须快速地适应新的业务需求。

（5）复杂（Complexity）虽然传统的商务智能（BI）已经很复杂了，但是由于前面 4 个 V 的存在，使得针对大数据的处理和分析更艰巨，并且过去那套基于关系型数据库的 BI 开始有点不合时宜了，同时也需要根据不同的业务场景，采取不同的处理方式和工具。以上新时代下"大数据"的特点决定它肯定会对当今信息时代的数据处理产生很大的影响。

13.2.3　大数据的作用

大数据时代到来，认同这一判断的人越来越多。那么大数据意味着什么，它到底会改变什么？仅仅从技术角度回答，已不足以解惑。大数据只是宾语，离开了人这个主语，它再大也没有意义。我们需要把大数据放在人的背景中加以透视，理解它作为时代变革力量的所以然。

（1）变革价值的力量。未来十年，决定中国是不是有大智慧的核心意义标准（那个"思想者"），就是国民幸福。国民幸福一是体现在民生上，二是体现在生态上。总之，让我们从前10年的意义混沌时代，进入未来10年的意义澄明时代。

（2）变革经济的力量。生产者是有价值的，消费者是价值的意义所在。有意义的才有价值，消费者不认同的，就卖不出去，就实现不了价值；只有消费者认同的，才卖得出去，才实现得了价值。大数据帮助我们从消费者这个源头识别意义，从而帮助生产者实现价值。这就是启动内需的原理。

（3）变革组织的力量。随着具有语义网特征的数据基础设施和数据资源发展起来，组织的变革就越来越显得不可避免。大数据将推动网络结构产生无组织的组织力量。最先反映这种结构特点的，是各种各样去中心化的 WEB2.0 应用，如 RSS、维基、博客等。大数据之所以成为时代变革力量，在于它通过追随意义而获得智慧。

13.3 物 联 网

13.3.1 物联网概述

物联网是新一代信息技术的重要组成部分，其英文名称是"The Internet of things"。顾名思义，物联网就是物物相连的互联网。它包括两层意思：其一，物联网的核心和基础仍然是互联网，是在互联网基础上的延伸和扩展的网络；其二，其用户端延伸和扩展到了任何物品与物品之间，进行信息交换和通信。物联网通过智能感知、识别技术与普适计算、广泛应用于网络的融合中，也因此被称为继计算机、互联网之后世界信息产业发展的第三次浪潮。

1. 物联网的起源

物联网的实践最早可以追溯到 1990 年施乐公司的网络可乐贩售机——Networked Coke Machine。1991 年美国麻省理工学院（MIT）的 Kevin Ash-ton 教授首次提出物联网的概念。

1995 年，比尔·盖茨在《未来之路》一书中也曾提及物联网，但未引起广泛重视。1999 年美国麻省理工学院建立了"自动识别中心（Auto-ID）"，提出"万物皆可通过网络互联"，阐明了物联网的基本含义。早期的物联网是依托射频识别（RFID）技术的物流网络，随着技术和应用的发展，物联网的内涵已经发生了较大变化。

2003 年，美国《技术评论》提出传感网络技术将是未来改变人们生活的十大技术之首。2005 年 11 月 17 日，在突尼斯举行的信息社会世界峰会（WSIS）上，国际电信联盟（ITU）发布《ITU 互联网报告 2005：物联网》，引用了"物联网"的概念。物联网的定义和范围已经发生了变化，覆盖范围有了较大的拓展，不再只是指基于 RFID 技术的物联网。

2008 年后，为了促进科技发展，寻找经济新的增长点，各国政府开始重视下一代的技术规划，将目光放在了物联网上。2009 年欧盟执委会发表了欧洲物联网行动计划，描绘了物联网技术的应用前景，提出欧盟政府要加强对物联网的管理，促进物联网的发展。2009 年 1 月 28 日，IBM 首次提出"智慧地球"概念，建议新政府投资新一代的智慧型基础设施。当年，美国将新能源和物联网列为振兴经济的两大重点。

2009 年 8 月，温家宝"感知中国"的讲话把我国物联网领域的研究和应用开发推向了高潮，无锡市率先建立了"感知中国"研究中心，中国科学院、运营商、多所大学在无锡建立了物联网研究院，无锡市江南大学还建立了全国首家实体物联网工厂学院。物联网被正式列为国家五大新兴战略性产业之一，写入"政府工作报告"，物联网在中国受到了全社会极大的关注。

2. 物联网的定义

物联网是指通过各种信息传感设备，实时采集任何需要监控、连接、互动的物体或过程等各种需要的信息，与互联网结合形成的一个巨大的网络。其目的是实现物与物、物与人，以及所有的物品与网络的连接，方便识别、管理和控制。

最初在 1999 年美国麻省理工学院阐述的物联网的基本含义为：通过射频识别（RFID）（RFID+互联网）、红外感应器、全球定位系统、激光扫描器、气体感应器等信息传感设备，按约定的协议，把任何物品与互联网连接起来，进行信息交换和通信，以实现智能化识别、定位、跟踪、监控和管理的一种网络。简而言之，物联网就是"物物相连的互联网"。

国际电信联盟（ITU）发布的 ITU 互联网报告，对物联网做了如下定义：通过二维码识读设备、射频识别（RFID）装置、红外感应器、全球定位系统和激光扫描器等信息传感设备，按约定的协议，把任何物品与互联网相连接，进行信息交换和通信，以实现智能化识别、定位、跟踪、监控和管理的一种网络。

综上所述，物联网即利用局部网络或互联网等通信技术把传感器、控制器、机器、人员和物等通过新的方式联在一起，形成人与物、物与物相联，实现信息化、远程管理控制和智能化的网络。物联网是互联网的延伸，它包括互联网及互联网上所有的资源，兼容互联网所有的应用，但物联网中所有的元素（所有的设备、资源及通信等）都是个性化和私有化的。

13.3.2　物联网的特征

和传统的互联网相比，物联网有其鲜明的特征。

（1）它是各种感知技术的广泛应用。物联网上部署了海量的多种类型传感器，每个传感器都是一个信息源，不同类别的传感器所捕获的信息内容和信息格式不同。传感器获得的数据具有实时性，按一定的频率周期性的采集环境信息，不断更新数据。

（2）它是一种建立在互联网上的泛在网络。物联网技术的重要基础和核心仍旧是互联网，通过各种有线和无线网络与互联网融合，将物体的信息实时准确地传递出去。在物联网上的传感器定时采集的信息需要通过网络传输，由于其数量及其庞大，形成了海量信息，在传输过程中，为了保障数据的正确性和及时性，必须适应各种异构网络和协议。

（3）物联网不仅仅提供了传感器的连接，其本身也具有智能处理的能力，能够对物体实施智能控制。物联网将传感器和智能处理相结合，利用云计算、模式识别等各种智能技术，扩充其应用领域。从传感器获得的海量信息中分析、加工和处理出有意义的数据，以适应不同用户的不同需求，发现新的应用领域和应用模式。

（4）物联网的精神实质是提供不拘泥于任何场合、任何时间的应用场景与用户的自由互动，它依托云服务平台和互通互联的嵌入式处理软件，弱化技术色彩，强化与用户之间的良性互动，更佳的用户体验，更及时的数据采集和分析建议，更自如的工作和生活，是通往智能生活的物理支撑。

13.3.3　物联网的用途

物联网用途广泛，遍及智能交通、环境保护、政府工作、公共安全、平安家居、智能消防、工业监测、环境监测、路灯照明管控、景观照明管控、楼宇照明管控、广场照明管控、老人护理、个人健康、花卉栽培、水系监测、食品溯源、敌情侦查和情报搜集等多个领域。

物联网把新一代 IT 技术充分运用在各行各业之中，具体地说，就是把感应器嵌入和装备到电网、铁路、桥梁、隧道、公路、建筑、供水系统、大坝、油气管道等各种物体中，然后将"物联网"与现有的互联网整合起来，实现人类社会与物理系统的整合，在这个整合的网络当中，存在能力超级强大的中心计算机群，能够对整合网络内的人员、机器、设备和基础设施实施实时的管理和控制，在此基础上，人类可以以更加精细和动态的方式管理生产和生活，达到"智慧"状态，提高资源利用率和生产力水平，改善人与自然间的关系。

13.3.4 物联网的发展

物联网将是下一个推动世界高速发展的"重要生产力"。美国权威咨询机构 Forrester 预测，到 2020 年世界上物物互连的业务，跟人与人通信的业务相比，将达到 30 比 1，因此，"物联网"被称为是下一个万亿级的信息产业业务。

物联网一方面可以提高经济效益，大大节约成本；另一方面可以为全球经济的复苏提供技术动力。美国、欧盟等都在投入巨资深入研究探索物联网。我国也在高度关注、重视物联网的研究，工业和信息化部会同有关部门，在新一代信息技术方面开展研究，以形成支持新一代信息技术发展的政策措施。

此外，物联网普及以后，用于动物、植物、机器、物品的传感器与电子标签及配套的接口装置的数量将大大超过手机的数量。物联网的推广将会成为推进经济发展的又一个驱动器，为产业开拓了又一个潜力无穷的发展机会。

从中国物联网的市场来看，至 2015 年，中国物联网整体市场规模将达到 7500 亿元，年复合增长率超过 30.0%。物联网的发展，已经上升到国家战略的高度，必将有大大小小的科技企业受益于国家政策扶持，进入科技产业化的过程中。从行业的角度来看，物联网主要涉及的行业包括电子、软件和通信，通过电子产品标识感知识别相关信息，通过通信设备和服务传导传输信息，最后通过计算机处理存储信息，而这些产业链的任何环节都会形成相应的市场，加在一起的市场规模就相当大。可以说，物联网产业链的细化将带来市场进一步细分，造就一个庞大的物联网产业市场。

13.4　移动互联网

13.4.1　移动互联网简介

移动互联网（Mobile Internet，MI），是指互联网的技术、平台、商业模式和应用与移动通信技术结合并实践的活动的总称。

移动通信终端与互联网相结合成为一体，用户使用手机、PDA 或其他无线终端设备，通过 2G、3G（WCDMA、CDMA2000、TD，SCDMA）或者 WLAN 等速率较高的移动网络，在移动状态下（如在地铁、公交车等）随时、随地访问 Internet 以获取信息，使用商务、娱乐等各种网络服务。

通过移动互联网，人们可以使用手机、平板电脑等移动终端设备浏览新闻，还可以使用各种移动互联网应用，如在线搜索、在线聊天、移动网游、手机电视、在线阅读、网络社区、收听及下载音乐等。其中移动环境下的网页浏览、文件下载、位置服务、在线游戏、视频浏览和下载等是其主流应用。

移动互联网是一种通过智能移动终端，采用移动无线通信方式获取业务和服务的新兴业务，包含终端、软件和应用 3 个层面。终端层包括智能手机、平板电脑、电子书、MID 等；软件包括操作系统、中间件、数据库和安全软件等。应用层包括休闲娱乐类、工具媒体类、商务财经类等不同应用与服务。随着技术和产业的发展，未来 LTE（长期演进，4G 通信技术标准之一）和 NFC（近场通信，移动支付的支撑技术）等网络传输层关键技术也将被纳入移动互联网的范畴之内。

移动互联网的组成可以归纳为移动通信网络、移动互联网应用和移动互联网相关技术等几大部分。

1. 移动通信网络

移动互联网时代无线连接各终端、节点所需要的网络，它是指移动通信技术通过无线网络将网络信号覆盖延伸到每个角落，让我们能随时随地接入所需的移动应用服务。移动互联网接入网络有 GPR5、EDGE、WLAN、3G、4G 等。

2. 移动互联网终端设备

无线网络技术只是移动互联网蓬勃发展的动力之一，移动互联网终端设备的兴起才是移动互联网发展的重要助推器，移动互联网发展到今天，成为全球互联网革命的新浪潮航标，受到来自全球高新科技跨国企业的强烈关注，并迅速在世界范围内发展开来，移动互联终端设备在其中的作用功不可没，虽然已经有了类似 APPLE Mac 一类轻便笔记本电脑，但是对于常常需要外出活动的使用者来说，体积依然显得太大，使得外出时操作电脑成为了一种麻烦。如果有另外一种产品，既可以无线上网实现常用功能，又能做到小巧方便，那么必将占据全球互联网市场的较大份额。正是这种迫切需求推动着移动互联终端设备的蓬勃发展，APPLE 公司推出了 iPhone、iPad 和 iTouch 等相关移动终端，迅速吸引了全球移动互联网关注者的眼球。

3. 移动网络应用

当我们随时随地接入移动网络时，运用最多的就是移动网络应用程序。iPhone、iPad 等里面大量新奇的应用，逐渐渗透到人们生活、工作的各个领域，进一步推动着移动互联网的蓬勃发展。移动音乐、手机游戏、视频视听、手机支付、位置服务等丰富多彩的移动互联网应用发展迅猛，正在深刻改变信息时代的社会生活，移动互联网正在迎来新的发展浪潮。以下介绍几种主要的移动互联网应用。

（1）电子阅读。电子阅读是指利用移动智能终端阅读小说、电子书、报纸、期刊等的应用。电子阅读区别于传统的纸质阅读，真正实现无纸化浏览。特别是热门的电子报纸、电子期刊、电子图书馆等功能如今已深入现实生活中，同过去阅读方式有了显著不同。由于电子阅读无纸化，可以方便用户随时随地浏览，移动阅读已成为继移动音乐之后最具潜力的增值业务。阅读市场甚至具有比移动音乐更大的发展空间。

（2）手机游戏。手机游戏可分为在线移动游戏和非网络在线移动游戏，是目前移动互联网最热门的应用之一。随着人们对移动互联网接受程度的提高，手机游戏是一个朝阳产业，网络游戏曾经创造了互联网的神话，也吸引了一大批年轻的用户。随着移动终端性能的改善，更多的游戏形式将被支持，客户体验也会越来越好。

（3）移动视听。移动视听是指利用移动终端在线观看视频、收听音乐及广播等影音应用。传统移动视听一般运用在 MP3、MP4、MP5 等设备上，移动视听则是移动互联网的新亮点，将多媒体设备和移动通信设备融合起来，不再单纯依赖一种功能应用而存在。移动视听作为一种新兴娱乐形式，更受年轻时尚人士喜爱。相比传统电视，移动视听服务互动性将成为一大优势。由于人们文化水平和个人爱好的差别，个性化的视听内容更受青睐。移动视听通过内容点播、观众点评等形式能够提供个性化服务。另外，移动视听最大的好处就是可以随时随地收看。

（4）移动搜索。移动搜索是指以移动设备为终端，对传统互联网进行的搜索，从而实现高速、准确地获取信息资源。移动搜索是移动互联网的未来发展趋势。随着移动互联网内容的充实，人们查找信息的难度会不断加大，内容搜索需求也会随之增加。相比传统互联网的搜索，移动搜索对技术的要求更高。移动搜索引擎需要整合现有的搜索理念实现多样化的搜索服务，智能搜索、语义关联、语音识别等多种技术都要融合到移动搜索技术中来。

（5）移动社区。移动社区是指以移动终端为载体的社交网络服务，也就是终端、网络加社交的意思，通过网络这一载体把人们连接起来，从而形成具有某一特点的团体。

（6）移动商务。移动商务是指通过移动通信网络进行数据传输，并且利用移动信息终端参与各种商业经营活动的一种新型电子商务模式，它是新技术条件与新市场环境下的电子商务形态，也是电子商务的一条分支。

（7）移动支付。移动支付也称手机支付，是指允许用户使用其移动终端（通常是手机）对所消费的商品或服务进行账务支付的一种服务方式。移动支付主要分为近程支付和远程支付两种，整个移动支付价值链包括移动运营商、支付服务商（比如银行，银联等）、应用提供商（公文、校园、公共事业等）、设备提供商（终端厂商，卡供应商，芯片提供商等）、系统集成商、商家和终端用户。

13.4.2　移动互联网的发展

移动通信和互联网成为当今世界发展最快、市场潜力最大、前景最诱人的两大业务，它们的增长速度都是任何预测家未曾预料到的。迄今，全球移动用户已超过 15 亿人，互联网用户也已逾 7 亿人。中国移动通信用户总数超过 3.6 亿人，互联网用户总数则超过 1 亿人。这一历史上从来没有过的高速增长现象反映了随着时代与技术的进步，人类对移动性和信息的需求急剧上升。越来越多的人希望在移动的过程中高速地接入互联网，获取急需的信息，完成想做的事情

根据《2013—2017 年中国移动互联网行业市场前瞻与投资战略规划分析报告》数据统计，截至 2012 年 6 月底，中国网民数量达到 5.38 亿，其中手机网民达到 3.88 亿，较 2011 年底增加了约 3270 万人，网民中用手机接入互联网的用户占比由上年底的 69.3%提升至 72.2%。而台式计算机为 3.80 亿，手机网民的数量首次超越台式计算机网民的数量，也意味着移动互联网迎来了它高速发展的时期。

2010 年 4 月 11 日在艾瑞的新经济年会上，信息产业部通信科技委员会委员侯自强在谈到 3G 商用化发展趋势的问题上，表示公共互联网也就是移动互联网将会成为未来移动网发展的主流，而移动运营商的专网垄断将会被打破。

3G 问题也是极为热门的话题之一。无论是经营者还是消费者都很关心 3G 的问题，经营者关心 3G 能否带来真正的新一代通信，而消费者则想知道 3G 时代的通信资费能否降低，业务体验能否满足个人的需要。3G 时代话音业务不会有太大的改变，主要的突破是在数据业务上。一是面对企业高端用户的业务，主要为专网。二是面对个人消费者。移动互联网 Telco2.0 也就是所说的公共互联网能够服务不同用户群，运营在不同核心网，如免费 WAP。3G 时代需要更为开放的空间，提供更为广阔的业务和实现随时随地上网的可能。

关于移动互联网的问题，在 2007 年 3 月中旬，有两大事件值得我们关注：一是 3 月 13 日，微软等 6 家企业联合推出借助空余电视频段实现新型无线上网；二是 3 月 19 日，松下、飞利浦、

三星、爱立信、西门子、索尼、AT&T、意大利电信、法国电信等业界领袖宣布成立开放 IPTV 论坛（Open IPTV Forum）。论坛的目的在于要建立一个企业联盟，致力于制订一个通用的 IPTV 标准，以便所有的 IPTV 系统能够实现互操作。

三网融合，目的也是为了实现互通性。标准融合，跨网络浏览，实现用户按需选择的个性化服务。侯自强最后再次强调移动互联网一定会到来，而运营商的围墙花园也终究被打破。

在最近几年里，移动通信和互联网成为当今世界发展最快、市场潜力最大、前景最诱人的两大业务。它们的增长速度都是任何预测家未曾预料到的。出现的移动与互联网相结合的趋势是历史的必然。移动互联网正逐渐渗透到人们生活、工作的各个领域，短信、铃图下载、移动音乐、手机游戏、视频应用、手机支付、位置服务等丰富多彩的移动互联网应用迅猛发展，正在深刻改变信息时代的社会生活，移动互联网经过几年的曲折前行，终于迎来了新的发展高潮。

13.4.3　移动互联网的主要特征

用户可以随身携带和随时使用移动终端，在移动状态下接入和使用移动互联网应用服务。一般而言，人们使用移动互联网应用的时间往往是在上、下班途中，在空闲间隙任何一个有 3G 或 WLAN 覆盖的场所，移动用户接入无线网络实现移动业务应用的过程。现在，从智能手机到平板电脑，我们随处可见这些终端发挥强大功能的身影。

移动终端设备的隐私性远高于 PC 的要求。由于移动性和便携性的特点，移动互联网的信息保护程度较高。通常不需要考虑通信运营商与设备商在技术上如何实现它，高隐私性决定了移动互联网终端应用的特点，数据共享时既要保障认证客户的有效性，也要保证信息的安全性。

移动互联网区别于传统互联网的典型应用是位置服务应用。它具有以下几个服务：位置签到、位置分享及基于位置的社交应用；基于位置围栏的用户监控及消息通知服务；生活导航及优惠券集成服务；基于位置的娱乐和电子商务应用；基于位置的用户交换机上下文感知及信息服务。能很好地概括移动互联网位置服务的特点有社交化、本地化以及移动性。目前，越来越多的移动互联网用户选择位置服务应用，这也是未来移动互联网的发展趋势所在。

移动互联网上的丰富应用，如图片分享、视频播放、音乐欣赏、电子邮件等，为用户的工作、生活带来更多的便利和乐趣。

13.4.4　移动互联网的前景

中国互联网信息中心（CNNIC）公布的《第 25 次中国互联网络发展状况统计分析》显示，到 2020 年移动互联网终端将超过 100 亿台，截至 2009 年 12 月，我国手机网民已达 2.33 亿人，占总体网民的 60.8%，此中只使用手机上网的网民有 3070 万，而自 2009 年中国 3G 牌照发放以后，国内智能手机用户越来越多，渐呈爆炸式增长。来自艾瑞咨询的调查研究数值则显示，2009 年，移动互联网市场交易额达 6.4 亿元，同比增长 205%。而 2012 年，移动电子商务交易额将达 108 亿元。

随着 2009 年 3G 牌照正式发放，智能手机普及率提高，移动应用服务日趋丰富，移动互联网产业进入快速发展时期。例如，手机广告作为移动互联网的重要分支，市场规模不断扩大。2010 年 4 月，Apple 公司发布 iAD；5 月，Google 公司收购 AdMob；4 月 1 日，国内首家移动广告平台有米平台上线，手机广告成为移动互联网热门行业。随着未来网络资费下降、智能手机普及率提升，手机广告市场前景看好。单从这些互联网巨头抢先布局移动互联网就可以预见移动互联的璀璨未来。

第四代移动电话行动通信标准，指的是第四代移动通信技术（4G）。4G 是集 3G 与 WLAN 于一体，并能够快速传输数据、高质量、音频、视频和图像等。4G 能够以 100Mbit/s 以上的速度下载，比目前的家用宽带 ADSL（4 兆）快 25 倍，并能够满足几乎所有用户对于无线服务的要求。此外，4G 可以在 DSL 和有线电视调制解调器没有覆盖的地方部署，然后再扩展到整个地区。很明显，4G 有着不可比拟的优越性。

（1）通信速度快。第四代移动通信系统传输速率可达到 20Mbit/s，甚至最高可以达到高达 100Mbit/s，这种速度相当于 2009 年最新手机的传输速度的 1 万倍左右，是第三代手机传输速度的 50 倍。

（2）通信灵活。未来的 4G 通信使人们不仅可以随时随地通信，更可以双向下载传递资料、图画、影像，当然更可以和从未谋面的陌生人网上联线对打游戏。也许有被网上定位系统永远锁定无处遁形的苦恼，但是与它据此提供的地图带来的便利和安全相比，这简直可以忽略不计。

（3）智能性能高。第四代移动通信的智能性更高，不仅表现于 4G 通信的终端设备的设计和操作具有智能化，如对菜单和滚动操作的依赖程度会大大降低，更重要的是 4G 手机可以实现许多难以想象的功能。例如，4G 手机能根据环境、时间以及其他设定的因素来适时地提醒手机的主人此时该做什么事，或者不该做什么事。

（4）兼容性好。要使 4G 通信尽快地被人们接受，不但要考虑它的功能强大，还应该考虑现有通信的基础，以便让更多的现有通信用户在投资最少的情况下就能很轻易地过渡到 4G 通信。因此，从这个角度来看，未来的第四代移动通信系统应当具备全球漫游，接口开放，能跟多种网络互联，终端多样化，以及能从第二代平稳过渡等特点。

（5）通信质量高。尽管第三代移动通信系统也能实现各种多媒体通信，为此未来的第四代移动通信系统也称为"多媒体移动通信"。第四代移动通信不仅是为了适应用户数的增加，更重要的是，必须要适应多媒体的传输需求，当然还包括通信品质的要求。

4G 在具有上述优点的同时，由于它处于发展初期，也存在一些缺陷，如标准多，导致多种移动通信系统彼此互不兼容；技术难，在信号强度、移交方面还存在技术问题；容量受限，手机的速度会受到通信系统容量的限制，如果速度上不去，4G 手机就要大打折扣；市场难以消化，第四代移动通信系统的接受还需要一个逐步过渡的过程，如果 4G 通信因为系统或终端的短缺而导致延迟的话，那么号称 5G 的技术随时都有可能威胁到 4G 的赢利计划，此时 4G 漫长的投资回收和赢利计划会变得异常的脆弱。另外，在设施更新、软件设计和开发、资费等方便有待进一步完善。

习 题 13

1. 云计算的概念是什么？
2. 大数据的概念是什么？有什么作用？
3. 人工智能的应用有哪些方面？
4. 物联网的定义是什么？有什么特征？它主要应用在哪些方面？
5. 移动互联网的含义是什么？
6. 4G 有什么优点？

参考文献

[1] 甘勇，尚展垒，张建伟等. 大学计算机基础（第 2 版）[M]. 北京：人民邮电出版社，2012.

[2] 姜可扉. 大学计算机[M]. 北京：电子工业出版社，2014.

[3] 王海波，张伟娜，王兆华. 网页设计与制作——基于计算机思维[M]. 北京：电子工业出版社，2014.

[4] 林登奎. Windows 7 从入门到精通[M]. 北京：中国铁道出版社，2011.

[5] 马华东. 多媒体技术原理及应用（第 2 版）[M]. 北京：清华大学出版社，2008.

[6] 徐小青，王淳灏. Word 2010 中文版入门与实例教程[M]. 北京：电子工业出版社，2011.

[7] 王珊，萨师煊. 数据库系统概论（第 4 版）[M]. 北京：高等教育出版社，2006.

[8] 谢希仁. 计算机网络（第 5 版）[M]. 北京：电子工业出版社，2008.

[9] 张继光. Dreamweaver 8 中文版从入门到精通[M]. 北京：人民邮电出版社，2006.

[10] 匡松，孙耀邦. 计算机常用工具软件教程[M]. 北京：清华大学出版社，2008.

[11] 李昊. 计算思维与大学计算机基础实验教程[M]. 北京：人民邮电出版社，2013.

[12] 杨选辉. 网页设计与制作教程[M]. 北京：清华大学出版社，2014.

[13] 蒋加伏，沈岳. 大学计算机[M]. 北京：北京邮电大学出版社，2013.

[14] 钟玉琢. 多媒体技术基础及应用[M]. 北京：清华大学出版社，2012.